U0322808

全国高等职业教育规划教材

供配电技术项目教程

主　编　张　玲
副主编　付　琛
参　编　陈浩龙　吉龙军　申九菊
主　审　张爱华

机 械 工 业 出 版 社

本书根据编者多年从事高职高专电气自动化专业教学实践及教学改革的成果和课程基本要求编写而成。全书共8个项目，包括电力系统的分析、电力负荷的计算、高压电器元件的认识与维护、电力线路的认识与选择、供配电系统电气主接线的分析、供配电系统的保护、电气照明及电气安全。

本书可作为高职高专院校及普通本科院校二级学院电气自动化技术、供用电技术、电力系统继电保护与自动化、机电一体化专业和相关专业的教材使用，也适用于五年制高等职业院校、中等职业学校的相关专业，并可作为社会相关从业人员的业务参考书及培训用书。

为配合教学，本书配有电子课件，读者可以登录机械工业出版社教材服务网 www.cmpedu.com 免费注册后下载，或联系编辑索取（QQ：1239258369，电话：010-88379739）。

图书在版编目（CIP）数据

供配电技术项目教程/张玲主编. —北京：机械工业出版社，2016.2
全国高等职业教育规划教材
ISBN 978-7-111-52255-3

Ⅰ.①供… Ⅱ.①张… Ⅲ.①供电—高等职业教育—教材②配电系统—高等职业教育—教材 Ⅳ.①TM72

中国版本图书馆CIP数据核字（2015）第283324号

机械工业出版社（北京市百万庄大街22号 邮政编码 100037）
责任编辑：刘闻雨 崔利平 版式设计：霍永明
责任校对：丁丽丽 责任印制：乔 宇

唐山丰电印务有限公司印刷

2016年2月第1版第1次印刷
184mm×260mm · 13.5印张 · 332千字
0001—3000册
标准书号：ISBN 978-7-111-52255-3
定价：33.00元

凡购本书，如有缺页、倒页、脱页，由本社发行部调换

电话服务
服务咨询热线：010-88379833
读者购书热线：010-88379649

网络服务
机工官网：www.cmpbook.com
机工官博：weibo.com/cmp1952
教育服务网：www.cmpedu.com
金书网：www.golden-book.com

前　　言

本书编者总结了多年来在电气自动化领域内的教学和课程改革经验，在行业专家、课程专家的指导下，从职业岗位分析着手，通过对“工厂供电技术”课程的知识、能力和素质分析，编写了这本“工学结合、项目引领、任务驱动”的教材。本书的主要特点是：在结构上，由8个项目组成，项目内设有任务，项目和任务按照由易到难的顺序递进；在内容上，围绕职业岗位（群）需求和职业能力，以工作任务为中心，以技术实践知识为焦点，以技术理论知识为背景，形成了体现高职高专教育的特点和优势，符合高职高专学生认知特点和学习规律的内容体系。

本书共8个项目，27个任务，主要介绍了电力系统的分析、电力负荷的计算、高压电器元件的认识与维护、电力线路的认识与选择、供配电系统电气主接线的分析，供配电系统的保护、电气照明及电气安全。本书还有特别提示、问题讨论、操作项目、岗位技能、案例分析等环节，具有通用性和实用性。

本书计划学时数为90学时，安排如下：

项目内容	计划学时
项目1　电力系统的分析	6
项目2　电力负荷的计算	14
项目3　高压电器元件的认识与维护	28
项目4　电力线路的认识与选择	6
项目5　供配电系统电气主接线的分析	8
项目6　供配电系统的保护	20
项目7　电气照明	4
项目8　电气安全	4
合计	90

本书由甘肃工业职业技术学院张玲主编并负责统稿。具体编写分工如下：张玲编写项目3、项目6、附录A～D；无锡商业职业技术学院付琛编写项目2、项目4；甘肃工业职业技术学院陈浩龙编写项目1、项目5、项目7、项目8、附录F；河南工业贸易职业学院申九菊编写附录E、附录G；国网兰州供电公司吉龙军编写附录H，并在全书的问题讨论、操作项目、岗位技能等内容的编写上，提出了许多宝贵的意见。

本书由兰州理工大学张爱华教授主审，编者在此致以诚挚的谢意。在编写过程中，编者查阅和参考了众多文献资料，受到许多教益和启发，在此向参考文献作者一并表示衷心的感谢。

由于编者水平有限，书中难免有不足之处，恳请读者提出宝贵意见。

编　　者

目　录

项目 1　电力系统的分析

【教学目标】

1. 掌握电力系统的基本概念。
2. 熟悉电力系统的中性点运行方式。

电能是社会发展的主要能源和动力，广泛用于人民生活、国民经济各行各业。为满足国民经济发展和人民生活对电能的需求，在电能的生产、传输、分配和使用过程中，如何不间断地供给充足、优质而又廉价的电能，是人们要面临的一项长期任务。

任务 1.1　认识电力系统

【任务引入】

电能为二次能源，是由一次能源经加工转换而成的能源，电能的生产、输送、分配和使用都是基于电力系统而言的，为了更加系统地研究电能，掌握电力系统的相关知识是非常有必要的。

【相关知识】

1.1.1　电力系统的组成

1. 概述

由发电厂、电力网以及电力用户所组成的整体，称为电力系统，它完成电能的生产、变换、输送、分配与消费。供电系统是电力系统的一个重要环节，由电气设备及配电线路按一定的接线方式所组成。它从电力系统取得电能，通过其变换、分配、输送与保护等功能，将电能安全、可靠、经济地送到每一个用电设备的装设场所。

电力线路分为输电线路和配电线路，输电线路用来连接发电厂与负荷中心，配电线路则用来连接负荷中心和电力用户。负荷中心一般设有变电所或配电所。变电所有升压与降压之分，其功能是接受电能、变换电压和分配电能；配电所的任务是接受电能和分配电能，不改变电压。

电力系统中各种电压等级的电力线路及其联系的变电所，称为电力网，简称电网。电网按电压高低和供电范围大小可分为区域电网和地方电网。一般来讲，电压为 220kV 及以上的电网为区域电网，主要供电给大型区域性变电所；电压为 110kV 及以下的电网为地方电网，主要供电给地方负荷。工厂供电系统属于地方电网。

电力系统加上发电厂的动力部分，包括火力发电厂的锅炉、汽轮机，水力发电厂的水库、水轮机以及核动力发电厂的反应堆、汽轮机等，合称为动力系统。以水电系统为例来说明电力网、电力系统和动力系统三者之间的关系，如图 1-1 所示。

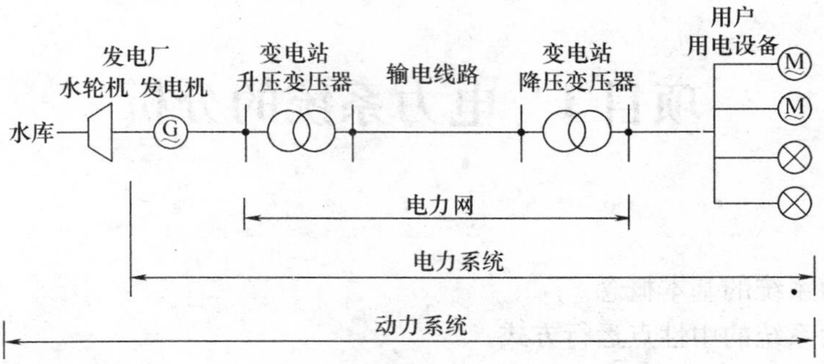

图 1-1　电力网、电力系统和动力系统

2. 电力系统的基本参量

（1）系统装机容量

系统装机容量是指电力系统中所有发电机的额定有功功率的总和。

（2）系统年发电量

系统年发电量是指电力系统中所有发电机全年所发出电能的总和。

（3）最高电压等级

最高电压等级是指电力系统中最高电压等级的电力线路的额定电压。

（4）额定频率

我国规定的交流电力系统的额定频率为 50Hz，美洲地区及日本规定为 60Hz。

（5）最大负荷

规定时间（一天、一月或一年）内电力系统总有功功率负荷的最大值，单位为 MW。

（6）年用电量

年用电量是指电力系统的所有用户全年所用电能的总和。

3. 电力系统的形成

在电力工业发展初期，发电厂容量都很小，且都建设在用户附近，各个发电厂之间没有任何联系，彼此都是孤立运行的。随着生产的发展和科学技术的进步，对电力需求日益增多，对供电质量也提出了更高的要求。这样，不但要建设许多大容量的发电厂以满足日益增长的电能需求，而且对供电可靠性的要求也更高了。显而易见，单个孤立运行的发电厂是无法解决这些难题的。例如，一个孤立运行的发电厂，一旦出了故障，用户供电将中断。此外，发电用的动力资源和电能用户往往不在同一个地区，水能资源集中在河流水位落差较大的偏僻地区，燃料资源集中在煤、石油、天然气的矿区，而大工业、大城市和其他用电部门则因其原料产地、消费中心或受历史、地理条件的限制，可能与动力资源所在地相隔很远。这样，水电只能通过特高压或超高压输电线路把电能输送到用户地区才能利用。火电厂虽然能通过燃料运输而在用户地区建设发电厂，但随着装机容量的增大，运输燃料常常不如高压输电经济。于是就出现了所谓坑口发电厂，即把火电厂建在矿区，通过升压变电站、超高压输电线路以及降压变电站把电能输送到距离电厂很远的用户地区。以上几类，都要将各个孤立运行的发电厂通过输电线路和变电站连接起来，以达到相互支援、提高供电可靠性和相互备用的目的。随着高电压技术的发展，在地理上相隔一定距离的发电厂就逐步连接起来并列运行，其规模越来越大，开始在一个地区之内，后来发展到地区之间互相连接，逐步形成大型电力系统。

【问题讨论】

为什么要将孤立运行的发电厂互相连接成大型电力系统向用户供电呢？为什么世界各国电力系统规模越来越大？

这是因为电力系统的规模越大，给人们带来的经济效益越大，具体说明如下。

（1）提高供电的可靠性

大型电力系统能在各地区之间互供电能，互为备用，可以增强抵抗电力事故的能力，提高供电可靠性。在大型电力系统中，多个发电厂并列运行，发电机组很多，个别机组发生故障时对系统电能的影响甚微；故障机组退出运行后，它所带的负荷可由系统中其他运行的机组或备用机组分担，不会中断供电。电力系统中所有并列运行的发电厂同时发生事故的概率远较孤立运行发电厂发生事故的概率小得多，所以组成电力系统后由于装机容量大，并列运行机组多，抗干扰能力强，提高了对用户供电的可靠性，特别是提高了对重要用户供电的可靠性。

（2）减少系统装机容量

电力系统规模增大后，系统各个地区负荷的不同时率，可利用地区之间的时间差、季节性，错开高峰负荷用电，削弱系统负荷的尖峰，因而可减轻高峰负荷时电源紧张情况，在满足用电高峰负荷的条件下，减少系统装机容量。例如，一个地区最大负荷出现在 17 点，另一地区最大负荷出现在 18 点，两个地区连接成一个系统后，系统最大负荷小于两个地区最大负荷之和，因此，可减少系统的装机容量。

（3）减少系统备用容量

电能的生产、输送、分配和使用几乎同时进行，电能又不能大量储存，而用户的用电又有随机性和不均衡性，因此，为了保证电力系统安全、可靠、连续地发供电，必须设置足够的备用容量。另外，电力系统在运行中难免有发电机组发生故障，有些发电机组要停机检修。如果电力系统中发电设备总装机容量刚好等于该系统的最大负荷，那么，当某一机组发生故障时，势必引起对一部分用户中断供电，给用户造成损失。为了避免这些情况的发生，一般都要使发电设备总装机容量稍大于系统的最大负荷。这部分容量称为备用容量。由于备用容量在电力系统中是可以互相通用的，如某一发电机组发生故障或需要检修时，它所带的负荷可由系统中的其他运行机组分担，所以，大型电力系统所需备用容量，要比按各个发电厂孤立运行时所需备用容量的总和小得多，它在总装机容量中所占的百分比也会小一些。

（4）采用高效率大容量的发电机组

大容量火电机组效率高，节省原材料，造价低，占地小，运行费用较少。但是，一个电力系统允许安装的发电机组最大单机容量受电力系统的容量的制约。孤立运行的发电厂或者容量较小的电力系统，因为没有足够的备用容量，不允许采用大容量机组，否则，一旦大容量机组因事故或检修退出运行，将会造成电力系统大面积中断供电，给国民经济带来极大损失。一般要求电力系统中最大的一台发电机组容量不得超过全系统容量的 10%～15%。因此，大型电力系统拥有足够的备用容量，有利于安装高效率大容量的发电机组。目前，我国已有多台单机容量为 100 万 kW 的火力发电机组在大型电力系统中运行。

（5）合理利用能源，充分发挥水电在系统中的作用

水电厂发电的多少受季节的影响大，在夏季丰水期水量过剩，在冬季枯水期水量短缺，水电厂单独运行或地区性系统中水电厂容量占的比重较大时，将造成枯水期缺电、丰水期弃水。如果将水电厂与火电厂连接在一起构成电力系统，实现水、火电厂联合运行，在枯水期火电机组承担基本负荷多发电，水电厂机组承担系统尖峰负荷少发电并安排检修，而在丰水期水电机组多发电，减少弃水，火电机组少发电，节省燃料和安排火电机组检修。此外，水电机组起动方便，宜作为调频电厂，还可减少火电机组做调频时的起动煤耗。这样可以扬长避短，充分利用水能资源，减少燃料消耗，提高火力发电厂的运行效率。

此外，还可以在机组间合理分配负荷，充分发挥煤耗低、效率高的发电机组的作用，使整个系统在满足用户负荷需求的前提下，减少网损，实现合理的经济运行。

由于以上优点，世界各国电力系统的规模越来越大，一些经济发达的国家已经形成全国统一的电力系统或跨国电力系统。

4. 对电力系统的要求

（1）为用户提供充足的电力

电力系统要为国民经济的各个部门提供充足的电力、最大限度地满足用户的用电需求，首先应按照电力先行的原则做好电力系统发展的规划设计，加快电力工业建设，以确保电力工业的建设优先于其他工业部门；其次，要提高运行操作水平，加强现有设备的维护，进行科学管理，以充分发挥潜力，确保足够的备用容量，防止事故发生，减少事故次数。

（2）保证供电的可靠性

保证供电的安全可靠是电力系统运行中的一项极为重要的任务。中断用户供电，会使生产停顿，生活混乱，甚至危及人身和设备安全，给国民经济造成极大的损失。停电给国民经济造成的损失远远超过电力系统本身少售电所造成的损失，一般认为，由于停电引起国民经济的损失平均值为电力系统本身少售电损失的 30～40 倍。因此，电力系统运行的首要任务是满足用户对供电安全可靠的要求。

造成对用户中断供电原因很多，可能是由于电力系统的设备发生了故障，如发电机、变压器、输电线路等发生了故障；也可能是系统运行的全面瓦解，如稳定性遭到破坏导致系统瓦解。前者属于局部事故，停电范围和造成的损失相对较小；后者是全局性事故，停电范围大，重新恢复供电需要很长时间，造成的损失可能很大。

保证供电安全可靠，首先要求系统元件（如发电机、变压器和输电线路等）的运行足够可靠，因为元件发生事故不仅直接造成供电中断，而且可能变成全局性的事故。运行经验表明，电力系统的全局性事故往往是由于局部性事故扩展而造成的；其次，要提高系统运行的稳定性，增强系统的抗干扰能力，保证不发生或不轻易发生造成大面积停电的系统瓦解事故。为此，要不断提高运行人员的技术水平和责任心，防止误操作的发生，在事故发生后应尽量采取措施以防止事故扩大，还要采用现代化的监测、控制和保护装置等。

随着科学技术的发展进步，用户对供电可靠的要求在不断提高，但是要保证所有用户的供电绝对可靠是困难的。考虑到不同用户因中断供电造成的损失相差很大，按照用户对供电可靠的要求区别对待，以便在事故情况下把给国民经济造成的损失限制到最小。通常可将用户分为下述三级。

1）一级用户。这类用户停电将造成人身危险，重要设备损坏，产生大量废品，生产秩

序长期不能恢复，给国民经济带来巨大的损失或造成重大的政治影响等。

2）二级用户。该类用户中断供电将造成大量减产，主要设备损坏，使城市公用事业和人民生活受到影响等。

3）三级用户。不属于一类、二类的其他用户，短时中断供电不会造成严重后果，如工厂的附属车间、小型加工厂和农村乡镇用电负荷等。

依据上述分类，电力系统供电企业可以采用不同的技术措施，满足各类用户对供电可靠性的要求。

通常，一级用户都要设置两个或两个以上的独立电源，其中每一个电源的容量均应保证在此电源单独供电的情况下就能满足用户的用电要求，以便在任一电源故障时，保证对该用户供电不致中断。二级用户应设置专用供电线路，条件许可时可采用双回线路供电。当系统一旦发生事故，出现供电不足的情况时，应当首先切除三级用户供电，以保证一类、二类用户的供电。

【特别提示】

用户的重要程度不是一成不变的。如农村乡镇用电，在平时属于三级用户，允许短时停电，但当发生洪涝或严重干旱时，必须按一级用户对待，保证不间断地供电。

（3）保证良好的电能质量

电力系统不仅要为用户提供充足的电力，而且还要保证良好的电能质量。衡量电能质量的四个主要指标是电压、频率、波形和供电的可靠性。

电压质量对各类用电设备的安全经济运行都有直接的影响。对白炽灯泡的影响最为显著。当供电电压比白炽灯的额定电压低 10% 时，白炽灯的使用寿命将延长 2 ~ 3 倍，光通量则减少 30%，而当供电电压比白炽灯的额定值高 10% 时，则寿命将缩减 2/3，如图 1-2 所示。对异步电动机而言，当端电压下降 10% 时，定子电流增加很快，电动机的转矩将显著减小 18%，以致转差增大，使得转子电流增大 5% ~10% 以上，在定子绕组和转子中的损耗加大，引起电动机的温度升高 10% ~15% 以上，甚至可能烧毁电动机。反之，当电压过高时，对于电动机、变压器一类具有励磁铁心的电气设备而言，铁心磁通密度将增大以致饱和，励磁电流和铁耗都大为增加，导致电机过热、效率降低、波形畸变，甚至可能导致发生高频谐振，如图 1-3 所示。

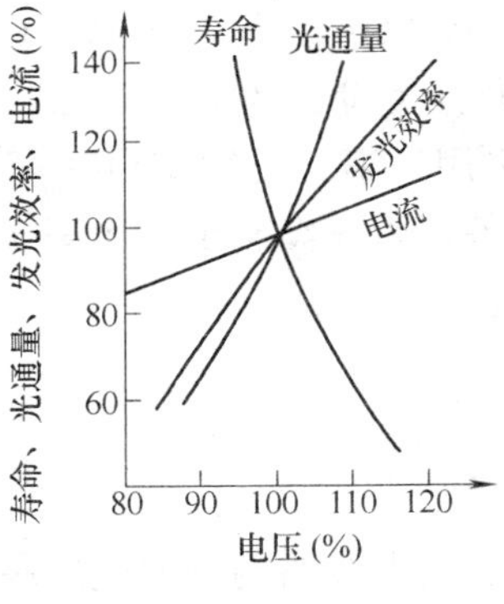

图 1-2　照明负荷（白炽灯）的电压特性（图中的 100% 表示额定值）

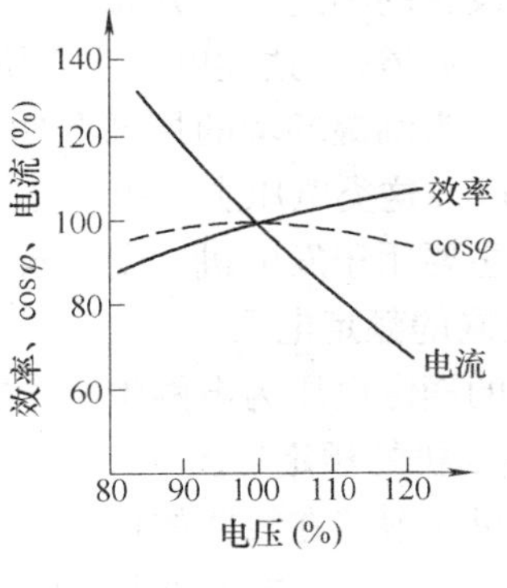

图 1-3　输出功率一定时异步电动机的电压特性（图中的 100% 表示额定值）

而对同步电动机而言，其消耗功率与电压的平方成正比，过高的电压将会损毁设备，过低的电压则又达不到所需要的温度。

除此之外，对计算机、电视、广播、通信、雷达等设备来讲，它们对电压质量要求更高。电子设备中的各种半导体器件、集成电路、磁心装置等的特性，对电压都极其敏感，电压过高或过低都会使其特性严重变差因而影响正常工作。例如，就电视机来讲，电压过高将会使它损坏，而电压过低则影响它的接收灵敏度，图像模糊，甚至无法收看、收听。

我国技术标准规定，在系统正常运行情况下，用电设备端子处的电压偏差允许值应符合下列要求。

① 电气照明：在一般工作场所为 ±5%；其他特殊工作场所为 +5%、-10%。

② 电动机：±5%。

③ 其他用电设备：±5%。

由于电力网中存在电压损失，各负荷节点的电压将随着运行方式的改变而变化，为了保证电压质量合乎要求，需要采取一定的调压措施。

(4) 提高电力系统运行的经济性

电能是国民经济各生产部门的主要动力，电能生产消耗的能源在我国能源总消耗中占的比重非常大，因此提高电能生产的经济性具有十分重要的意义。

在保证供电安全可靠和良好电能质量的前提下，进行优化调度，最大限度地提高电力系统的经济性，控制电能成本，为用户提供充足、廉价的电能。为此，可以采取的措施有：安装大容量的发电机组，充分发挥水电在系统中的作用，尽量降低发电厂的煤耗率，合理分配各发电厂间的负荷，减少厂用电和电网损耗等。电力系统运行经济性的提高，电能成本的降低，不仅会使国民经济各用电部门的成本降低，更重要的是节省了能源资源，因此会带来巨大的经济效益和长远的社会效益。

1.1.2 电力系统的电压

1. 电力设备的额定电压

电力设备的额定电压是能使电气设备长期运行时获得最好经济效果的电压。电力系统中发电机、变压器、电力线路及各种设备的额定电压的确定，与电源分布、负荷中心的位置等因素有关。

电力设备的额定电压分为三类。第一类额定电压为 100V 以下。直流有 6V、12V、24V、48V；交流有 36V。这类电压主要用于安全照明、蓄电池及开关设备的操作电源。交流 36V 电压，只作为潮湿环境的局部照明及其他特殊电力负荷之用。第二类额定电压高于 100V，低于 1000V，这类电压主要用于低压三相电动机及照明设备。第三类额定电压高于 1000 V，这类电压主要用于发电机、变压器、输配电线路及受电设备。

2. 电网的额定电压

电网的额定电压为电网中所含电力线路的额定电压。

3. 发电机的额定电压

发电机一般接在线路的首端，所以发电机的额定电压比电力线路的额定电压高 5%，其值见表 1-1。例如，电力线路的额定电压为 6kV 时，接在线路首端的发电机的额定电压为 6.3kV。

4. 电力变压器的额定电压

（1）电力变压器的一次绕组的额定电压

1）当变压器直接与发电机相连时，如图 1-4 中的变压器 T_1，其一次绕组的额定电压与发电机额定电压相同。

2）当变压器不与发电机直接相连时，如图 1-4 中的变压器 T_2，其一次绕组的额定电压与同级电力线路的额定电压相同。

（2）电力变压器的二次绕组的额定电压

1）变压器二次侧供电线路较长，如为较大的高压电网时，如图 1-4 中的变压器 T_1，其二次绕组额定电压应比相连电力线路额定电压高 10%。

2）变压器二次侧供电线路不长，如为低压电网或直接供电给高低压用电设备时，如图 1-4中的变压器 T_2，其二次绕组额定电压应比相连电力线路额定电压高 5%。

3）当高压侧电压小于 35kV 而阻抗小的变压器（$U_d\% \leq 7.5$）或者三绕组变压器连接同步调相机的绕组时，额定电压可只比所连线路的额定电压高 5%。

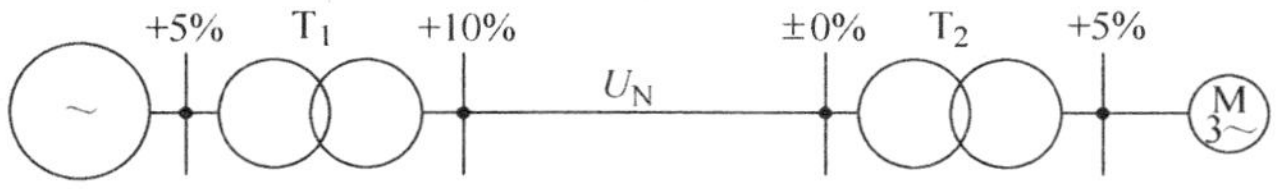

图 1-4　电力变压器的额定电压

表 1-1　3kV 及以上电力系统（线路）和电气设备的额定电压

电力系统（线路）额定电压/kV	发电机额定电压/kV	电力变压器额定电压/kV		电气设备最高电压/kV
		一次绕组	二次绕组	
3	3.15	3 及 3.15	3.15 及 3.3	3.6
6	6.30	6 及 6.30	6.3 及 6.6	7.2
10	10.50	10 及 10.5	10.5 及 11.0	12
—	13.80，15.75 18.0，20.0 22.0，24.0，26.0	13.80，15.75 18.0，20.0 22.0，24.0，26.0	—	—
35	—	35	38.5	40.5
63	—	63	69	72.5
110	—	110	121	126（123）
220	—	220	242	252（245）
330	—	330	363	363
500	—	500	550	550
750	—	750	788，825	830
1000	—	1000	1050，1100	1200

注：括号内的数值用户有需要时可使用。

5. 电力线路的平均额定电压

电力线路的平均额定电压指线路始端最大电压（变压器空载电压）和末端用电设备额定电压的平均值。由于线路始端最大电压比电网额定电压（电力线路的额定电压）高 10%，因而线路的平均额定电压比电网额定电压高 5%。各级分别为：0.4kV、3.15kV、6.3kV、10.5kV、37kV、63kV、115kV、230kV、346kV、525kV。电力线路输送容量及传输距离的关系见表 1-2。

表 1-2　电力线路输送容量及传输距离的关系

额定电压/kV	输送方式	传输功率/kW	传输距离/km
0.22	架空线路	小于 50	0.15
0.22	电缆线路	小于 50	0.20
0.38	架空线路	100	0.25
0.38	电缆线路	175	0.35
3	架空线路	100 ~ 1 000	1 ~ 3
6	架空线路	200 ~ 2 000	3 ~ 10
6	电缆线路	3 000	小于 8
10	架空线路	200 ~ 3 000	5 ~ 20
10	电缆线路	5 000	小于 10
35	架空线路	2 000 ~ 10 000	20 ~ 50
110	架空线路	10 000 ~ 50 000	50 ~ 150
220	架空线路	100 000 ~ 500 000	100 ~ 300
330	架空线路	200 000 ~ 1 000 000	200 ~ 600
500	架空线路	1 000 000 ~ 1 500 000	250 ~ 850
750	架空线路	2 000 000 ~ 2 500 000	500 以上
1000	架空线路	4 000 000 ~ 5 000 000	500 以上

【任务应用】

例 1-1　某电力系统接线如图 1-5 所示。试确定系统中变压器 T_1 和线路 WL_1、WL_2 的额定电压。

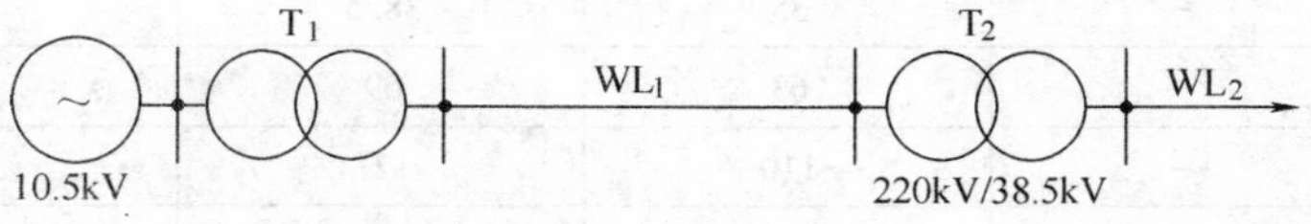

图 1-5　例 1-1 的图

解：电力变压器 T_1：一次绕组，直接与发电机相连，额定电压为 10.5kV。二次绕组连接 220kV 线路，额定电压为 220kV×(1+10%)=242kV。

线路 WL_1：额定电压为 220kV。

线路 WL_2：额定电压为 38.5kV/(1+10%)=35kV。

【任务实施】

列出电力负荷的类型及特点，并将其填写在表 1-3 中。

表 1-3 电力系统的类型及特点

电力负荷的类型	主要特点

任务 1.2 电力系统中性点运行方式的分析

【任务引入】

在电力系统中，作为供电电源的发电机和变压器的中性点有三种运行方式：第一种是中性点直接接地方式，第二种是中性点经阻抗（消弧线圈或电阻）接地方式，第三种是中性点不接地方式。

【相关知识】

中性点直接接地系统称为大电流接地电力系统。中性点经阻抗（消弧线圈或电阻）接地以及中性点不接地系统称为小电流接地系统。中性点的不同运行方式，在电网发生单相接地时对电网的影响有明显的不同。各种接地方式都有其优缺点，对不同电压等级的电网也有各自的适用范围。图 1-6 中列出了常用的中性点运行方式，图中电容 C 为输电线路对地等效电容。

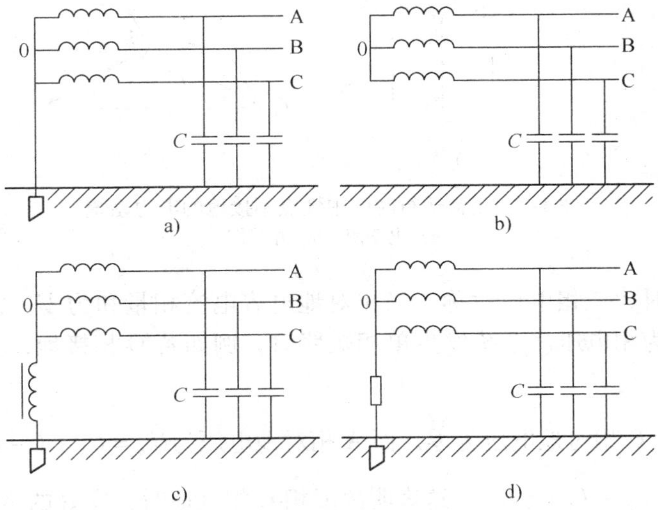

图 1-6 电力系统中性点运行方式
a）中性点直接接地 b）中性点不接地
c）中性点经消弧线圈接地 d）中性点经电阻接地

1.2.1　大电流接地系统

图 1-7 所示为大电流接地（电源中性点直接接地）的电力系统发生单相接地时的电路图。这种单相接地，实际上就是单相短路，用符号 $k^{(1)}$ 表示。由于单相短路电流比线路中正常的负荷电流大得多，因而保护装置动作，断路器跳闸，切除短路故障，使得系统其他非故障部分恢复正常运行。该方式运行下，非故障相对地电压不变，因此电气设备的绝缘只需按相电压考虑，这对于 110kV 及以上的高压、超高压系统有较大的经济技术价值，因为高压电器特别是超高压电器，其绝缘是设计和制造的关键，绝缘要求的降低，实际上就降低了造价，同时也改善了高压电器的性能。因此，我国 110kV 及以上的电力系统通常采用中性点直接接地的运行方式。380V/220V 低压配电系统也采用这种运行方式。

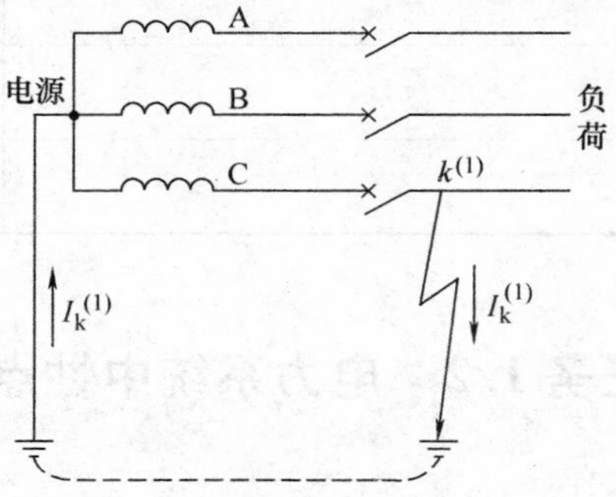

图 1-7　中性点直接接地的电力系统在发生单相接地时的电路

1.2.2　小电流接地系统

1. 中性点不接地系统

图 1-8 所示是中性点不接地的电力系统在正常运行时的电路图和相量图。

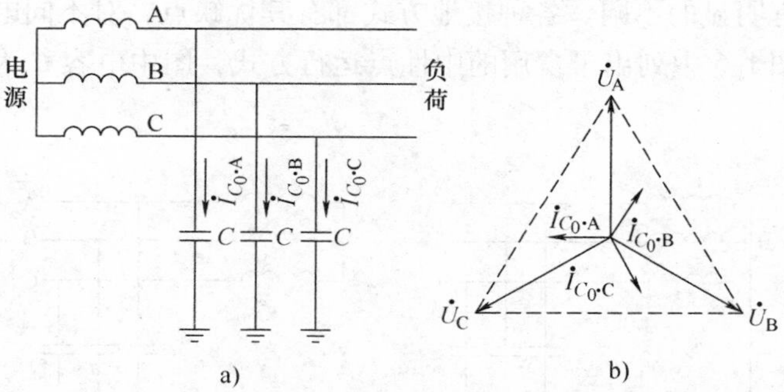

图 1-8　正常运行时的中性点不接地的电力系统
a）电路图　b）相量图

系统正常运行时，三相电压对称，三相对地电容电流相量和为零，没有电流在地中流动，各相对地电压为相电压。系统发生单相短路时，例如若 C 相接地，其电路图和相量图如图 1-9 所示。

由相量图可知，C 相对地电压为零，而 A 相对地电压为 $\dot{U}_A' = \dot{U}_A + (-\dot{U}_C) = \dot{U}_{AC}$、B 相对地电压则为 $\dot{U}_B' = \dot{U}_B + (-\dot{U}_C) = \dot{U}_{BC}$。这表明故障相 C 相接地时，完好的 A、B 相对地电压都由原来的相电压上升到线电压，即上升到原对地电压的 $\sqrt{3}$ 倍。

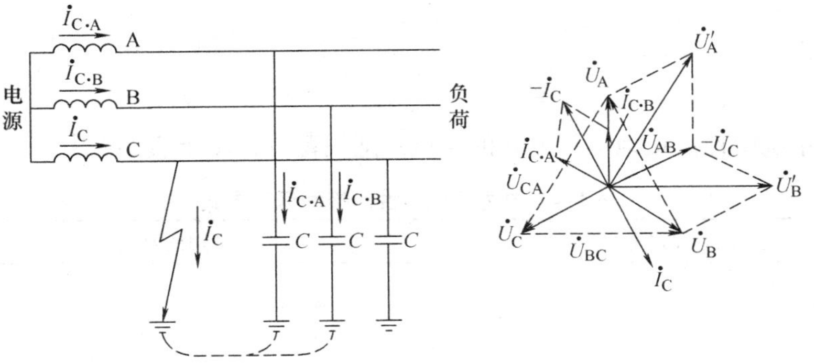

图 1-9　单相接地时的中性点不接地的电力系统

a）电路图　b）相量图

C 相接地时，系统的接地电流$\dot{I}_C$为 A、B 两相对地电容电流之和，即：$\dot{I}_C = -(\dot{I}_{C\cdot A} + \dot{I}_{C\cdot B})$。由相量图可知，在量值上，$I_C = \sqrt{3} I_{CA}$，$I_{CA} = \sqrt{3} I_{C_0}$，因此，$I_C = 3I_{C_0}$，即单相接地的电容电流为正常运行时每相对地电容电流的 3 倍。

由以上分析可知，当中性点不接地的系统发生单相接地故障时，线间电压不变，而非故障相对地电压升高到原来相电压的 $\sqrt{3}$ 倍，故障相电容电流增大到原来的 3 倍。

当电源发生不完全接地故障时，故障相的对地电压值将大于零而小于相电压，而其他完好相的对地电压值则大于相电压而小于线电压，接地电容电流也小于 $3I_{C_0}$。

由于线路对地的电容 C 难以准确确定，因此 I_{C_0}和 I_C 也不好根据 C 值来精确地确定。中性点不接地系统中的单相接地电流通常采用下列经验公式计算。

$$I_C = \frac{U_N(l_{oh} + 35 l_{cab})}{350}$$

式中，I_C 为系统的单相接地电容电流（A）；U_N 为系统额定电压（kV）；l_{oh}为同一电压 U_N 的具有电气联系的架空线路总长度（km）；l_{cab}为同一电压 U_N 的具有电气联系的电缆线路总长度（km）。

【特别提示】

当电源中性点不接地的系统发生单相接地时，三相用电设备的正常工作关系并未受到影响，因为线电压无论其相位和量值都未发生改变，因此三相设备仍能照常运行。但是，这种线路不允许在单相接地故障情况下长期运行，其连续运行时间不能超过 2h。

2. 中性点经消弧线圈接地

中性点不接地系统的主要优点是发生单相接地时仍可继续向用户供电，但有一种情况相当危险，即在发生单相接地时，如果接地电流较大，将在接地点产生间歇性的电弧，这就可能使线路发生谐振过电压现象，引起弧光过电压，因此必须采用中性点经消弧线圈接地的措施来减小接地电流，熄灭电弧。

一般情况下，在中性点不接地系统中，当接地电流超过规定值时（6～10kV 系统接地电流大于或等于 30A，35kV 系统接地电流大于或等于 10A），通常采用中性点经消弧线圈接地的方式。

【任务实施】

列出电力系统中性点接地运行方式的类型及适用范围，填于表1-4中。

表1-4　电力系统中性点接地运行方式

电力系统中性点接地运行方式	适用范围

习　　题

1. 判断题

1）在电力系统中，电压升高，电流也随着增大。（　　）

2）一类负荷要求有两个独立电源供配电。（　　）

3）供配电距离越远、输送功率越大，采用的电压等级越低。（　　）

2. 填空题

1）中性点接地系统称（　　　　　）电流接地系统，适用于（　　　　　）高压和（　　　　　）系统。

2）中性点不接地系统称（　　　　　）电流接地系统，适用于（　　　　　）系统。

3）衡量供配电质量的主要指标是（　　　　　）、（　　　　　）、（　　　　　）、（　　　　　）。

4）电力系统拉闸限电时先断（　　　　　）负荷，必要时断（　　　　　）负荷，保证（　　　　　）的用电。

3. 简答题

1）什么是电力系统、电力网？

2）工矿企业电力负荷如何分类？各类负荷对供配电可靠性有什么要求？

3）发电机与变压器的额定电压是如何规定的？为什么要这样规定？

4）当小电流接地系统发生一相接地时，各相对地电压和对地电流如何变化？

4. 计算题

1）如图1-10所示，各线路的额定电压已标注在图中，试确定图中发电机、调相机、变压器高低压侧的额定电压。

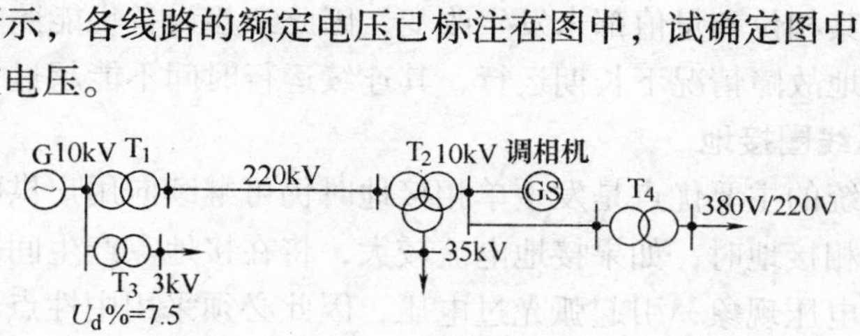

图1-10　习题4-1）的供电系统

2）试确定图1-11所示供电系统中发电机和各变压器的额定电压。

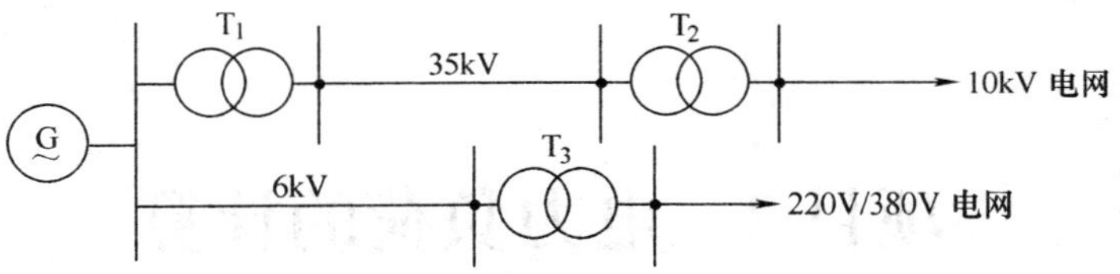

图 1-11　习题 4-2）的供电系统

3）某 10kV 电网，其架空线路总长度为 40km，电缆线路总长度为 25km。试求此中性点不接地的电力系统发生单相接地故障时的接地电容电流，并判断该系统的中性点是否需要改为经消弧线圈接地。

项目 2　电力负荷的计算

【教学目标】

1. 了解电力负荷计算的目的。
2. 掌握负荷计算的方法。
3. 掌握系统中功率因数的确定及补偿方法。
4. 掌握无限大容量电源系统的短路电流的计算。

电力负荷及用电量有它的独特客观规律性。分析研究其特性和变化发展规律，是应用和解决供电、配电、用电、节电等工程问题的基础。

任务 2.1　负荷电流的计算

【任务引入】

电力负荷是指用电设备或用电单位所耗用的电功率或电流的大小。正确地计算电力负荷的大小，对合理选择供配电系统中的开关电器、变压器、导线、电缆等起着非常重要的作用，也是保障供配电系统安全性、可靠性、经济性的重要环节。

【相关知识】

2.1.1　负荷计算的目的

1. 负荷曲线的概念

表示电力负荷随时间变化的曲线称为负荷曲线。根据纵坐标性质的不同，分有功负荷曲线和无功负荷曲线；根据横坐标时间的延续，分日负荷曲线和年负荷曲线；根据符合对象的不同，分工厂的、车间的或设备的负荷曲线。

图 2-1 是某工厂的日有功负荷曲线，图 2-1a 是依点连成的负荷曲线。通常，为了使用方便，曲线绘制成图 2-1b 所示的阶梯形负荷曲线。

年负荷曲线，通常绘制成负荷持续时间曲线，按负荷大小依次排列，如图 2-2c 所示，全年按 8 760h 计。

图 2-2 所示的年负荷曲线，根据其一年中具有代表性的夏日负荷曲线图 2-2a 和冬日负荷曲线图 2-2b 来绘制。其夏日和冬日在全年中所占的天数，应视当地的地理位置和气温情况而定。例如，在我国北方，一般可近似地认为夏日 165 天，冬日 200 天；而在我国南方，则可近似地认为夏日 200 天，冬日 165 天。假设绘制南方某厂的年负荷曲线图 2-2c，其中 P_1 在年负荷曲线上所占的时间 $T_1=200(t_1+t_1')$，P_2 在年负荷曲线上所占的时间 $T_2=200t_2+165t_2'$，其余类推。

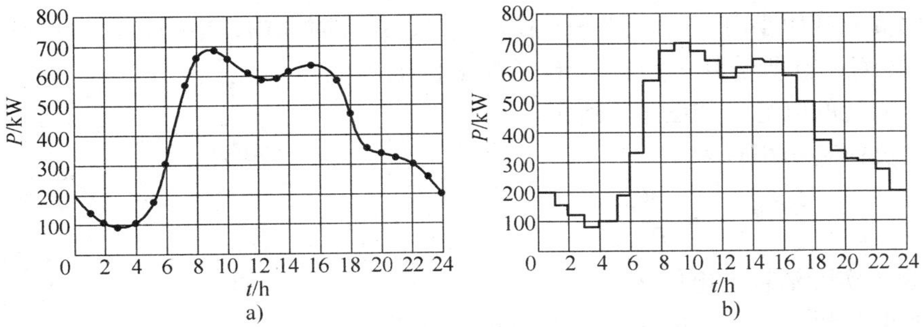

图 2-1　日有功负荷曲线

a）依点连成的负荷曲线　b）绘成阶梯形的负荷曲线

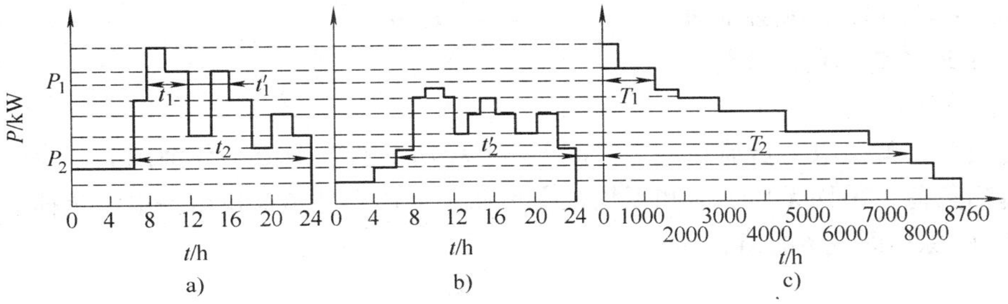

图 2-2　年负荷持续时间曲线的绘制

a）夏日负荷曲线　b）冬日负荷曲线　c）年负荷持续时间曲线

年负荷曲线的另一种形式，是按全年每日的最大负荷（通常取每日最大负荷的半小时平均值）绘制的，称为年每日最大负荷曲线，如图 2-3 所示。横坐标依次以全年十二个月份的日期来分格。这种年每日最大负荷曲线，可以用来确定拥有多台电力变压器的企业变电所在一年内的不同时期宜于投入几台变压器运行，即所谓经济运行方式，以降低电能损耗，提高供电系统经济效益。

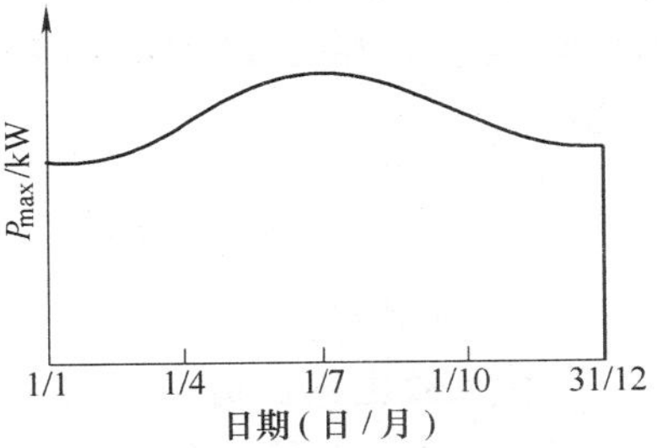

图 2-3　年每日最大负荷曲线

从各种负荷曲线上，可以直观地了解到电力负荷变化的情况。通过对负荷曲线的解析，可以深入地掌握负荷变动的规律，并从中获得一些对设计和运行有用的资料。因此负荷曲线对于从事供配电等工作的人员来说，是很有必要的。

2. 负荷曲线的特征参数

（1）年最大负荷和年最大负荷利用小时

1）年最大负荷。

年最大负荷，就是全年中负荷最大的工作班内（这一工作班的最大负荷不是偶然出现的，而是全年至少出现 2 ~3 次）消耗电能最大的半小时的平均功率。同时，用 P_{max}、Q_{max} 和 S_{max} 分别表示年有功最大负荷、年无功最大负荷和年视在最大负荷。

年有功最大负荷又称最大半小时平均负荷，也可用 P_{30} 表示。P_{30} 是一个很重要的参数，负荷计算的正确与否就需要用它来衡量。

2）年最大负荷利用小时。

年最大负荷利用小时 T_{max}，是一个假想时间，在此时间内，电力负荷按年最大负荷 P_{max}（或 P_{30}）持续运行所消耗的电能，恰好等于该电力负荷全年实际消耗的电能，如图 2-4 所示。

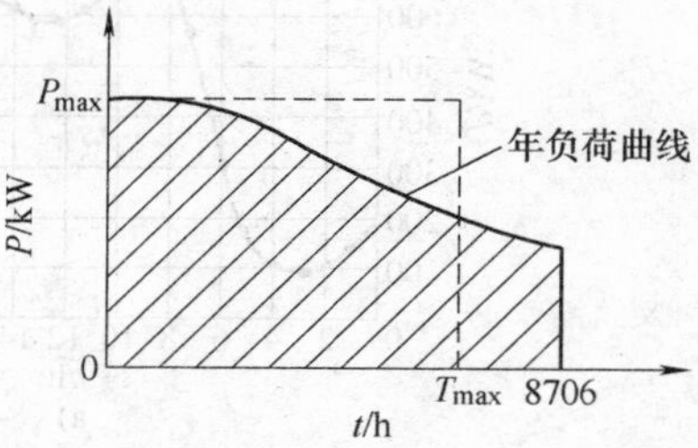

图 2-4　年最大负荷和年最大负荷利用小时

年最大负荷利用小时为

$$T_{max} = \frac{W_a}{P_{max}} \tag{2-1}$$

式中，W_a 为年实际消耗的电能量。

年最大负荷利用小时是反映企业电力负荷是否均匀的一个重要指标，与企业的生产班制有较大的关系。例如，一班制企业，$T_{max} \approx 1000 \sim 3000$h；两班制企业，$T_{max} \approx 3500 \sim 4800$h；三班制企业，$T_{max} \approx 5000 \sim 7000$h。

（2）平均负荷和负荷系数

1）平均负荷。

平均负荷，就是电力负荷在一定时间 t 内消耗功率的平均值，分别用 P_{av}、Q_{av} 和 S_{av} 表示平均有功负荷、平均无功负荷和平均视在负荷。平均有功负荷也就是电力负荷在该时间内消耗电能 W_t 除以时间 t 的值，即

$$P_{av} = \frac{W_t}{t} \tag{2-2}$$

年平均负荷 P_{av} 的说明如图 2-5 所示。年平均负荷 P_{av} 的横线与两坐标轴所包围的矩形截面恰等于年负荷曲线与两坐标轴锁包围的面积 W_a，即年平均负荷 P_{av} 为

$$P_{av} = \frac{W_a}{8760\text{h}} \tag{2-3}$$

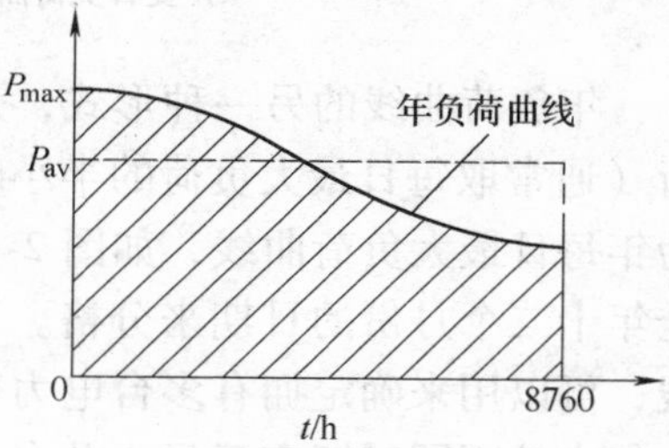

图 2-5　年平均负荷

2）负荷系数。

负荷系数也叫负荷率，它是用电负荷的平均有功负荷 P_{av} 与其最大有功负荷 P_{max} 的比值，即

$$K_L = \frac{P_{av}}{P_{max}} \tag{2-4}$$

负荷系数也称作负荷曲线填充系数，它是表征负荷起伏变动规律的一个参数。其值越大，负荷曲线越平坦，负荷波动越小。从发挥整个电力系统的效能来说，应尽量使不平坦的负荷曲线“削峰填谷”，提高负荷系数。

对用电设备而言，负荷系数就是设备的输出功率 P 与设备额定容量 P_N 的比值，即

$$K_L = \frac{P}{P_N} \tag{2-5}$$

负荷系数通常以百分值表示。负荷系数（负荷率）的符号，有时用 β 表示；也有的有功负荷率用 α、无功负荷率用 β 表示。

3. 电力负荷计算的目的

在正常条件下，供电系统要想可靠地运行，则供电系统的各个元件（包括电力变压器、

开关设备及导线、电缆等）都必须选择得当，应满足工作电压、频率和负荷电流的要求，因此，对供电系统中各个环节的电力负荷进行统计计算是非常必要的。负荷计算主要是确定计算负荷，即 P_{30} 、Q_{30} 、S_{30} 和 I_{30} 。

在供配电系统中，变压器容量、导线截面和仪表量程的选择都需要计算负荷，同时，它也是整定电力系统继电保护的重要数据。计算负荷的确定是否得当合理，直接影响到电器和导线电缆的选择是否经济合理。同时也是实现供电系统安全、经济运行的必要手段。但由于负荷情况复杂，影响计算的因素较多，仍很难准确确定计算负荷的大小，因此，负荷计算只能力求尽可能地接近实际。

2.1.2 用电设备的容量

1. 用电设备的工作方式

（1）连续运行工作制（长期工作制）

这类工作制设备在恒定负荷下连续运行，且运行时间长，停歇时间短，负荷比较稳定。如通风机、水泵、空气压缩机、机床主电动机、电炉、电解设备和照明灯具等，均属连续运行工作制的用电设备。

（2）短时运行工作制（短暂工作制）

这类工作制设备在恒定负荷下运行时间短而停歇时间相当长，如煤矿井下的排水泵、机床上的某些辅助电动机（如横梁升降、刀架快速移动装置的拖动电动机）和控制闸门的电动机等，这类设备的数量不多。

（3）断续运行工作制（重复短暂工作制）

这类工作制的用电设备周期性地时而工作，时而停歇，如此反复进行工作，其工作时间（t）与停歇时间（t_0）相互交替。工作周期一般不超过 10min。如电焊机和吊车电动机等。断续运行工作制的设备，通常用暂载率 ε 表示其工作特征，暂载率为一个工作周期内的工作时间（t）与工作周期（T）的百分比值，其计算式为

$$\varepsilon = \frac{t}{T} \times 100\% = \frac{t}{t + t_0} \times 100\% \tag{2-6}$$

式中，t，t_0 分别为工作时间与停歇时间，两者之和为工作周期 T。

暂载率也称为负荷持续率或接电率。根据国家技术标准规定，重复短暂负荷下电气设备的额定工作周期为 10min。吊车电动机的标准暂载率为 15%、25%、40%、60% 四种，电焊设备的标准暂载率有 50%、65%、75%、100% 四种，其中 100% 为自动电焊机的暂载率。

2. 用电设备容量的确定

在进行负荷计算时，必须先将用电设备按照其工作制性质分为不同的用电设备组，由此确定用电设备组容量后再进行计算。用电设备的额定容量 P_N 又称铭牌功率或标称功率。用电设备组的设备容量 P_e 是按照不同工作制分组后，该组用电设备用于负荷计算的容量之和。

1）对连续工作制和短时工作制的用电设备组，设备容量是所有设备的铭牌额定容量之和。

$$P_e = \sum P_N \tag{2-7}$$

2）断续周期工作的用电设备组的设备容量，是将其所有设备在不同负荷持续率下的铭牌额定容量统一换算到一个规定的负荷持续率下（$\varepsilon = 25\%$）的容量之和，公式如下。

$$P_e = P_N\sqrt{\frac{\varepsilon_N}{\varepsilon}} \tag{2-8}$$

式中，P_e 为换算到 $\varepsilon=25\%$ 时电动机的设备容量；ε_N 为铭牌暂载率；P_N 为换算前的电动机铭牌额定功率；ε 为换算的暂载率，即25%。

3）电焊机及电焊装置的设备容量，是将其所有设备在不同负荷持续率下的铭牌额定容量统一换算到一个规定的负荷持续率下（$\varepsilon=100\%$）的容量之和，公式如下。

$$P_e = P_N\sqrt{\frac{\varepsilon_N}{\varepsilon_{100}}} = S_N\cos\varphi_N\sqrt{\varepsilon_N} \tag{2-9}$$

式中，S_N 为换算前交流电焊机及电焊装置的额定视在功率；ε_N 为铭牌暂载率；P_N 为换算前的电动机铭牌额定功率；$\cos\varphi_N$ 为在 S_N 时的额定功率因数。

4）电炉变压器的设备容量，是指在额定功率因数下的额定功率，即

$$P_N = S_N\cos\varphi_N \tag{2-10}$$

式中，S_N 为电炉变压器的额定视在功率；$\cos\varphi_N$ 为电炉变压器的额定功率因数。

5）照明设备的设备容量。

白炽灯、碘钨灯设备容量就等于其标注的额定功率。

荧光灯还要考虑镇流器中功率损失（约为白炽灯功率的20%），其设备容量应为灯管额定功率的1.2倍，若采用电子镇流器，其设备容量应为灯管额定功率的1.05倍。

高压水银荧光灯也要考虑镇流器中功率损失（约为标注功率的10%），其设备容量应为标注额定功率的1.1倍。

金属卤化物灯在采用镇流器时也要考虑镇流器中的功率损失（约为标注功率的10%），故其设备容量应为标注额定功率的1.1倍。

2.1.3 负荷计算的方法

我国目前普遍采用的确定计算负荷的方法有需要系数法和二项式法，广泛应用于国内各设计单位。需要系数法比较简单，但当用电设备台数少而功率相差悬殊时，需要系数法的计算结果往往偏小，故不适用于低压配电线路的计算，但可用于计算变、配电所的负荷。二项式法主要考虑了数台大功率设备工作时对负荷影响的附加功率，但计算结果往往偏大，一般用于低压配电支干线和配电箱的负荷计算。

1. 需要系数法

（1）需要系数 K_d

需要系数 K_d 是用电设备组在最大负荷时需要的有功功率 P_{30} 与其总的设备容量（备用设备的容量不予计入）P_e 的比值，即

$$K_d = \frac{P_{30}}{P_e} \tag{2-11}$$

（2）单台用电设备或一组用电设备组的计算负荷

1）有功计算负荷。

$$P_{30} = K_dP_e \tag{2-12}$$

2）无功计算负荷。

$$Q_{30} = P_{30}\tan\varphi \tag{2-13}$$

3）视在计算负荷。

$$S_{30}=\sqrt{P_{30}^2+Q_{30}^2}=P_{30}/\cos\varphi \tag{2-14}$$

4）计算电流。

$$I_{30}=S_{30}/\sqrt{3}U_N \tag{2-15}$$

式中，U_N 为用电设备的额定电压。

需要系数 K_d 及相应的 $\cos\varphi$ 、$\tan\varphi$ 见表 2-1。

表 2-1　用电设备的需要系数及功率因数

用电设备组名称	K_d	$\cos\varphi$	$\tan\varphi$
单独传动的金属加工机床：			
小批生产的金属冷加工机床	0.12～0.16	0.50	1.73
大批生产的金属冷加工机床	0.17～0.20	0.50	1.73
小批生产的金属热加工机床	0.20～0.25	0.55～0.60	1.51～1.73
大批生产的金属热加工机床	0.25～0.28	0.65	1.17
锻锤、压床、剪床及其他锻工机械	0.25	0.60	1.33
木工机械	0.20～0.30	0.50～0.60	1.33～1.73
液压机	0.30	0.60	1.33
生产用通风机	0.75～0.85	0.80～0.85	0.62～0.75
卫生用通风机	0.65～0.70	0.80	0.75
泵、活塞型压缩机、电动发电机组	0.75～0.85	0.80	0.75
球磨机、破碎机、筛选机、搅拌机等	0.75～0.85	0.80～0.85	0.62～0.75
电阻炉（带调压器或变压器）：			
非自动装料	0.60～0.70	0.95～0.98	0.20～0.33
自动装料	0.70～0.80	0.95～0.98	0.20～0.33
干燥箱、加热器等	0.40～0.60	1.00	0.00
工频感应电炉（不带无功补偿装置）	0.80	0.35	2.68
高频感应电炉（不带无功补偿装置）	0.80	0.60	1.33
熔炼用高频加热设备	0.50～0.65	0.70	1.02
焊接和加热用高频加热设备	0.80～0.85	0.80～0.85	0.62～0.75
表面淬火电炉（带无功补偿装置）：			
电动发电机	0.65	0.70	1.02
真空管振荡器	0.80	0.85	0.62
中频电炉	0.65～0.75	0.80	0.75
氢气炉（带调压器或变压器）	0.40～0.50	0.85～0.90	0.48～0.62
真空炉（带调压器或变压器）	0.55～0.65	0.85～0.90	0.48～0.62
电弧炼钢炉变压器	0.90	0.85	0.62
电弧炼钢炉辅助设备	0.15	0.50	1.73
点焊机、缝焊机	0.35，0.20	0.60	1.33
对焊机	0.35	0.70	1.02
自动弧焊变压器	0.50	0.50	1.73
单头手动弧焊变压器	0.35	0.35	2.68
多头手动弧焊变压器	0.40	0.35	2.68
单头直流弧焊机	0.35	0.60	1.33
多头直流弧焊机	0.70	0.70	1.02
金属、机修、装配车间、锅炉房用起重机	0.10～0.15	0.50	1.73
铸造车间用起重机	0.15～0.30	0.50	1.73
联锁的连续运输机械	0.65	0.75	0.88
非联锁的连续运输机械	0.50～0.60	0.75	0.88

（续）

用电设备组名称	K_d	$\cos\varphi$	$\tan\varphi$
一般工业用硅整流装置	0.50	0.70	1.02
电镀用硅整流装置	0.50	0.75	0.88
电解用硅整流装置	0.70	0.80	0.75
红外线干燥设备	0.85～0.90	1.00	0.00
电火花加工装置	0.50	0.60	1.33
超声波装置	0.70	0.70	1.02
X 光设备	0.30	0.55	1.52
电子计算机主机	0.60～0.70	0.80	0.75
电子计算机外部设备	0.40～0.50	0.50	1.73
试验设备（电热为主）	0.20～0.40	0.80	0.75
试验设备（仪表为主）	0.15～0.20	0.70	1.02
磁粉探伤机	0.20	0.40	2.29
铁屑加工机械	0.40	0.75	0.88
排气台	0.50～0.60	0.90	0.48
老炼台	0.60～0.70	0.70	1.02
陶瓷隧道窑	0.80～0.90	0.95	0.33
拉单晶炉	0.70～0.75	0.90	0.48
赋能腐蚀设备	0.60	0.93	0.40
真空浸渍设备	0.70	0.95	0.33

（3）车间配电干线或变电所低压母线上多组用电设备组的计算负荷

在配电干线上或车间变电所低压母线上，常有多个用电设备组同时工作，但是各组用电设备的最大负荷也并非同时出现。因此在求配电干线上或车间变电所低压母线上的计算负荷时，应当分别计入一个有功和无功计算负荷的同时系数 K_{Σ}，见表2-2。

1）有功计算负荷：
$$P_{30} = K_{\Sigma} \sum P_{30i} \tag{2-16}$$

2）无功计算负荷：
$$Q_{30} = K_{\Sigma} \sum Q_{30i} \tag{2-17}$$

3）视在计算负荷：
$$S_{30} = \sqrt{P_{30}^2 + Q_{30}^2} \tag{2-18}$$

4）计算电流：
$$I_{30} = S_{30} / \sqrt{3} U_N \tag{2-19}$$

式中，$\sum P_{30i}$，$\sum Q_{30i}$ 分别指的是多组用电设备组的有功计算负荷之和、无功计算负荷之和。

表 2-2　需要系数法的同时系数

应用范围	K_{Σ}
1. 确定车间变电所低压母线计算负荷时	
（1）冷加工车间	0.7～0.8
（2）热加工车间	0.7～0.9
（3）动力站	0.8～1.0
2. 确定配电所母线的计算负荷时	
（1）计算负荷小于 5000kW	0.9～1.0
（2）计算负荷为 5000～10 000kW	0.85
（3）计算负荷超过 10 000kW	0.8

【特别提示】

1）无功负荷和有功负荷可取用相同的同时系数。

2）当用各车间的设备容量直接计算负荷时，应同时乘以表 2-2 中两种同时系数。

2. 二项式法

二项式法是考虑一定数量大容量用电设备对计算负荷的影响而提出的计算方法。

（1）一组用电设备组的计算负荷

1）有功计算负荷。

$$P_{30} = bP_e + cP_x \tag{2-20}$$

式中，b 和 c 为二项式系数；P_e 为该组用电设备组的设备总容量；P_x 为 x 台最大设备的总容量。

其中，b、c、x 的值可查表 2-3。当用电设备组的设备总台数 $n < 2x$ 时，最大容量设备台数 $x = n/2$，且按照“四舍五入”取整；当只有一台设备时，可认为 $P_{30} = P_e$。

2）无功计算负荷。

$$Q_{30} = P_{30}\tan\varphi \tag{2-21}$$

3）视在计算负荷。

$$S_{30} = \sqrt{P_{30}^2 + Q_{30}^2} = P_{30}/\cos\varphi \tag{2-22}$$

4）计算电流。

$$I_{30} = S_{30}/\sqrt{3}U_N \tag{2-23}$$

式中，U_N 为用电设备的额定电压。

二项式法中涉及的 b、c、x、$\cos\varphi$ 和 $\tan\varphi$ 见表 2-3。

表 2-3 用电设备的二项式系数及功率因数值

用电设备组名称	二项式系数		最大容量设备台数 x	$\cos\varphi$	$\tan\varphi$
	b	c			
小批生产的金属冷加工机床电动机	0.14	0.4	5	0.5	1.73
大批生产的金属冷加工机床电动机	0.14	0.5	5	0.5	1.73
小批生产的金属热加工机床电动机	0.24	0.4	5	0.6	1.33
大批生产的金属热加工机床电动机	0.26	0.5	5	0.65	1.17
通风机、水泵、空压机及电动发电机组电动机	0.65	0.25	5	0.8	0.75
非联锁的连续运输机械及铸造车间整砂机械	0.4	0.4	5	0.75	0.88
联锁的连续运输机械及铸造车间整砂机械	0.6	0.2	5	0.75	0.88
锅炉房和机加、机修、装配等类车间的吊车（$\varepsilon = 25\%$）	0.06	0.2	3	0.5	1.73
铸造车间的吊车（$\varepsilon = 25\%$）	0.09	0.3	3	0.5	1.73
自动连续装料的电阻炉设备	0.7	0.3	2	0.95	0.33
实验室用的小型电热设备（电阻炉、干燥箱等）	0.7	0	—	1.0	0

（2）多组用电设备组的计算负荷

采用二项式法确定多组用电设备总的计算负荷时，同样应考虑各组用电设备的最大负荷不同时出现的因素。具体计算方法是，在各组用电设备中取最大的附加负荷 cP_x，再加上所有各组的平均负荷 bP_e。

1）有功计算负荷。

$$P_{30} = \sum (bP_e)_i + (cP_x)_{max} \tag{2-24}$$

2）无功计算负荷。

$$Q_{30} = \sum (bP_e\tan\varphi)_i + (cP_x)_{max}\tan\varphi_{max} \tag{2-25}$$

式中，$(bP_e)_i$ 为各用电设备组的平均功率；$(cP_x)_{max}$为附加负荷中最大的一组设备的附加负荷；$\tan\varphi_{max}$为最大附加负荷 $(cP_x)_{max}$设备组的功率因数角的正切值。

3）视在计算负荷。

$$S_{30} = \sqrt{P_{30}^2 + Q_{30}^2} = P_{30}/\cos\varphi \tag{2-26}$$

4）计算电流。

$$I_{30} = S_{30}/\sqrt{3}U_N \tag{2-27}$$

【任务应用】

例 2-1 已知某机修车间的金属切削机床组，有电压为 380V 的电动机容量为 20kW 的 1 台，11kW 的 2 台，7.5kW 的 5 台，4kW 的 6 台，其他更小容量电动机的总容量为 30kW。试用需要系数法，求其计算负荷 P_{30}、Q_{30}、S_{30} 和 I_{30}。

解： 此机床组总容量为

$$P_e = 20\text{kW} \times 1 + 11\text{kW} \times 2 + 7.5\text{kW} \times 5 + 4\text{kW} \times 6 + 30\text{kW} = 133.5\text{kW}$$

查表 2-1 中的“小批生产的金属冷加工机床电动机”可得：$K_d = 0.12 \sim 0.16$，取 $K_d = 0.14$，$\cos\varphi = 0.5$，$\tan\varphi = 1.73$。

有功计算负荷：　$P_{30} = K_d P_e = 0.14 \times 133.5\text{kW} = 18.69\text{kW}$

无功计算负荷：　$Q_{30} = P_{30}\tan\varphi = 18.69 \times 1.73\text{kvar} = 32.33\text{kvar}$

视在功率计算负荷：　$S_{30} = P_{30}/\cos\varphi = 18.69/0.5\text{kV}\cdot\text{A} = 37.38\text{kV}\cdot\text{A}$

计算电流：　$I_{30} = S_{30}/\sqrt{3}U_N = 37.38/(\sqrt{3} \times 0.38)\text{A} = 56.79\text{A}$

例 2-2 某机械加工车间 380V 线路上，接有金属切削机床组电动机 30 台共 85kW，其中较大容量电动机，11kW 的 1 台，7.5kW 的 3 台，4kW 的 6 台，其他为更小容量电动机。另有通风机 3 台，共 5kW；电葫芦 1 个，3kW（$\varepsilon = 40\%$）。试确定该机械加工车间的计算负荷。

解： 先求各组的计算负荷。

（1）机床组

查表 2-1 得：$K_d = 0.17 \sim 0.20$，取 $K_d = 0.2$，$\cos\varphi = 0.5$，$\tan\varphi = 1.73$，则

$$P_{30(1)} = K_d \sum P_e = 0.2 \times 85\text{kW} = 17\text{kW}$$

$$Q_{30(1)} = P_{30(1)}\tan\varphi = 17 \times 1.73\text{kvar} = 29.41\text{kvar}$$

（2）通风机组

查表 2-1 得：$K_d = 0.75 \sim 0.85$，$\cos\varphi = 0.8 \sim 0.85$，$\tan\varphi = 0.75 \sim 0.62$，取 $K_d = 0.8$，$\cos\varphi = 0.8$，$\tan\varphi = 0.75$，则

$$P_{30(2)} = 0.8 \times 5\text{kW} = 4\text{kW}$$

$$Q_{30(2)} = 4 \times 0.75\text{kvar} = 3\text{kvar}$$

（3）电葫芦

查表 2-1 得：$K_d = 0.10 \sim 0.15$，取 $K_d = 0.15$，$\cos\varphi = 0.5$，$\tan\varphi = 1.73$，因 $\varepsilon = 40\%$，则

$$P_{e(\varepsilon=25\%)} = P_N\sqrt{\frac{\varepsilon_N}{\varepsilon}} = 3\times\sqrt{\frac{0.4}{0.25}}\text{kW} = 3.79\text{kW}$$

$$P_{30(3)} = 0.15\times3.79\text{kW} = 0.569\text{kW}$$

$$Q_{30(3)} = 0.569\times1.73\text{kvar} = 0.984\text{kvar}$$

总的计算负荷（取 $K_\Sigma=0.95$）为

$$P_{30} = K_\Sigma\sum P_{30i} = 0.95\times(17+4+0.569)\text{kW} = 20.49\text{kW}$$

$$Q_{30} = K_\Sigma\sum Q_{30i} = 0.95\times(29.41+3+0.984)\text{kvar} = 31.72\text{kvar}$$

$$S_{30} = \sqrt{P_{30}^2+Q_{30}^2} = \sqrt{20.49^2+31.72^2}\text{kV}\cdot\text{A} = 37.76\text{kV}\cdot\text{A}$$

$$I_{30} = S_{30}/\sqrt{3}U_N = 37.76/(\sqrt{3}\times0.38\text{kV})\text{A} = 57.37\text{A}$$

例 2-3　试用二项式法，计算例 2-1 的计算负荷。

解： 由表 2-3 查得 $b=0.14$，$c=0.5$，$x=5$，$\cos\varphi=0.5$，$\tan\varphi=1.73$。

设备总容量为

$$P_e = (20\times1+11\times2+7.5\times5+4\times6+30)\text{kW} = 133.5\text{kW}$$

x 台最大容量设备的设备容量为

$$P_x = P_5 = (20\times1+11\times2+7.5\times2)\text{kW} = 57\text{kW}$$

其有功计算负荷为

$$P_{30} = bP_e + cP_x = (0.14\times133.5+0.4\times57)\text{kW} = 41.5\text{kW}$$

其无功计算负荷为

$$Q_{30} = P_{30}\tan\varphi = 41.5\times1.73\text{kvar} = 71.8\text{kvar}$$

视在功率计算负荷为

$$S_{30} = P_{30}/\cos\varphi = 41.5/0.5\text{kV}\cdot\text{A} = 83\text{kV}\cdot\text{A}$$

计算电流为

$$I_{30} = S_{30}/\sqrt{3}U_N = 83/(\sqrt{3}\times0.38)\text{A} = 126.1\text{A}$$

例 2-4　试用二项式法确定例题 2-2 所述机械加工车间 380V 线路上的计算负荷。

解：（1）机床组

由表 2-3 得：$b=0.14$，$c=0.5$，$x=5$，$\cos\varphi=0.5$，$\tan\varphi=1.73$，则

$$bP_{e(1)} = 0.14\times85\text{kW} = 11.9\text{kW}$$

$$cP_{x(1)} = 0.5\times(11\times1+7.5\times3+4\times1)\text{kW} = 18.8\text{kW}$$

（2）通风机组

由表 2-3 得：$b=0.65$，$c=0.25$，$x=5$，$\cos\varphi=0.8$，$\tan\varphi=0.75$，则

$$bP_{e(2)} = 0.65\times5\text{kW} = 3.25\text{kW}$$

$$cP_{x(2)} = 0.25\times5\text{kW} = 1.25\text{kW}$$

（3）电葫芦

由表 2-3 得：$b=0.06$，$c=0.2$，$x=3$，$\cos\varphi=0.5$，$\tan\varphi=1.73$，则

$$bP_{e(3)} = 0.06\times3.79\text{kW} = 0.227\text{kW}$$

$$cP_{x(3)} = 0.2\times3.79\text{kW} = 0.758\text{kW}$$

显然，三组用电设备中，第一组的附加负荷 $cP_{x(1)}$ 最大，故总计算负荷为

P_{30} = (11.9 + 3.25 + 0.227) kW + 18.8kW = 34.2kW

Q_{30} = (11.9 × 1.73 + 3.25 × 0.75 + 0.227 × 1.73) kvar + 18.8 × 1.73kvar = 55.9kvar

$S_{30} = \sqrt{34.2^2 + 55.9^2}$ kV · A = 65.5kV · A

I_{30} = 65.5/($\sqrt{3}$ × 0.38) A = 99.5A

从上述例题中的计算结果可以看出，在相同条件下，按二项式法计算的结果比按需要系数法计算的结果大。供电设计的实践表明，采用二项式系数法计算负荷较为适宜。

【任务实施】

有一380V的三相线路，供电给35台小批生产的冷加工机床电动机，总容量为85kW，其中较大容量的电动机有：7.5kW的1台，4kW的3台，3kW的12台。分别用需要系数法和二项式法确定其计算负荷。

任务2.2　功率因数的补偿

【任务引入】

电网中功率因数的高低是关系到降低电能损耗，提高供电质量以及运行经济效益的重要问题。《全国供用电规则》规定：无功电力应就地平衡。用户应在提高用电自然功率因数的基础上，设计和装置无功补偿装置，并做到随其负荷和电压变动及时投入或切除，防止无功电力倒送。用户在当地供电局规定的用电高峰负荷时的功率因数，应达到下列规定。

1）高压供电的工业用户和高压侧装有带负荷调整电压装置的电力用户，功率因数应达到0.90以上。

2）其他100kV · A及以上的电力用户，和大、中型电力排灌站，应保证功率因数不低于0.85。

3）趸售和农业用电，功率因数应达到0.80。

可以看出，提高功率因数，进行无功补偿是非常重要的。

【相关知识】

2.2.1　供电系统功率因数的确定

1. 瞬时功率因数

瞬时功率因数由功率因数表（相位表）直接读出，或分别由功率表、电流表和电压表的读数按下式求出

$$\cos\varphi = \frac{P}{\sqrt{3}UI} \tag{2-28}$$

式中，P为功率表测出的三相功率读数；U为电压表测出的线电压读数；I为电流表测出的线电流读数。

瞬时功率因数只用来了解和分析工厂或设备在生产过程中无功功率变化情况，以便采取

适当的补偿措施。

2. 均权平均功率因数

均权平均功率因数指某一规定时间内，功率因数的平均值，其计算公式为

$$\cos\varphi_{wm}=\frac{A_p}{\sqrt{A_p^2+A_q^2}}=\frac{1}{\sqrt{1+\left(\frac{A_q}{A_p}\right)^2}} \tag{2-29}$$

式中，A_p 为某一时间内消耗的有功电能，由有功电度表读出；A_q 为某一时间内消耗的有功电能，由无功电度表读出。

我国电压部门每月向工业用户收取电费，就规定电费要按每月平均功率因数的高低来调整。

3. 最大负荷时的功率因数

最大负荷时的功率因数指在年最大负荷即计算负荷时的功率因数。则

（1）补偿前最大负荷时的功率因数

$$\cos\varphi_1=\frac{P_{30}}{S_{30}}=\frac{P_{30}}{\sqrt{P_{30}^2+Q_{30}^2}} \tag{2-30}$$

（2）补偿后最大负荷时的功率因数

$$\cos\varphi_2=\frac{P_{30}}{S'_{30}}=\frac{P_{30}}{\sqrt{P_{30}^2+(Q_{30}-Q_c)^2}} \tag{2-31}$$

式中，P_{30}为有功功率计算负荷；Q_{30}为无功功率计算负荷；Q_c 为无功补偿容量；S_{30}、S'_{30}为补偿前、后的视在功率计算负荷。

《供电营业规则》中规定，凡功率因数未达到上述规定的，应增添无功补偿装置，通常采用并联电容器进行补偿。这里所指的功率因数，即为最大负荷时的功率因数。

4. 自然平均功率因数

正在进行设计的工业企业的功率因数指的是自然平均功率因数。

（1）补偿前自然平均功率因数

$$\cos\varphi_1=\frac{P_{av}}{S_{av}}=\frac{\alpha P_{30}}{\sqrt{(\alpha P_{30})^2+(\beta Q_{30})^2}}=\frac{1}{\sqrt{1+\left(\frac{\beta Q_{30}}{\alpha P_{30}}\right)^2}} \tag{2-32}$$

（2）补偿后自然平均功率因数

$$\cos\varphi_2=\frac{P_{av}}{S'_{av}}=\frac{\alpha P_{30}}{\sqrt{(\alpha P_{30})^2+(\beta Q_{30}-Q_c)^2}}=\frac{1}{\sqrt{1+\left(\frac{\beta Q_{30}-Q_c}{\alpha P_{30}}\right)^2}} \tag{2-33}$$

式中，P_{av}为全企业的有功平均计算负荷；Q_{av}为全企业的无功平均计算负荷；α、β 为有功及无功的月平均负荷系数；S_{av}、S'_{av}为全企业补偿前、后的视在功率平均计算负荷。

2.2.2 供电系统功率因数的改善与电能节约

1. 提高功率因数的意义

由于一般企业采用了大量的感应电动机和变压器等用电设备，特别近年来大功率电力拖

动设备的应用，企业供电系统除要供给有功功率外，还需要供给大量无功功率，致使发电和输电设备的能力无法充分利用，并增加输电线路的功率损耗和电压损失。故提高用户的功率因数有重大意义。

（1）提高电力系统的供电能力

在发电和输、配电设备的安装容量一定时，提高用户的功率因数相应减少了无功功率的供给，则在同样设备条件下，电力系统输出的有功功率可以增加。

（2）降低电网中的功率损耗

若设备的功率因数降低，在保证输送同样的有功功率时，无功功率就要增加，这样势必就要在输电线路中传输更大的电流，使得输电线路上有功功率损耗和电能损耗增大。反之，功率因数提高可降低无功功率损耗。

（3）减少电网中的电压损失，提高供电质量

功率因数的提高，可减少电网中的电压损失。

（4）减小电能成本

提高功率因数，可使系统中输送的总电流减少，使得供电系统中的电器元件，如变压器、电气设备、导线等容量减少，从而使工厂内部的起动控制设备、测量仪表等规格尺寸减小，因而减小了初次投资成本。

综上可知，电力系统功率因数的高低是十分重要的问题，因此，必须设法提高电力网中各种有关部分的功率因数，以充分利用电力系统内各发电设备和变电设备的容量，增加其输电能力，减小供电线路导线截面，节约有色金属，减少电力网中的功率损耗和电能损耗，并降低线路中的电压损失与电压波动，以达到节约电能和提高供电质量的目的。

2. 功率因数的改善

（1）正确选择电气设备

1）正确选用异步电动机的型号和容量，使其接近满载运行。

2）选择气隙小、磁阻小的电气设备。如选电动机时尽量选笼型电动机。

3）同容量下选择磁路体积小的电气设备。

4）对不需要调速、持续运行的大容量电动机，如主扇、压风机等，有条件时尽量选用同步电动机。

（2）电气设备的合理运行

1）合理调度安排生产工艺流程，限制电气设备空载运行。

2）提高维护质量，保证电动机的电磁特性符合标准。

3）进行技术改造，降低总的无功消耗。

（3）采用无功补偿提高功率因数

1）补偿方式。

无功功率的人工补偿方式主要有装设同步补偿机和装设并联电容器两种方式。由于并联电容器具有安装简便、运维方便、损耗小、扩容方便等优势，目前而言，装设并联电容器在供配电系统的无功补偿中应用最为普遍。

装设并联电容器的补偿方式具体有以下三种方式：高压集中补偿、低压集中补偿和低压分散补偿。

2）正确选择补偿电容器。

电力电容器的补偿容量可用式（2-34）确定。

$$Q_c = P_{av}(\tan\varphi_1 - \tan\varphi_2) = \alpha P_{30}(\tan\varphi_1 - \tan\varphi_2) \tag{2-34}$$

式中，P_{30}为最大有功计算负荷；α为平均有功负荷系数；$\tan\varphi_1$、$\tan\varphi_2$为补偿前、后均权功率因数角的正切值。

并联电容器个数可用式（2-35）确定。

$$n = Q_c / Q_{c1} \tag{2-35}$$

注：对于单相电容器，n应取为3的整数倍，以便三相均衡分配。

【特别提示】

在计算补偿用电力电容器的容量和个数时，应考虑到电容器实际运行的电压与额定电压不同的情况。如果电容器实际运行电压不等于额定电压，此时需对电容器的额定容量做修正，其换算公式如下（注意：实际运行电压只能低于或等于额定电压）。

$$Q_{c1} = Q_N\left(\frac{U}{U_N}\right)^2 \tag{2-36}$$

式中，Q_N为电容器铭牌上的额定容量；Q_{c1}为电容器在实际运行电压下的容量；U为电容器的实际运行电压；U_N为电容器的额定电压。

【任务应用】

例2-5 某车间低压母线的计算负荷为：$P_{30} = 542.3\text{kW}$，$Q_{30} = 324.1\text{kvar}$。现需将功率因数提高到0.9，取平均负荷系数$\alpha = 0.75$，$\beta = 0.8$，试选择补偿用并联电容器。

解：该车间的自然功率因数为

$$\cos\varphi_1 = \frac{P_{av}}{S_{av}} = \frac{\alpha P_{30}}{\sqrt{(\alpha P_{30})^2 + (\beta Q_{30c})^2}} = \frac{0.75 \times 542.3}{\sqrt{(0.75 \times 542.3)^2 + (0.8 \times 324.1)^2}} = 0.80$$

由于$0.8 < 0.9$，故需进行无功补偿。

其对应的正切值为

$$\tan\varphi_1 = \frac{\sqrt{1 - 0.8^2}}{0.8} = 0.75$$

当$\cos\varphi_2 = 0.9$时，则

$$\tan\varphi_2 = \frac{\sqrt{1 - 0.9^2}}{0.9} = 0.484$$

如取平均负荷系数$\alpha = 0.75$时，则需补偿的无功容量为

$$\begin{aligned} Q_c &= P_{av}(\tan\varphi_1 - \tan\varphi_2) = \alpha P_{30}(\tan\varphi_1 - \tan\varphi_2) \\ &= 0.75 \times 542.3 \times (0.75 - 0.484)\text{kvar} = 108\text{kvar} \end{aligned}$$

若选择BW0.4-12-3型400V、12kvar的三相并联电容器接在380V低压母线上，则需用电容个数为

$$Q_{c1} = Q_N\left(\frac{U}{U_N}\right)^2 = 12 \times \left(\frac{0.38}{0.4}\right)^2\text{kvar} = 10.83\text{kvar}$$

$$n = Q_c / Q_{c1} = 108/10.83 = 10\text{（只）}$$

故需安装10只BW0.4-12-3型并联电容器。

【任务实施】

某厂的计算负荷为2400kW，功率因数为0.65。现拟在工厂变电所10kV母线上装设BW0.5-30-1型电容器，使功率因数提高到0.90。计算所需电容器的总容量，并确定需要装设多少个电容器？补偿后该厂的视在计算负荷为多少？比未补偿前的计算负荷减少了多少？

任务2.3　短路电流的计算

【任务引入】

在供配电设计和运行中，不仅要考虑正常运行的情况，还要考虑发生故障的情况，最严重的是发生短路故障。巨大的短路电流将对电气设备及人身安全带来极大的伤害和威胁。为了预防短路及其产生的破坏，需要对供电系统中可能产生的短路电流数值预先加以计算，根据计算的结果作为选择电气设备及供配电设计的依据。

【相关知识】

2.3.1　短路概述

1. 产生短路的原因和短路的种类

供电系统中发生短路的主要原因有：由于电气设备的导电部分绝缘老化损坏、电气设备受机械损伤使绝缘损坏、过电压使电气设备的绝缘击穿等所造成；运行人员误操作；线路断线、倒杆、鸟兽跨接裸露的导电部分而发生短路。供电系统中发生短路故障将产生以下破坏性的后果。

1）电流的热效应。由于短路电流比正常工作电流大几十倍至几百倍，这将使电气设备过热，绝缘损坏，甚至把电气设备烧毁。

2）电流的电动力效应。巨大的短路电流通过电气设备将产生很大的电动力，可能引起电气设备的机械变形、扭曲甚至损坏。

3）电流的电磁效应。交流电通过导线时，在线路的周围空间产生交变电磁场，交变电磁场将在邻近的导体中产生感应电动势。当系统正常运行或对称短路时，三相电流是对称的，在线路的周围空间各点产生的交变电磁场彼此抵消，在邻近的导体中不会产生感应电动势；当系统发生不对称短路时，短路电流产生不平衡的交变磁场，对线路附近的通信线路信号产生干扰。

4）电流产生电压降。巨大的短路电流通过线路时，在线路上产生很大的电压降，使用户的电压降低，影响负荷的正常工作（电机转速降低或停转，白炽灯变暗或熄灭）。

因此，在供电系统的设计和运行中，应设法消除可能引起短路的一切因素。为了尽可能减轻短路所引起的后果和防止故障的扩大，一方面，要计算短路电流以便正确选择和校验各电气设备，保证在发生短路时各电气设备不致损坏；另一方面，一旦供电系统发生短路故障，应能迅速、准确地把故障线路从电网中切除，以减小短路所造成的危害和损失。

在三相供电系统中，破坏供电系统正常运行的故障最为常见而且危害性最大的就是各种短路。对中性点不接地系统有相与相之间的短路；对中性点接地系统有相与相之间的短路和相与地之间的短路，其短路的基本种类有：三相短路、两相短路、单相短路、两相接地短路，如图 2-6 所示。

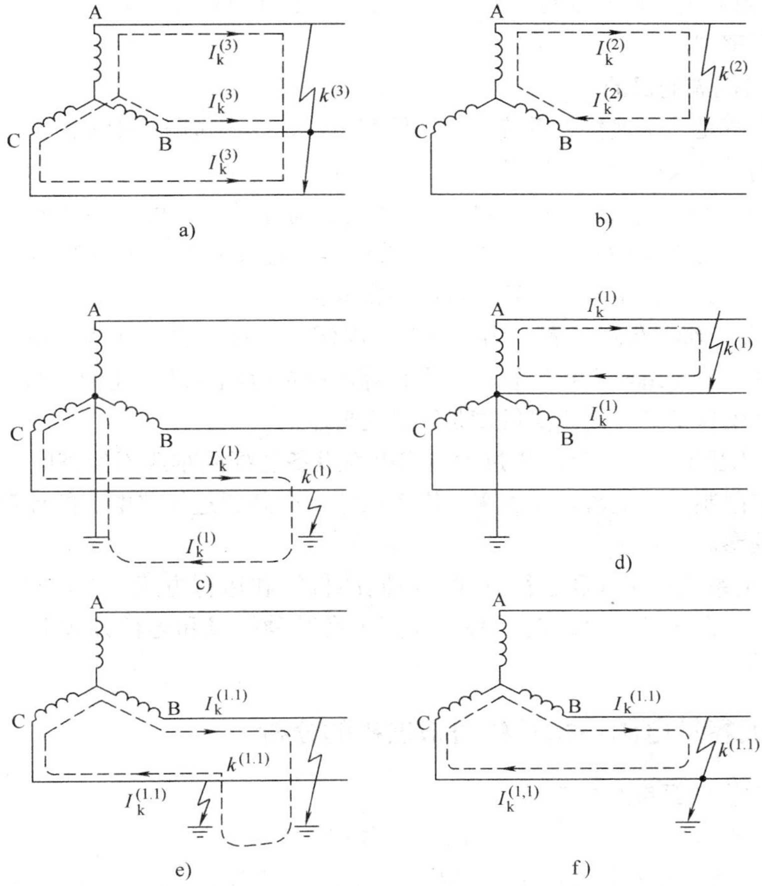

图 2-6　短路的种类

a）三相短路　b）两相短路　c）、d）单相短路　e）、f）两相接地短路

2. 短路的危害

短路电流数值可达到额定值的十倍乃至数十倍，而电路由常态突变为短路的暂态过程中，还出现高达稳态短路电流 1.8 到 2.5 倍左右的冲击电流。供配电系统因短路受到的危害一般有以下几个方面。

1）短路故障时，短路点附近的支路中出现比正常值大许多倍的电流，由于短路电流的电动力效应，导体间将产生很大的机械应力，可能使导体和它们的支架遭到破坏。

2）短路电流使设备发热增加，短路持续时间较长时，设备可能过热以致损坏。

3）短路时系统电压大幅度下降，对用户影响很大。系统中最主要的电力负荷是异步电动机，电压下降时，电动机的电磁转矩显著减少，转速随之下降。当电压大幅下降时，电动机甚至可能停转，造成产品报废、设备损坏等严重后果。

4）当短路地点离电源不远而持续时间又较长时，并列运行的发电厂可能失去同步，破坏系统稳定，造成大片区停电。

5）发生不对称短路时，不平衡电流能感应出强大的电动势，对架设在高压电力线路附近的通信线路或铁道信号系统产生严重影响。

6）当短路点离发电厂很近时，有可能造成并列运行的各个发电机失去同步，而使整个电力系统的运行解列。

3. 计算短路电流的目的

计算短路电流是为了使供电系统安全、可靠运行，减小短路所带来的损失和影响，所以计算短路电流用于解决下列技术问题。

1）选择和校验电气设备。在选择电气设备时，需要计算出可能通过电气设备的最大短路电流及其短路电流产生的热效应及电动力效应，以便校验电气设备的热稳定性和动稳定性，确保电气设备在运行中不受短路电流的冲击而损坏。

2）选择和整定继电保护装置。为了确保继电保护装置灵敏、可靠、有选择性地切除电网故障，在选择、整定继电保护装置时，需计算出保护范围末端可能产生的最小两相短路电流，用于校验继电保护装置动作灵敏度是否满足要求。

3）选择限流装置。当短路电流过大造成电气设备选择困难或不经济时，可在供电线路串接限流装置来限制短路电流。是否采用限流装置，必须通过短路电流的计算来决定，同时确定限流装置的参数。

4）选择供电系统的接线和运行方式。不同的接线和运行方式，短路电流的大小不同。在判断接线及运行方式是否合理时，必须计算出在某种接线和运行方式下的短路电流才能确定。

2.3.2 无限大容量电源系统三相短路过程的分析

1. 无限大容量电源系统的定义

无限大容量电源系统，具体从以下两个方面来理解。

1）无限大电源可以看作是由多个有限功率电源并联而成，因而其内阻抗为零，电源电压保持恒定。

2）电源功率为无限大时，其外电路发生短路所引起的功率变化影响甚微，又由于内阻抗为零而不存在内部电压降，所以，电源的电压和频率保持恒定。

实际上，真正的无限大功率电源是不存在的，而只能是一个相对的概念，往往是以供电电源的内阻抗与短路回路总阻抗的相对大小来判断电源能否作为无限大功率电源。若供电电源的内阻抗小于短路回路总阻抗的 10% 时，则可认为供电电源为无限大功率电源。在这种情况下，外电路发生短路对电源影响很小，可近似地认为电源电压幅值和频率保持恒定。

一般对于供配电系统来说，由于供电系统的容量远比电力系统总容量小而阻抗又较电力系统大得多，因此一般的供配电系统发生内部短路时，电力系统变电所馈电母线上的电压几乎维持不变，也就是说可将电力系统视为无限大容量的电源系统。另外，由于按无限大容量电源系统所计算得到的短路电流，是电气装置所通过的最大短路电流，因此，在初步估算装置通过的最大短路电流或缺乏必需的系统数据时，都可认为短路回路所接的电源是无限大容量的电源系统。

2. 无限大容量电源系统三相短路的物理过程

三相短路电流 i_k 由两部分组成，第一部分是短路电流时稳态分量，随时间按正弦规律变化，称为周期分量，此分量是外加电压在阻抗的回路内强迫产生的，所以又称为强制分量，用 i_p 表示。第二部分为短路电流的暂态分量，是随时间按指数规律衰减的，并且偏于时间轴的一侧，称为非周期分量或自由分量，可用 i_{np}表示，所以整个过渡过程短路电流为

$$i_k = i_p + i_{np} \tag{2-37}$$

当非周期分量衰减完了，短路电流的暂态过程结束而进入短路的稳定状态，此时的短路电流，称为稳态短路电流，简称稳态值。

图 2-7 所示为无限大容量系统发生三相短路前后，电流、电压的变动曲线。由图可以看出短路电流在到达稳定值之前要经过一个暂态过程，这一暂态过程是短路非周期分量电流存在的那段时间。短路非周期分量电流衰减完毕（一般经 $t\approx0.2s$），短路电流达到稳定状态。

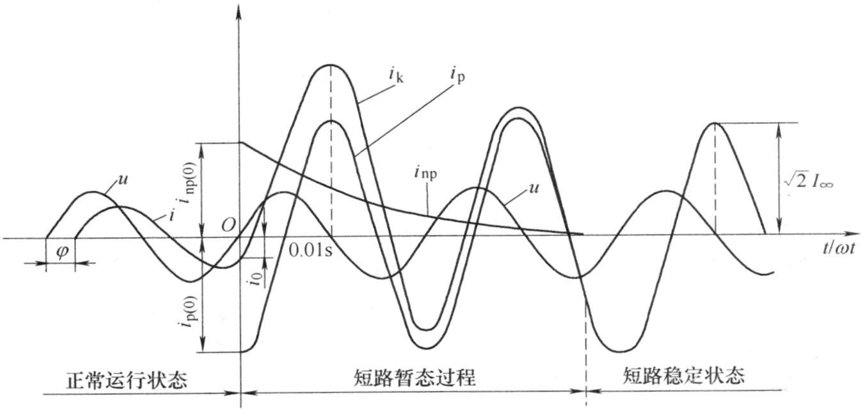

图 2-7　无限大容量电源系统发生三相短路时的电压、电流曲线

3. 短路计算的有关参数

次暂态短路电流（$I''^{(3)}$）：它是指短路瞬时，短路电流周期分量为最大幅值时所对应的有效值。

短路冲击电流（$i_{sh}^{(3)}$）：它是指短路全电流的最大瞬时值。由图 2-7 所示短路全电流的曲线可以看出，短路后经半个周期（约为 0.01s）达到最大值，此时的电流值即短路电流冲击值。短路电流冲击值可按下式计算

$$i_{sh}^{(3)} = (1 + e^{-\frac{0.01}{\tau}}) I_m = \sqrt{2} I''^{(3)} K_{sh} \tag{2-38}$$

式中，K_{sh}为短路电流冲击系数，是一个大于 1 小于 2 的系数，一般在高压供电系统中，通常取 $\tau=0.05s$，$K_{sh}=1.8$，则 $i_{sh}^{(3)}=2.55I''^{(3)}$。在 1000kV · A 及以下的电力变压器二次侧及低压电路中发生三相短路时，一般取 $K_{sh}=1.3$，因此 $i_{sh}^{(3)}=1.84I''^{(3)}$。

短路冲击电流有效值（$I_{sh}^{(3)}$）：它是指短路后第一个周期的短路全电流有效值。

在高压供电系统中，$K_{sh}=1.8$ 时，$I_{sh}^{(3)}=1.51I''^{(3)}$；在低压供电系统中，$K_{sh}=1.3$ 时，$I_{sh}^{(3)}=1.09I''^{(3)}$。

短路稳态电流（$I_\infty^{(3)}$）：它是指短路电流非周期分量衰减完毕的短路全电流的有效值。

从前述可知，无限大容量电源系统发生三相短路时，短路电流周期分量的幅值不变，则有

$$I_{\infty}^{(3)} = I''^{(3)} = I_{k}^{(3)} \tag{2-39}$$

2.3.3 无限大容量电源系统三相短路电流的计算方法

1. 标幺值

（1）标幺值的概念

进行电力系统的相关计算时，除了采用有单位的电流、电压、功率、阻抗和导纳等电气参数以外，还可以采用没有单位的这些物理量的相对值。我们把这些相对值称为标幺值，由于标幺值具有计算结果清晰、便于迅速判断结果正确性等多种优点，因此在很大的范围内已经取代了有名值的计算方式。

标幺值中，各个物理量都以相对值出现，必然要有所对应的基准，即基准值。标幺值是相对于某一基准值而言的，同一有名值，当基准值选取不同时，其标幺值也不同。它们三者的关系如下：

$$标幺值 = \frac{有名值(任意单位)}{基准值(与实际值同单位)}$$

标幺值一般也叫作相对值，是一个无单位的量，用带 * 号的上标以示区别。标幺值乘上100，即可得到用同一基准表示的百分值。

（2）使用标幺值的优势

1）使得计算过程大为简化。采用标幺值进行计算时，三相电路计算公式与单相相同。在对称三相系统中，三相功率与单相功率的标幺值相等，线电压与相电压的标幺值也相等。当电压等于基准值时，功率的标幺值等于电流的标幺值。变压器电抗的标幺值，无论归算到一次侧或二次侧都相同，并等于其短路电压的标幺值。

2）某些非电的物理量的标幺值可与另一物理量的标幺值相等。

3）易于比较各类电气设备间的特性及参数。如不同型号的发电机、变压器的参数，其中有名值差别很大，用标幺值表示就比较接近。

4）对计算结果便于做出分析，并判断其正确与否。

由于以上所述的诸多优点，因而在电力系统计算中，特别是在短路计算中标幺值得以广泛的使用。

2. 基准值的选择

基准值的单位和有名值的单位相同是选择基准值的一个限制条件。选择基准值的另一个限制条件是阻抗、导纳、电压、电流、功率的基准值之间也要服从电路的欧姆定律及功率方程式，也就是说在三相电路中，电流、电压、阻抗和功率这四个物理量的基准值之间必须满足下列关系式

$$\begin{aligned} S_d &= \sqrt{3} U_d I_d \\ U_d &= \sqrt{3} I_d Z_d \end{aligned} \tag{2-40}$$

式中，U_d、I_d、S_d、Z_d 分别为电压、电流、功率、阻抗的基准值。

在工程计算中，一般均首先确定视在功率和电压的基准值 S_d 及 U_d，为了方便计算，通常取基准容量 $S_d = 100\text{MV}\cdot\text{A}$，基准电压 U_d 一般取用各级电网的平均额定电压。当基准容量和基准电压选定之后，则电流和阻抗的基准值分别为

$$I_d = \frac{S_d}{\sqrt{3}U_d}$$

$$Z_d = \frac{U_d}{\sqrt{3}I_d} = \frac{U_d^2}{S_d} \tag{2-41}$$

3. 供配电系统中标幺值的换算

（1）基本参量标幺值的换算

电压标幺值：

$$U_d^* = \frac{U}{U_d} \tag{2-42}$$

容量标幺值：

$$S_d^* = \frac{S}{S_d} \tag{2-43}$$

电流标幺值：

$$I_d^* = \frac{I}{I_d} = I\frac{\sqrt{3}U_d}{S_d} \tag{2-44}$$

电抗标幺值：

$$X_d^* = \frac{X}{X_d} = X\frac{S_d}{U_d^2} \tag{2-45}$$

（2）常用元件电抗标幺值的计算

电力系统中，常用元件有发电机、电力变压器、电抗器及电力线路等，其电抗标幺值的计算公式见表2-4，计算过程不再赘述。

表2-4　常用元件电抗标幺值

序　号	元件名称	标幺值
1	发电机（或电动机）	$X_G^* = X_G''\% \frac{S_d}{S_{NG}}$
2	电力变压器	$X_T^* = \frac{U_k\%}{100}\frac{S_d}{S_{NT}}$
3	电抗器	$X_L^* = \frac{X_L\%}{100}\frac{U_{NL}}{\sqrt{3}I_{NL}}\frac{S_d}{U_d^2}$
4	电力线路	$X_{WL}^* = X_{WL}\frac{S_d}{U_d^2} = X_0 l\frac{S_d}{U_d^2}$

4. 无限大容量电源条件下三相短路电流的计算

由前述内容可知，无限大容量电源系统的主要特征是：系统的内阻抗为零，端电压为常数，所提供的短路电流周期分量的幅值大小恒定且不随时间变化。虽然非周期分量依照指数规律衰减，但一般而言，只需计算它对冲击电流的影响。因此，在供配电系统的短路电流计算过程中，其主要任务是计算短路电流的周期分量。而在无限大容量电源系统的条件下，周期分量的计算就变得非常简单，以下列出计算步骤。

1）按照供电系统图绘制等效电路图，要求在图上标出各元件的参数，对复杂的供电系统，还要绘制出简化的等效图。

2）选定基准容量和基准电压，按照公式求出基准电流和基准电抗。

3）求出供电系统中各元件电抗标幺值。

4）求出由电源至短路点的总电抗。

5）按式（2-46）求出短路电流的标幺值。

$$I_k^{(3)*} = \frac{1}{X_\Sigma^*} \tag{2-46}$$

由于电源是无限大容量，所以，短路电流周期分量保持不变，即

$$I''^{(3)*} = I_\infty^{(3)*} = I_k^{(3)*} \tag{2-47}$$

6）求出短路电流和短路容量。

求出稳态短路电流 $I_\infty^{(3)}$ 和稳态短路容量 $S_\infty^{(3)}$：

$$I_\infty^{(3)} = I_k^{(3)*} I_d \tag{2-48}$$

$$S_\infty^{(3)} = I_k^{(3)*} S_d \tag{2-49}$$

求出短路冲击电流 $i_{sh}^{(3)}$ 和短路全电流最大有效值 $I_{sh}^{(3)}$：

① 高压供电系统中，$K_{sh} = 1.8$，则

$$i_{sh}^{(3)} = 2.55 I_\infty^{(3)} \tag{2-50}$$

$$I_{sh}^{(3)} = 1.51 I_\infty^{(3)} \tag{2-51}$$

② 在 1000kV · A 及以下的电力变压器二次侧及低压电路中，$K_{sh} = 1.3$，则

$$i_{sh}^{(3)} = 1.84 I_\infty^{(3)} \tag{2-52}$$

$$I_{sh}^{(3)} = 1.09 I_\infty^{(3)} \tag{2-53}$$

【任务应用】

例 2-6 一个无限大容量系统通过一条 70km 的 110kV 输电线路向某变电所供电，接线情况如图 2-8 所示。试用标幺值法计算输电线路末端和变电所出线端发生三相短路时的短路电流的有效值和冲击短路电流。

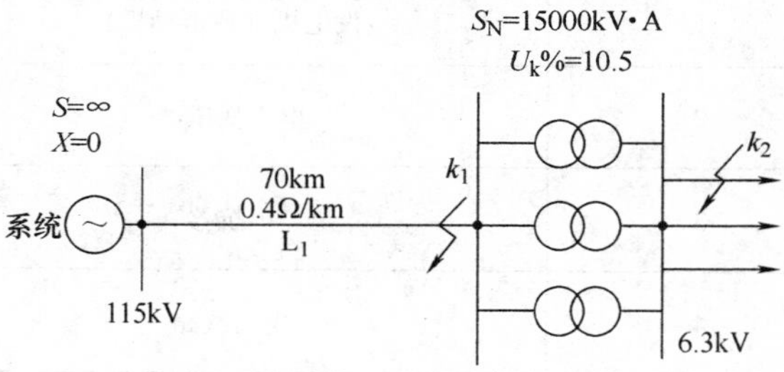

图 2-8 例 2-6 图

解：首先选取功率基准值 $S_d = 15\text{MV} \cdot \text{A}$，电压基准值 $U_d = U_{av}$。

（1）k_1 点短路时，线路 L1 的电抗标幺值为

$$X_{L1}^* = X_{L1} \frac{S_d}{U_d^2} = 0.4 \times 70 \times \frac{15}{115^2} = 0.0318$$

$$I_{k1}^{(3)*} = \frac{1}{X_{L1}} = \frac{1}{0.0318} = 31.446$$

化成有名值为

$$I_{k1}^{(3)} = I_{k1}^{(3)*} \frac{S_d}{\sqrt{3} U_d} = 31.446 \times \frac{15}{\sqrt{3} \times 115} \text{kA} = 2.37\text{kA}$$

$$i_{sh1}^{(3)} = 2.55 I_{k1}^{(3)} = 2.55 \times 2.37\text{kA} = 6.04\text{kA}$$

（2）k_2 点短路时，线路 L1 的电抗标幺值为

$$X_{L1}^* = 0.0318$$

变压器 T 的电抗标幺值为

$$X_{T1}^{*}=\frac{U_K\%}{100}\frac{S_d}{S_N}=\frac{10.5}{100}\times\frac{15}{15}=0.105$$

三台变压器并列运行时电抗的标幺值为

$$X_{T3}^{*}=\frac{X_{T1}^{*}}{3}=\frac{0.105}{3}=0.035$$

故而

$$X_{k2\Sigma}^{*}=X_{L1}^{*}+\frac{X_{T1}^{*}}{3}=0.0318+0.035=0.0668$$

$$I_{k2}^{(3)*}=\frac{1}{X_{k2\Sigma}^{*}}=\frac{1}{0.0668}=14.97$$

化成有名值

$$I_{k2}^{(3)}=I_{k2}^{(3)*}\frac{S_d}{\sqrt{3}U_d}=14.97\times\frac{15}{\sqrt{3}\times6.3}\text{kA}=20.58\text{kA}$$

冲击短路电流为

$$i_{sh2}^{(3)}=2.55\times20.58\text{kA}=52.48\text{kA}$$

2.3.4 电动机对短路电流的影响

1. 异步电动机反馈电流现象

电动机正常运行时，电压正常恒定，而当母线上发生三相短路时，短路点电压将会立即降低，根据电机的可逆原理，由于此时电动机的感应电动势大于其端电压，所以电动机将从电动机运行状态变为发电机运行状态，母线上电势将会低于电动机的反电动势。此时，电动机向母线的短路点馈送短路电流，就会成为一个附加电源。而由于反电动势作用时间很短，故电动机反馈电流仅仅对短路电流的冲击值有影响。

如果在异步电动机引出线处发生三相短路，异步电动机反馈电流为

$$i_{shM}=\sqrt{2}K_{shM}\frac{E_M^{*''}}{X_M^{*''}}I_{NM} \tag{2-54}$$

式中，$E_M^{*''}$ 为异步电动机次暂态电动势标幺值，一般取 0.9；$X_M^{*''}$ 为异步电动机次暂态电抗标幺值，一般取 0.17；K_{shM} 为异步电动机反馈电流冲击系数，一般可取 1.4 ~ 1.6；I_{NM} 为异步电动机的额定电流。

短路点总短路电流冲击值 $i_{sh\Sigma}$ 为

$$i_{sh\Sigma}=i_{sh}+i_{shM} \tag{2-55}$$

2. 异步电动机对短路电流的影响

在三相对称短路情况下，电动机的功率、短路点距电动机机端的距离对短路电流的峰值、开断电流值有很大影响，具体表现在以下几个方面：

1）当电动机功率相同时，短路点距离电动机越近，电动机向短路点反馈的短路电流就越大。

2）在短路点不变的情况下，电动机容量越大，电动机向短路点反馈的短路电流就越大。

3）电动机向短路点反馈的短路电流衰减极为迅速。

3. 同步电动机（同步调相机）对短路电流的影响

在同步电动机处于过励磁状态下运行，并且总装机容量在100MW以上，而且在同步电动机近端同一点上发生三相短路，就构成附加电源。过励磁的同步电动机和调相机有单独的励磁绕组，其次暂态电势较大，向短路点馈送的短路电流时间较长，作用比较明显。

在短路计算过程中应考虑以下几点问题：

1）同步电动机一般是凸极式设计，所以其短路电流周期分量标幺值的计算曲线，与有阻尼绕组、带自动电压调整器的水轮发电机的计算曲线相似，故可采用水轮发电机的计算曲线查找同步电动机提供的短路电流周期分量标幺值。

2）同步电动机作为附加电源所供给的短路电流计算方法，与同步发电机相同，但是同步电动机的次暂态电抗与发电机不同，计算时应单独进行。

3）同步电动机的时间常数 T' 与计算曲线制作时所采用的标准发电机的时间常数 T 相差较大，因此不能用实际的时间 t 查找曲线，应当采用换算时间 t' 进行查找。

$$t' = t\frac{T}{T'} \tag{2-56}$$

制作曲线时，发电机标准时间常数 T 的取值是这样进行的：对汽轮机取7s，水轮机取5s。对于同步电动机定子开路时，励磁绕组的时间常数平均值约为 $T' = 2.5\text{s}$，故有

$$t' = t\frac{T}{T'} = 2t \tag{2-57}$$

2.3.5 短路电流的热效应与力效应

当供电系统发生短路故障时，通过导体的短路电流要比正常工作电流大很多倍。虽然有继电保护装置能在很短时间内切除故障，但短路电流通过电气设备及载流导体时，导体的温度仍有可能被加热到很高的程度，导致电气设备的损坏。短路电流通过电气设备及载流导体时，一方面要产生很大的电动力，即电动力效应；另一方面要产生很高的热量，即热效应。

1. 短路电流的力效应

电流通过相互平行的两导体则有电动力作用，其作用力的方向与两导体中电流方向有关。当两导体中的电流方向相同时，作用力使导体相互吸引，如图2-9a所示；当两导体中的电流方向相反时，作用力使导体相互排斥，如图2-9b所示。

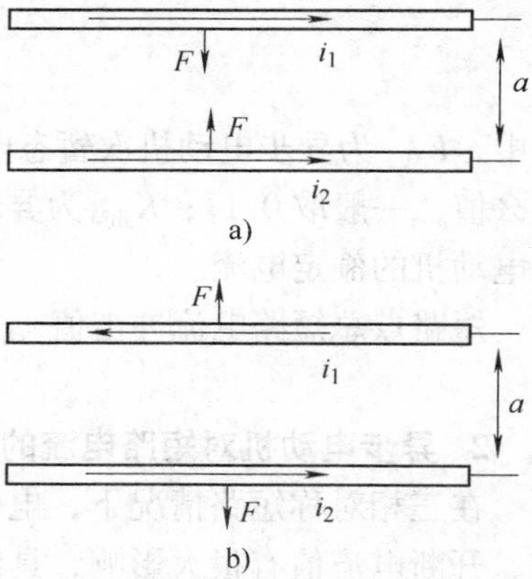

图2-9　两平行直导体间的电动力

两平行直导体间相互作用的电动力为

$$F = 2i_1 i_2\frac{L}{a}\times 10^{-7} \tag{2-58}$$

式中，i_1、i_2 分别为通过两导体的电流瞬时值；L 为两平行导体的长度；a 为两导体的轴线间距离。

若导体截面相当大时，必须考虑由于电流在截面上分散而产生的误差。因此，在实际计算的公式中引入一个修正系数，称为形状系数 K_s。引入形状系数后电动力的计算公式为

$$F = 2K_s i_1 i_2\frac{L}{a}\times 10^{-7} \tag{2-59}$$

导体的形状系数 K_s 是$\frac{a-b}{h+b}$和$\frac{b}{h}$的函数，与导体的截面形状、几何尺寸及相互位置有关。对圆形截面的导体、正方形截面的导体，其形状系数 $K_s=1$；当两导体之间的空隙距离大于导体截面的周长时，其形状系数 $K_s=1$；矩形截面形状系数 K_s，可通过图 2-10 中的曲线求得，由图可见，当矩形截面导体平放时，$m=\frac{b}{h}>1$，则 $K_s>1$；竖放时，$m=\frac{b}{h}<1$，$K_s<1$。

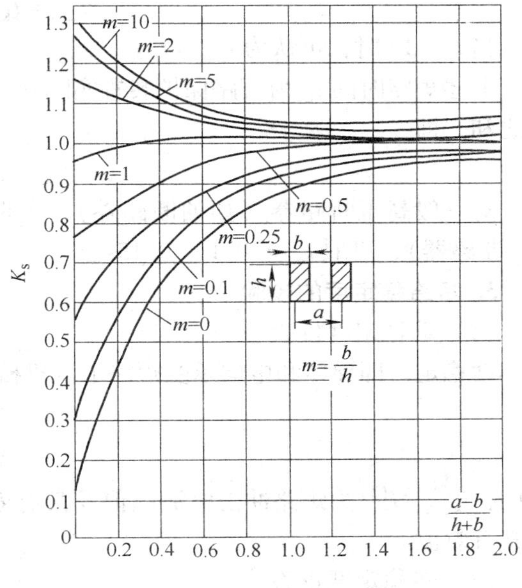

图 2-10　矩形导体截面的形状系数曲线

如果三相供电线路发生三相短路，可以证明，三相母线平行放置，则中间一相所受的电动力最大。此时电动力的最大瞬时值为

$$F_{\max}^{(3)}=1.73K_s\ (i_{sh}^{(3)})^2\ \frac{L}{a}\times10^{-7}\tag{2-60}$$

2. 短路电流的热效应

由于导体具有电阻，当导体通过电流时将产生电能损耗。这种电能损耗转换为热能，一方面使导体的温度升高，另一方面向周围介质散热。当导体内产生的热量与导体向周围介质散发的热量相等时，导体就保持在一定的温度。

当供电线路发生短路时，强大的短路电流将使导体温度迅速升高。由于短路后保护装置很快动作切除短路故障，认为短路电流通过导体的时间不长。因此，在短路过程中，可不考虑导体向周围介质的散热，近似认为在短路时间内短路电流在导体中产生的热量全部用来升高导体的温度。

图 2-11 表示短路前后导体的温度变化情况。导体在短路前正常负荷时的温度为 θ_L。假设在 t_1 时发生短路，导体温度按指数规律迅速升高，而在 t_2 时线路保护装置将短路故障切除，这时导体温度已达到 θ_k。短路切除后，导体不再产生热量，而只按指数规律向周围介质散热，直到导体温度等于周围介质温度 θ_0 为止。

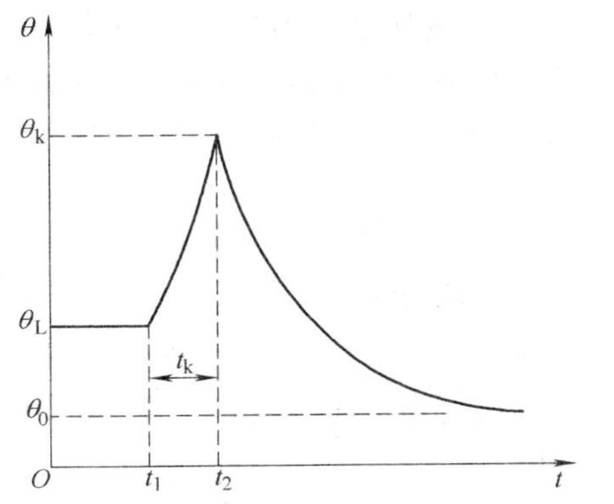

图 2-11　短路前后导体的温度变化

要确定导体短路后实际达到的最高温度 θ_k，一般采用一个恒定的短路稳态电流 I_∞ 来等效计算实际短路电流所产生的热量。由于通过导体的短路电流实际上不是 I_∞，因此假定一个时间，在此时间内，设导体通过 I_∞ 所产生的热量，恰好与实际短路电流 i_k 在实际短路时间 t_k 内所产生的热量相等。这一假定的时间，称为短路发热的假想时间，也称热效时间，用 t_{ima} 表示。

短路发热假想时间可由下式近似地计算：

$$t_{ima} = t_k + 0.05\left(\frac{I''}{I_\infty}\right)^2 S \tag{2-61}$$

在无限大容量系统中发生短路时，由于 $I'' = I_\infty$，因此

$$t_{ima} = t_k + 0.05S \tag{2-62}$$

当 $t_k > 1s$ 时，可认为 $t_{ima} = t_k$。

上述短路时间 t_k 为短路保护装置实际最长的动作时间 t_{op} 与断路器（开关）的断路时间 t_{oc} 之和，即

$$t_k = t_{op} + t_{oc} \tag{2-63}$$

对一般高压断路器（如油断路器），可取 $t_{oc} = 0.2s$；对高速断路器（如真空断路器、SF_6 断路器），可取 $t_{oc} = 0.1 \sim 0.15s$。

3. 短路稳定度的校验

（1）动稳定度校验

动稳定，即导体和电器承受短路电流机械效应的能力。应满足的动稳定条件为

$$i_{max} \geqslant i_{sh}^{(3)} \tag{2-64}$$

或

$$I_{max} \geqslant I_{sh}^{(3)}$$

式中；$i_{sh}^{(3)}$、$I_{sh}^{(3)}$ 为短路冲击电流幅值及其有效值。i_{max}、I_{max} 为电器允许的动稳定电流幅值及其有效值。

（2）热稳定度校验

电器或导体通过短路电流时，各部分的温度（或发热效应）应不超过允许值。满足热稳定的条件为

$$I_t^2 t \geqslant I_\infty^{(3)2} t_{ima} \tag{2-65}$$

式中，I_t、t 为电器允许通过的热稳定电流和持续时间，由产品样本可查到。t_{ima} 为短路发热的假想时间。

【任务实施】

有一地区变电所通过一条长 4km 的 6kV 电缆线路供电给某厂一个装有两台并列运行的 SL7-800 型主变压器的变电所，地区变电站出口断路器断流容量为 300MV·A。试求该厂变电所 6kV 高压侧和 380V 低压侧的短路电流。

习　　题

1. 简答题

1）工矿企业用电设备按工作制分为哪几种？各有何特点？

2）何为负荷暂载率？统计负荷时不同暂载率下额定功率为什么要换算成统一持续率下的额定功率？

3）什么是需用系数？什么是负荷系数？什么是同时系数？

4）用电设备的需用系数各由哪些参数决定？为什么？

5）什么是计算负荷？如何用需要系数法确定计算负荷？

6）为何要提高功率因数？如何提高功率因数？

7）短路有哪些形式？哪种形式的短路可能性最大？哪种形式短路的危害性最大？

8）什么是无穷大容量的电力系统？它有什么特点？在无穷大容量电力系统中发生短路时，短路电流将如何变化？能否突然增大？为什么？

2. 计算题

1）某大批生产的机械加工车间，拥有金属切削机床电动机容量共800kW，通风机容量共56kW，线路电压为380V。试分别确定各组和车间的计算负荷P_{30}、Q_{30}、S_{30}和I_{30}。

2）某机修车间，拥有冷加工机床52台，总容量为200kW；起重机1台，共5.1kW（$\varepsilon=15\%$）；通风机4台，共5kW；点焊机3台，共10.5kW（$\varepsilon=65\%$）。试确定该车间的计算负荷P_{30}、Q_{30}、S_{30}和I_{30}。

3）某厂变电所装有一台630kV·A变压器，其二次侧（380V）的有功计算负荷为420kW，无功计算负荷为350kvar。试求此变电所一次侧（10kV）的计算负荷及其功率因数。如果功率因数未达到0.9，问此变电所低压母线上应装设多大容量的并联电容器才能达到要求？

项目3　高压电器元件的认识与维护

【教学目标】

1. 掌握高压电器元件的结构、原理和作用。
2. 熟悉高压电器元件的结构特点及符号表示。
3. 掌握高压电器元件选择的方法和运行维护的内容。

额定电压在3kV及以上的电器是高压电器，常用的高压电器元件有电压互感器、电流互感器、高压断路器、高压熔断器、高压负荷开关和隔离开关等，这些高压电器元件在供配电系统中起着通断、保护、控制、调节和转换的作用。

任务3.1　认识电弧

【任务引入】

电弧是开关电器元件操作过程中经常发生的一种物理现象，用开关电器分断电路时，只要电源电压大于10～20V，电流大于80～100mA，在开关电器元件的动、静触头分离瞬间，触头间就会出现电弧。电弧燃烧时，其温度高达10 000℃，很容易烧毁触头，或使触头周围的绝缘材料遭受破坏。如果电弧燃烧时间过长，电器元件内部压力过高，有可能使电器发生爆炸事故。因此，当触头间出现电弧时，必须尽快熄灭。

为了研究开关电器的结构和工作原理，正确地选用与维护开关电器，熟悉电弧产生与熄灭的基本规律是十分必要的。

【相关知识】

3.1.1　开关电器的类型

常用的高压开关电器有高压断路器、高压负荷开关和隔离开关。高压开关用于控制高压供配电，工作电压有6kV、10kV、35kV、110kV和220kV。低压开关有刀开关、断路器等。高低压开关断开负荷时会在触头间产生电弧，特别是高压开关在拉闸时出现的强烈电弧，将引起相间短路，所以为了熄灭电弧，有些开关在结构上专门设计了灭弧装置。

3.1.2　电弧的产生与熄灭

1. 电弧的产生

在开关电器元件触头开断、电网电压较高、开断电流较大的情况下，绝缘气体或绝缘油受热分解出气体，并游离产生自由电子，自由电子导电的现象，称为电弧，电弧产生时伴随有强光和高温（可达数千摄氏度甚至上万摄氏度）。

【问题讨论】

电弧是如何产生和维持的?

电弧的产生与维持需要经历以下四个过程。

(1) 热电子发射

在开关电器元件触头分开的过程中，动静触头间的接触压力与接触面积不断减小，使接触电阻迅速增大，导致接触处温度升高，使一部分自由电子由于热运动而逸出金属表面，形成了热电子发射。

(2) 强电场发射

在开关电器元件触头分断瞬间，由于触头间距很小，其间电压虽然仅有几百至几千伏，但电场强度却很大，在电场力作用下自由电子高速奔向阳极，便形成了强电场发射。

(3) 碰撞游离

已产生的自由电子在强电场作用下高速向阳极运动，具有足够大动能的电子与介质的中性质点相碰撞时，产生新的正离子与自由电子，如图3-1所示。这种现象不断发展的结果，使得触头间正离子和自由电子大量增加，弧隙间介质强度急剧下降，最终间隙击穿形成电弧。

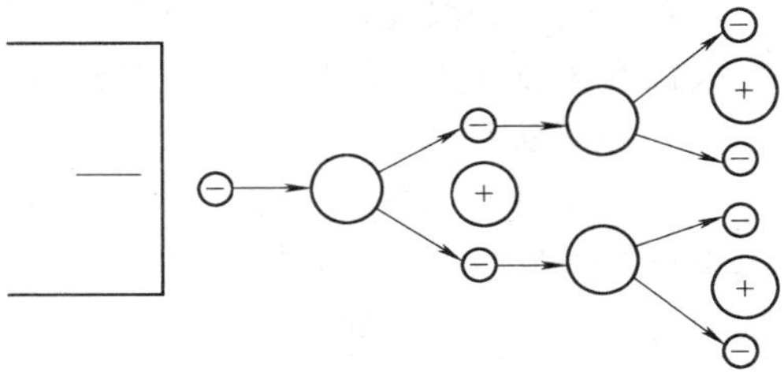
图3-1 碰撞游离示意图

(4) 热游离

随着触头开距的加大，失去了强电场发射电子的条件；但由于电弧的温度很高，表面温度高达3000~4000℃，弧心温度高达10 000℃，使中性质点由于热运动而相互碰撞，产生新的带电粒子，发生热游离现象，从而使电弧继续燃烧。

弧隙自由电子由强电场产生，强电场是产生电弧的必要条件，碰撞游离是产生电弧的主要原因，热游离是维持电弧的必要因素。

2. 电弧的熄灭

在电弧中不但存在着中性质点的游离过程，而且还存在着带电质点不断消失的去游离过程。弧隙中带电质点自身消失或者失去电荷变为中性质点的现象称为去游离。当游离速度大于去游离速度时，电弧加强；当游离速度与去游离速度相等时，电弧稳定燃烧；当游离速度小于去游离速度时，电弧减弱以致熄灭。所以，要促使电弧熄灭，就必须削弱电弧的游离作用，加强其去游离作用。去游离主要表现在复合与扩散两个方面。

(1) 复合

复合是带有异性电荷的质点相遇而结合成中性质点的现象。复合的速率与带电质点浓度、电弧温度、弧隙电场强度等因素有关。带电质点浓度越高、电弧温度越低、弧隙电场强度越小，带电质点运动速度就越慢，复合就越容易。

(2) 扩散

扩散是指电弧中的带电质点从电弧内部逸出向周围介质移动的现象。弧区与周围介质的温差越大，扩散越强烈；弧区与周围介质离子的浓度差越大，扩散就越强烈；电弧的表面积越大，扩散就越快。

上述带电质点的复合和扩散，都使电弧中的带电粒子减少，即去游离作用增强，最后导致电弧熄灭。

3.1.3 常用的灭弧方法

开关电器的主要灭弧措施就是加强去游离作用。在开断过程中使去游离作用大于游离作用，以达到灭弧的目的。

1. 速拉灭弧法

在分闸时加快触头的分离速度，使电弧迅速拉长，电弧中的电场强度骤降，从而削弱了碰撞游离、增强了带电质点的复合作用，加速电弧的熄灭。这种灭弧方法是开关电器中普遍采用的最基本的一种灭弧法，通常利用强力储能弹簧迅速释放能量。

2. 冷却灭弧法

降低电弧的温度，可削弱热游离，并增强带电质点的复合作用，有助于电弧的熄灭。这种灭弧方法在开关电器中应用也比较普遍。

3. 吹弧灭弧法

利用外力（如气流、油流或电磁力）来吹动电弧，使电弧加速冷却，同时拉长电弧，迅速降低电弧中的电场强度，使带电质点的复合和扩散增强，从而加速电弧的熄灭。吹弧方式分为横吹和纵吹，如图 3-2 所示。横吹是气流或油流吹动方向与弧柱轴线方向垂直，这样可使电弧拉长，表面积增大并加强冷却。纵吹是气流或油流吹动的方向与弧柱轴线平行，这样可使电弧变细冷却最后熄灭。现在更多断路器采用纵、横混合吹弧，其熄弧效果比单方向吹弧更好。

4. 长弧切短灭弧法

这种方法常用于低压交流开关中。利用金属栅片将长弧分割成许多短弧，而短弧的电压降主要降落在阴、阳极区内，如果栅片的数目足够多，使得各段维持电弧燃烧所需的最低电压降的总和大于外加电压时，电弧就自行熄灭，图 3-3 所示是钢灭弧栅将长弧切成若干短弧的情形。

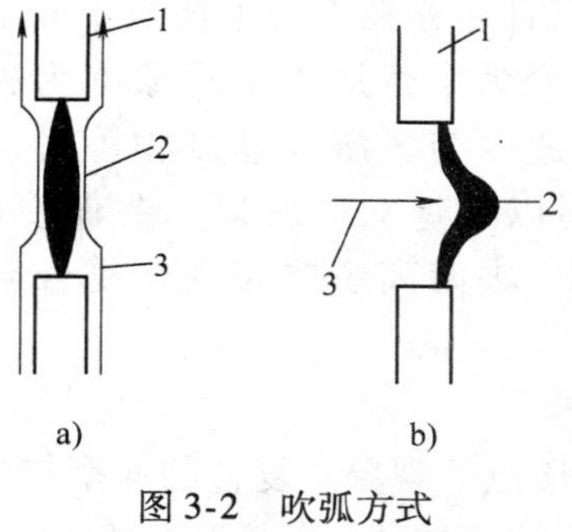

图 3-2 吹弧方式
a）纵吹 b）横吹
1—触头 2—电弧 3—吹弧方式

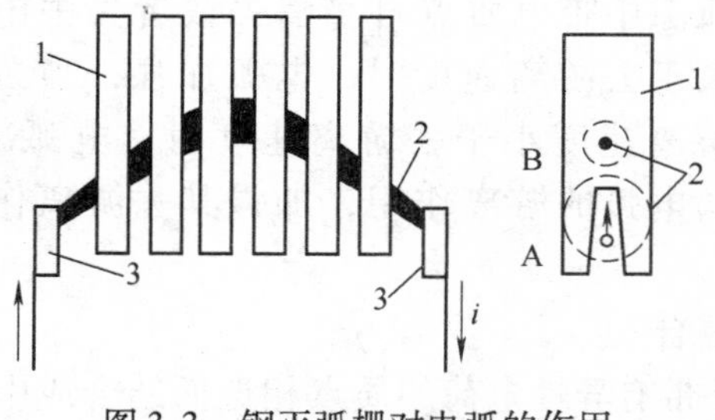

图 3-3 钢灭弧栅对电弧的作用
1—钢栅片 2—电弧 3—触头

5. 狭缝灭弧法

由于电弧在介质狭缝中运动，一方面加强了冷却与复合作用，另一方面电弧被拉长，弧径被压小，弧电阻增大，促使电弧迅速熄灭，如图 3-4 所示，狭缝灭弧栅和填料式熔断器等，都属于这种灭弧结构。

6. 多断口灭弧法

在开关的同一相内制成两个或多个断口，如图3-5所示。当断口增加时，相当于电弧长度与触头分离速度成倍提高，因而提高了开关的灭弧能力。这种方法多用在高压开关中。除上述灭弧方法外，开关电器在设计制造时，还采取了限制电弧产生的措施。如：开关触头采用不易发射电子的金属材料制成；触头间采用绝缘油、六氟化硫气体、真空等绝缘和灭弧性能好的绝缘介质等。

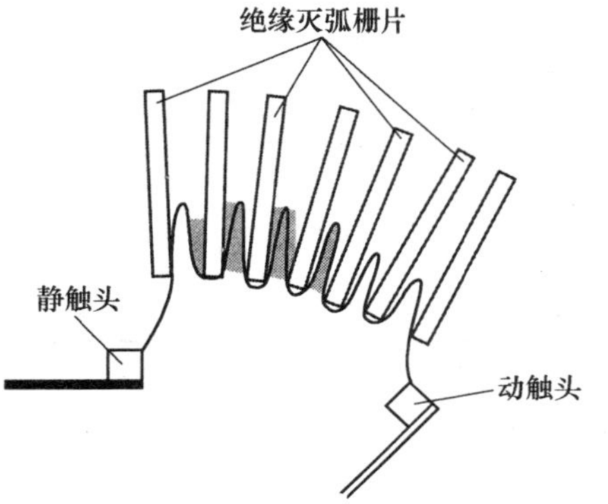

图3-4 利用狭缝灭弧装置示意图

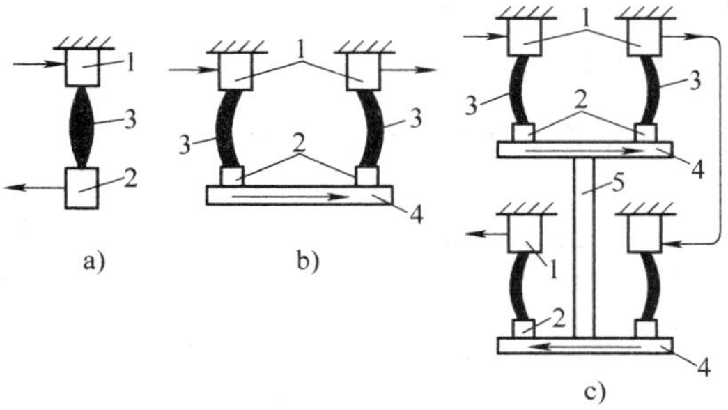

图3-5 一相多个断口灭弧示意图

a）一个断口 b）二个断口 c）四个断口

1—静触头 2—动触头 3—电弧 4—触头桥 5—绝缘拉杆

7. 真空灭弧法

电弧是气体放电现象，如将触头置于绝对真空中，自然不会产生电弧。实际上不可能得到绝对真空，在相对的真空中仍然有稀少的气体，所以还存在电弧，但是电弧不容易产生和持续。真空灭弧应用于高电压、大电流、操作频率高的交流接触器和断路器上。

3.1.4 开关电器的触头

开关电器的作用是接通和切断电力回路。开关电器中的触头是直接执行接通和切断的元件，为了保证开关电器的工作可靠性，开关电器的触头必须满足以下要求。

1. 热稳定

触头在工作中因电流通过而发热，电流一定时触头的发热情况主要决定于触头的接触电阻。

在长时间工作中，接触电阻过大会造成触头过热，使触头迅速氧化。当电流一定时触头的发热情况主要决定于触头的接触电阻。铜触头的温度超过75℃后会迅速氧化，氧化铜是不良导体，它会使接触电阻显著增高，从而使触头的温度更高，这种恶性循环会导致触头接而不通。因此要求触头在长时间工作中，温度不超过长时最大允许值，即所谓正常状态的热稳定。

当电力回路中发生短路时，短路电流流经开关触头，由于短路电流很大，触头在短时间内温度迅速上升，如果接触电阻过大触头会超过材料的短时最大允许温度，造成退火而失去弹性以致不能继续使用。因此又要求触头在短路电流通过时，温度不得超过短时最大允许值，即故障状态下的热稳定。

2. 动稳定

开关在工作时，因电流的电动力作用各载流导体之间均受力。当短路电流通过时，载流体承受的电动力很大，可能使开关自动分断，或者使触头分离。在分离的触头间会产生强大的电弧，电弧的高热使触头表面熔化，当短路故障被排除或短路电流消失时不因电动力而破坏。

3. 机械强度

有足够的机械强度，能完成规定的通断次数。

4. 耐弧性

有较好的耐弧性，不被电弧过度损坏。

【任务实施】

列出开关电器常用的灭弧类型，将其填写在表3-1中。

表3-1　开关电器常用的灭弧类型

灭弧类型	1	2	3	4	5	6	7
适用场合							
灭弧特点							

【拓展阅读】

电弧焊是利用电弧作为热源的熔焊方法，简称弧焊。其基本原理是利用电弧在大电流（10～200A）以及低电压（10～50V）条件下通过一电离气体时放电所产生的热量，来熔化焊条与工件使其在冷凝后形成焊缝。

电弧焊按其自动化程度可分为：手工电弧焊、半自动（电弧）焊、自动（电弧）焊。自动（电弧）焊通常是指埋弧自动焊－在焊接部位覆有起保护作用的焊剂层，由填充金属制成的光焊丝插入焊剂层，与焊接金属产生电弧，电弧埋藏在焊剂层下，电弧产生的热量融化焊丝、焊剂和母材金属形成焊缝，其焊接过程是自动化进行的。最普遍使用的是手工电弧焊，焊条电弧焊是用手工操纵焊条进行焊接工作的，可以进行平焊、立焊、横焊和仰焊等多位置焊接。另外由于焊条电弧焊设备轻便，搬运灵活，所以焊条电弧焊可以在任何有电源的地方进行焊接作业，适用于各种金属材料、各种厚度、各种结构形状的焊接。

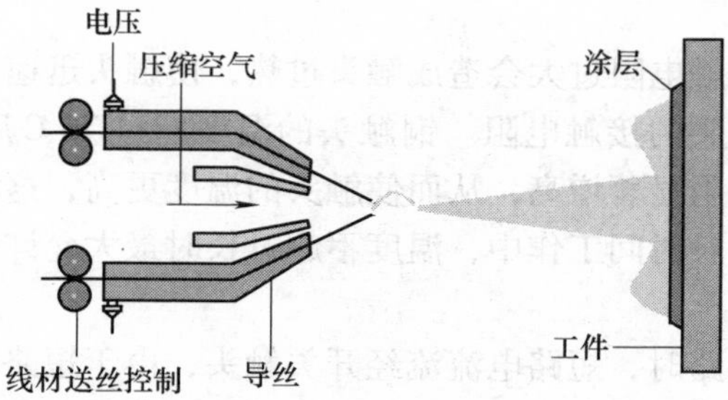

图3-6　电弧焊示意图

任务 3.2　变电所的设置与变压器的选择

【任务引入】

工厂供电系统是指工厂所需电力电源线路进厂起，到厂内高低压用电设备进线端止的整个供电系统，包括厂内的变、配电所和所有高低压供配电线路。

工厂变电所按其在供电系统中的作用和地位，一般分为总降压变电所和车间变电所，变电所担负着从电力系统受电，经过变压，然后配电的任务。为了提高电能质量，除了合理选择变电所位置和数量外，还需考虑电力负荷类型、大小、分布特点和工厂内部环境条件等因素。

【相关知识】

3.2.1　供电电压的选择

供电电压主要决定于地区原有电源电压的等级，通常工厂总降压变电所的供电电压等级为 35～110kV。工厂厂区高压配电电压多采用 6～10kV，其中以 10kV 为主，因 3kV 电压太低，作为配电电压不经济，所以早已不采用。工厂的低压配电电压一般采用 380V/220V，而在一些特殊行业，如采矿、石油化工、化学工业等部门，有的采用 660V，在矿井里，因为变电所不能设在负荷中心，为了保证电压质量，也采用 660V 或 1140V。

3.2.2　变电所位置的确定

1. 变电所位置选择的一般原则

1）尽量接近负荷中心，特别是车间变电所更应如此。

2）进出线方便，特别是采用架空线进出线时更应该考虑这一点。

3）接近电源侧，特别是工厂总降压变电所和高压配电所。

4）设备运输方便，便于变压器和控制柜等设备的运输。

5）尽量避开污染源或选择在污染源的上风侧。

6）不宜设在有剧烈振动或高温的场所。

7）不宜设在低洼积水场所及其下方。

8）不宜设在易燃易爆等危险场所，变电所与其他工业建筑之间应保持一定的防火间距。

以上是确定总降压变电所和车间变电所通用的原则，其中靠近负荷中心是最基本原则。

2. 确定负荷中心的方法

工厂或车间的负荷中心可用下面介绍的负荷指示图或负荷功率矩的计算方法近似地确定。

（1）负荷指示图

负荷指示图是将电力负荷按照一定的比例，用负荷圆的形式标明在工厂或车间的平面图上。各车间（建筑）的负荷圆的圆心应与车间（建筑）的负荷“重心”（负荷中心）大致相同，如图 3-7 所示。

负荷圆的半径 r，由车间（建筑）的计算负荷 $P_{30}=K\pi r^2$ 可得，

$$r=\sqrt{\frac{P_{30}}{K\pi}} \tag{3-1}$$

式中，K 为负荷圆的比例（kW/mm^2）。

由负荷指示图可以直观地大致确定工厂的负荷中心，但还必须结合其他条件，综合分析比较几种方案，最后选择其最佳方案来确定变电所的位置。

（2）负荷功率矩法

设负荷中心的坐标为（x，y），负荷 P_1、P_2、P_3（均表示有功计算负荷）分布如图 3-8 所示。它们在任选的直角坐标系中的坐标分别为（x_1，y_1）、（x_2，y_2）和（x_3，y_3），总的负荷为 $\sum P = P_1 + P_2 + P_3$，则负荷中心坐标可按式（3-2）计算。

$$x=\frac{\sum(P_i x_i)}{\sum P_i}$$
$$y=\frac{\sum(P_i y_i)}{\sum P_i} \tag{3-2}$$

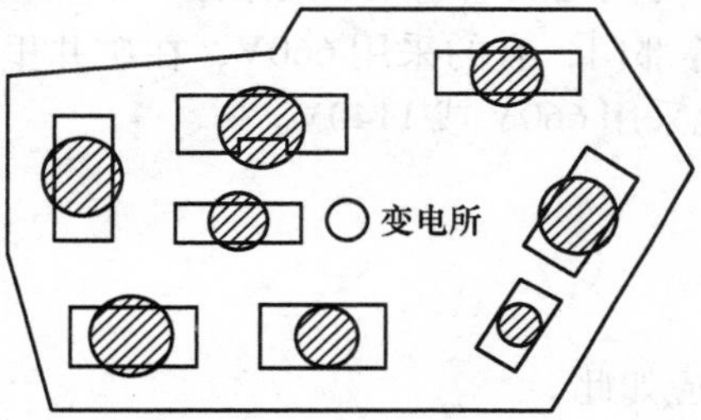

图 3-7　工厂的负荷指示图

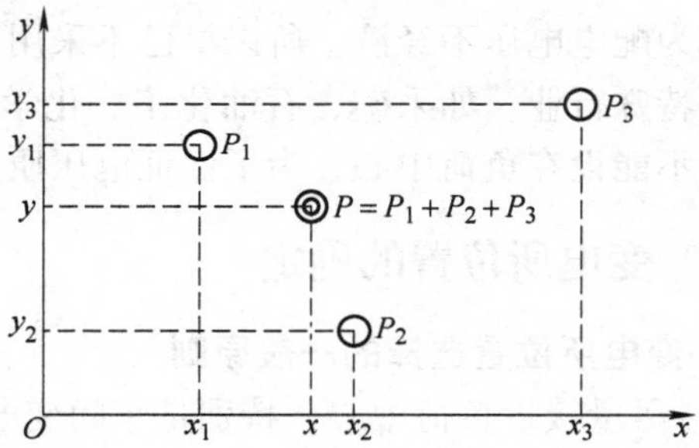

图 3-8　负荷功率矩法确定负荷中心

3.2.3　总降压变电所主变压器台数和容量的选择

1. 主变压器台数的选择

在大型工矿企业，为了减少成本，便于管理，总降压变电所一般只设一个。对一、二级负荷居多的企业，一般需装设二台主变压器。对于给三级负荷供电的总降压变电所，或者有少量一、二级负荷可由临近企业取得备用电源时，可只装设一台主变压器。

2. 主变压器容量的选择

（1）只装一台主变压器的总降压变电所

主变压器容量 $S_{N.T}$ 应满足全部用电设备总计算负荷 S_{30} 的需要，即

$$S_{N.T} \geqslant S_{30} \tag{3-3}$$

（2）装设两台主变压器的总降压变电所

每台变压器的容量 $S_{N.T}$ 应同时满足以下两个条件。

1）任一台变压器单独运行时，宜满足总计算负荷 S_{30} 的 60% ~70% 的需要，即

$$S_{N.T} = (0.6 \sim 0.7)S_{30} \tag{3-4}$$

2）任一台变压器单独运行时，应满足全部一、二级负荷 $S_{30(\text{I}+\text{II})}$ 的需要，即

$$S_{N.T} \geqslant S_{30(\text{I}+\text{II})} \tag{3-5}$$

3.2.4 车间变电所主变压器台数和容量的选择

1. 车间变电所的类型

车间变电所按其主变压器的安装位置来分，主要有下列类型。

（1）独立变电所

整个变电所设在与车间建筑物有一定距离的单独建筑物内，如图3-9所示的1。

（2）车间附设变电所

变电所变压器室的一面墙或几面墙与车间建筑的墙共用，变电所的大门朝车间外开，可分为内附式、外附式和外附露天式。内附式（见图3-9的2、3）建在建筑物内与建筑物共用外墙，占用车间面积；外附式（见图3-9的4、5）建在建筑物外与建筑物共用一面墙，变压器设在车间墙外，较安全；外附露天式（见图3-9的6）与外附式类似，但变压器置于室外露天。

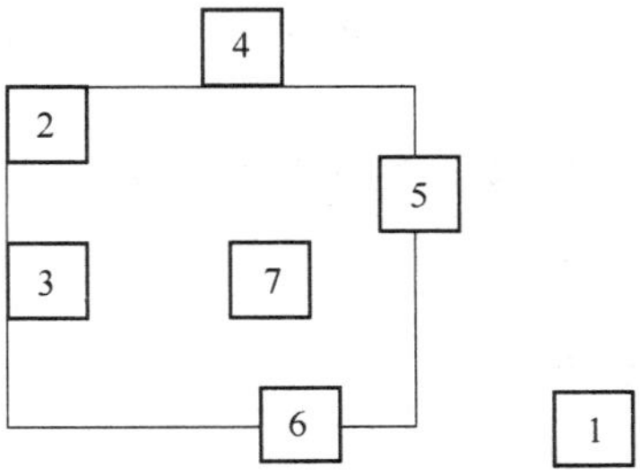

图3-9 车间变电所类型

（3）车间内变电所

车间内变电所（见图3-9的7）设置在车间内部，变压器室的门朝车间内开，需要采用相应的防火措施。

（4）地下变电所

整个变配电所设置于建筑物的地下室内以节约用地。由于通风不良，防火要求高，投资较大，用于防空等场合。大型建筑物，有时为了满足地下冷冻机房、水泵房等大用电设备的需要也有采用地下变电所的。

（5）杆上式或高台式变电所

变压器一般置于室外杆塔上或专门的变压器台墩上，这种类型的变电所其运行维护条件差，一般容量不大于315kV·A，多用于生活区。

2. 主变压器台数和容量的选择

车间变电所变压器的数量及容量的选择原则与总降压变电所主变压器的选择原则基本上是一致的。在保证可靠性的前提下，应考虑投资、运行费用及有色金属消耗量最少。

对于一般生产车间，二、三级负荷用户，尽量装设一台主变压器，其额定容量应大于用电设备的总计算负荷，且应有适当富裕容量。

对一、二级负荷比重较大的车间，并要求两个电源供电时，一般可设置一个具有两台变压器的变电所，每台变压器单独投入运行时，必须能满足变电所的总计算负荷70%的需要和一、二级负荷的供电需要。

车间变电所主变压器的单台容量，一般不宜大于1000kV·A。对居住小区变电所内的油

浸式变压器单台容量，不宜大于630kV·A。

【任务应用】

例3-1 某10kV/0.4kV变电所，总计算负荷为1400kV·A，其中一、二级负荷为730kV·A。试初步选择其主变压器的台数和容量。

解：根据变电所有一、二级负荷的情况，确定选两台主变压器。其容量 $S_{N.T}$ =（0.6～0.7）S_{30} =（0.6～0.7）×1400kV·A =（840～980）kV·A，且 $S_{N.T}$≥730kV·A，因此初步确定每台主变压器容量为1000kV·A。

【任务实施】

某10kV/0.4kV的车间附设式变电所，总计算负荷为780kV·A，其中一、二级负荷为460kV·A。当地的平均气温为25℃，试初步选择该变电所主变压器的台数和容量。

任务3.3　互感器的检测与调节

【任务引入】

互感器是一种测量用的设备，分电流互感器和电压互感器两种。使用互感器有两个目的：一是为了工作人员的安全，使测量回路与高压电网隔离；二是可以使用小量程的电流表、电压表分别测量大电流和高电压。互感器的规格很多，但电流互感器二次侧额定电流都是5A或1A，电压互感器二次侧额定电压都是100V。

互感器除了用于测量电流和电压外，还用于各种继电保护装置的测量系统，因此它的应用极为广泛。下面分别介绍电流互感器和电压互感器。

【相关知识】

3.3.1　电流互感器

电流互感器简称CT，文字符号为TA，是将高压侧大电流变换成低压侧小电流（5A或1A）的装置。电流互感器的结构与变压器相似，一次绕组和二次绕组之间只有磁的耦合，没有电的联系，所以，电流互感器可实现二次设备与一次高电压部分的隔离。

【特别提示1】

互感器属于一次设备。

理由是：虽然互感器与二次设备相连，但它的一次绕组直接连接在一次电路中（与电流互感器串联、电压互感器并联）。

1. 电流互感器的结构与工作原理

（1）电流互感器的结构

电流互感器的结构与变压器相似，主要由铁心、一次绕组和二次绕组构成，是利用电磁感应原理来工作的一种电气元件，如图3-10所示。

电流互感器的铁心是由硅钢片叠压而成，它是电流互感器磁路的主要部件，能够在一、二次绕组间产生电磁联系，实现电流的变换。

一次绕组串接在一次电路中，二次绕组与仪表、继电器电流线圈串联，形成闭合回路。一次绕组匝数 N_1 较少且导线粗，有的型号还没有一次绕组，利用穿过其铁心的一次电路作为一次绕组，而二次绕组匝数 N_2 较多且导线细，二次额定电流 I_2 为5A。

运行中的电流互感器一次绕组内通过的电流决定于线路的负载电流，与二次负荷无关；二次绕组中流过的电流大小与一次电流大小有关。同时，由于二次绕组所接的负载是仪表和继电保护装置的线圈，阻抗都很小，所以电流互感器正常运行于短路状态，相当于一个短路运行的变压器。

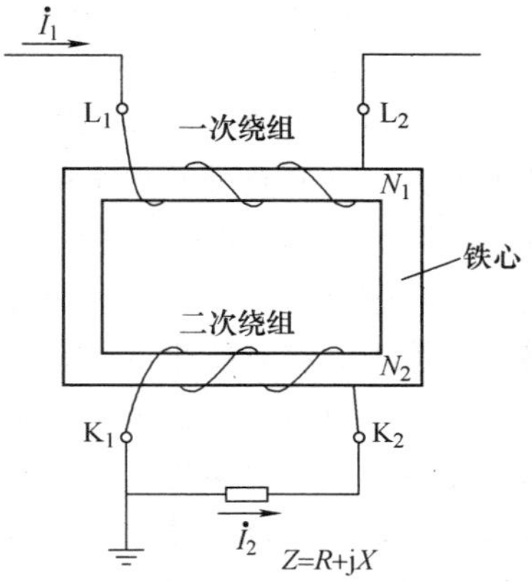

图3-10　电流互感器原理结构图

（2）电流互感器的工作原理

电流互感器的工作原理与变压器大致相同，而不同的是变压器铁心内的主磁通是由一次绕组加上交流电压的电流产生，而电流互感器铁心内的主磁通是由一次绕组内通过的交流电流产生。铁心中的交变主磁通在电流互感器的二次绕组内感应出二次电动势和二次电流。

电流互感器的一次电流 I_1 与二次电流 I_2 之间的关系为

$$I_1 \approx (N_2/N_1)I_2 \approx K_i I_2 \tag{3-6}$$

式中，N_1、N_2 分别为电流互感器一次和二次绕组的匝数，K_i 为电流互感器的电流比，一般为额定的一次电流和二次电流之比，即 $K_i = I_{1N}/I_{2N}$，I_{2N}一般为5A，有时也为1A。

2. 电流互感器的运行与维护

（1）电流互感器的工作特性

1）电流互感器一次电流的大小取决于一次系统的负荷电流，与二次负荷无关。电流互感器的一次绕组串联在一次电路中，匝数很少甚至为一匝，一次电流的大小由一次电路决定，与二次电流大小无关，即一次电流值不因二次电路运行状态的变化而改变。

2）电流互感器正常运行时，二次绕组近似于短路工作状态。电流互感器的二次绕组匝数较多，串联在二次电路中，所接仪表、继电器等二次设备的电流线圈阻抗均很小，所以在正常情况下，电流互感器在近于短路的状态下运行。

3）运行中的电流互感器二次回路不允许开路。运行中的电流互感器二次回路一旦开路，会在开路的两端产生高电压，危及人身安全或使电流互感器发热损坏。

【特别提示2】

防范电流互感器二次绕组开路的措施如下。

① 如果需要接入仪表测试电流或功率，或更换表计及继电器等，应先将电流回路进线一侧短路或就地造成并联支路，确保作业过程中无瞬间开路。

② 二次回路不得装设熔断器或其他开关设备。

③ 二次回路连接所用导线或电缆芯线不能太细，必须是截面大于2.5mm² 的铜线，以保证必要的机械强度和可靠性。

4）电流互感器二次绕组一端及铁心必须可靠接地。电流互感器二次侧有一端必须接地，以防止一、二次绕组绝缘击穿时，一次侧的高压窜入二次侧，危及人身和设备的安全。

5）电流互感器结构应满足热稳定和动稳定的要求。

（2）电流互感器的运行与维护

运行中，电流互感器二次回路可能因振动引起端子螺钉自行脱开，造成二次回路开路，其现象为：在开路处有放电的火花和由于电磁振动发出的“嗡嗡”声。若为仪表用电流互感器开路，开路相电流表指示为零，电能表转速下降，有功表、无功表指示降低。若为保护用电流互感器开路，零序、负序及差动保护可能误动，此时应先对电流互感器所带的负荷回路进行检查，将其所带的差动、零序、负序保护退出运行。

如果是电流互感器外部开路，则应做好安全措施。运行值班人员应穿绝缘鞋和戴绝缘手套，先将其二次侧接地短路，然后将断线或松脱处理好，再取下接地短路线，使其恢复正常运行；如果是内部开路，则应停电处理，在电流互感器开路运行期间应适当减小一次电流并及时通知保护班进行处理。

电流互感器如果发热温度过高、内部有放电声、严重漏油等，则需立即停电。在运行中，若发现电流互感器内部冒烟或着火，则应用断路器将其切除，并用二氧化碳灭火器灭火。

【岗位技能1】

电流互感器运行前的检查项目包括如下。

1）检查套管，看有无裂纹、破损现象。

2）检查充油电流互感器，其外观应清洁，油量充足，无渗漏油现象。

3）检查引线和线卡子及二次回路各连接部分，应接触良好，不得松弛。

4）检查外壳及一、二次侧接地情况，应接地正确、良好，接地线应坚固可靠。

5）按电气试验规程，进行全面试验并应合格。

【岗位技能2】

电流互感器的巡视检查项目包括如下。

1）检查瓷套管是否清洁，有无缺损、裂纹和放电现象，声音是否正常。

2）检查充油电流互感器油位是否正常，有无渗漏现象。

3）检查各接头有无过热及打火现象，螺栓有无松动，有无异常气味。

4）检查二次绕组有无开路，接地线是否良好，有无松动和断裂现象。

5）检查电流表的三相指示是否在允许范围之内，电流互感器有无过负荷运行。

3. 电流互感器的接线方式

电流互感器的接线方式是指电流互感器与电流继电器之间的连接方式。

（1）完全星形接线

完全星形接线由三只电流互感器和三只电流继电器构成，电流互感器的二次绕组和继电器线圈分别接成星形接线，并彼此用导线相连，如图3-11所示。

这种接线方式能够对各种故障实现保护，当故障电流相同时，对所有故障都同样灵敏，对相间短路动作可靠，至少有两个继电器动作，但它需要三只电流互感器和三只继电器，四根连接导线，投资大，多适用110kV及以上的三相电路和低压三相四线制电路的测量，以及某些继电保护回路。

（2）不完全星形接线

不完全星形接线由两只电流互感器和两只电流继电器构成。两只电流互感器接成不完全星形接线，两只电流继电器接在相线上，如图 3-12 所示。在继电保护装置中称为两相三继电器接线。

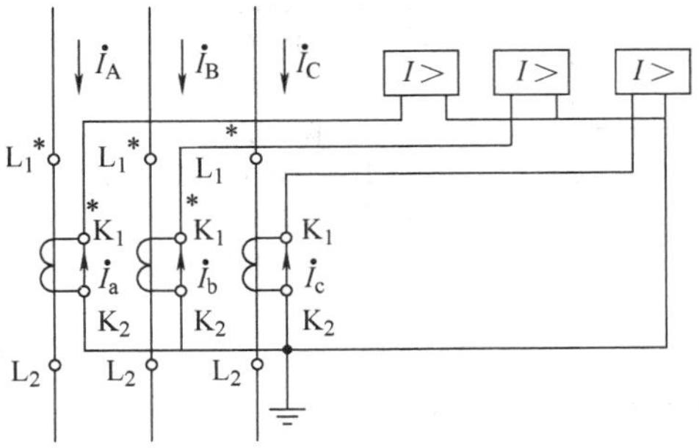

图 3-11　完全星形接线图

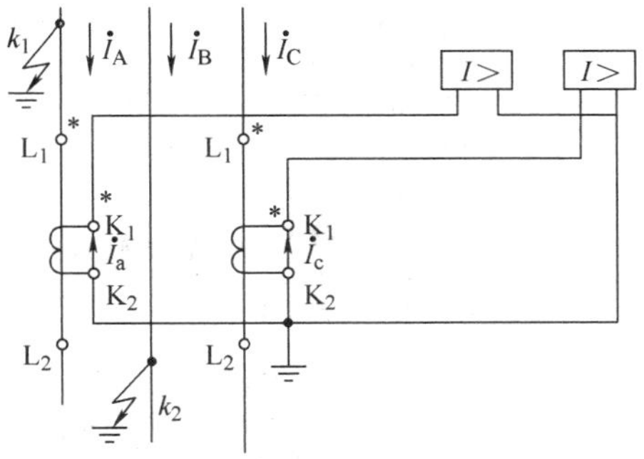

图 3-12　不完全星形接线图

在正常运行及三相短路时，中线通过电流为 $\dot{I}_0 = \dot{I}_a + \dot{I}_c = -\dot{I}_b$。如两只互感器接于 A 相和 C 相，A、C 相短路时，两只继电器均动作；当 AB 相或 BC 相短路时，只有一个继电器动作；在中性点直接接地系统中，当 B 相发生接地故障时，保护装置不动作，所以这种接线不能保护所有的单相接地故障。在中性点不接地的三相三线制电路中，这种接线广泛用于测量三相电流、电能及作为过电流继电保护之用。

（3）两相电流差式接线

图 3-13 所示为两相电流差式接线，在继电保护装置中称为两相一继电器接线。这种接线方式的特点是流过电流继电器的电流是两只电流互感器的二次电流的相量差 $\dot{I}_R = \dot{I}_a - \dot{I}_c$，因此对于不同形式的故障，流过继电器的电流不同。

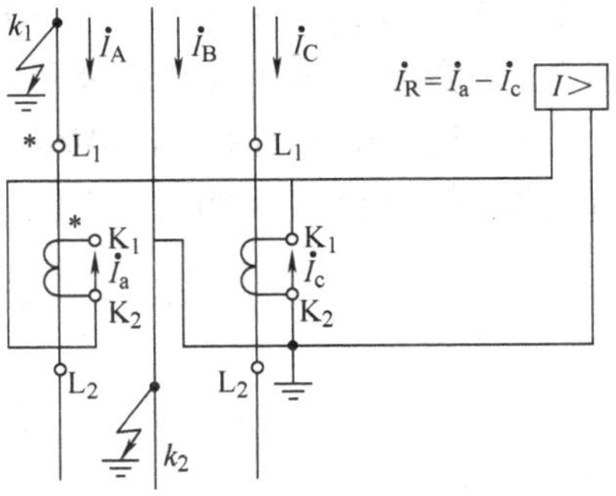

图 3-13　两相电流差式接线图

在正常运行及三相短路时，流经电流继电器的电流是电流互感器二次绕组电流的 $\sqrt{3}$ 倍。当装有电流互感器的 A、C 两相短路时，流经电流继电器的电流为电流互感器二次绕组的 2 倍。当装有电流互感器的一相（A 相或 C 相）与未装电流互感器的 B 相短路时，则流经电流继电器的电流等于电流互感器二次绕组的电流。当未装电流互感器的一相发生单相接地短路或某种两相接地（K_1 与 K_2 点）短路时，继电器不能反映其故障电流，故而不动作。

这种接线在中性点不接地的三相三线制电路中，广泛用于过电流保护之用。

4. 常用的电流互感器

（1）电流互感器的型号和类型

电流互感器的类型很多，按一次绕组匝数分，有单匝式（包括母线式、心柱式、套管式）和多匝式（包括线圈式、线环式、串级式）；按一次电压分，有高压和低压电流互感器，按用途分，有测量用电流互感器和保护用电流互感器；按准确度等级分，测量用有 0.1、0.2、0.5、

1.0、3.0、5.0级，保护用有0.2和0.5两级。电流互感器全型号的表示和含义为

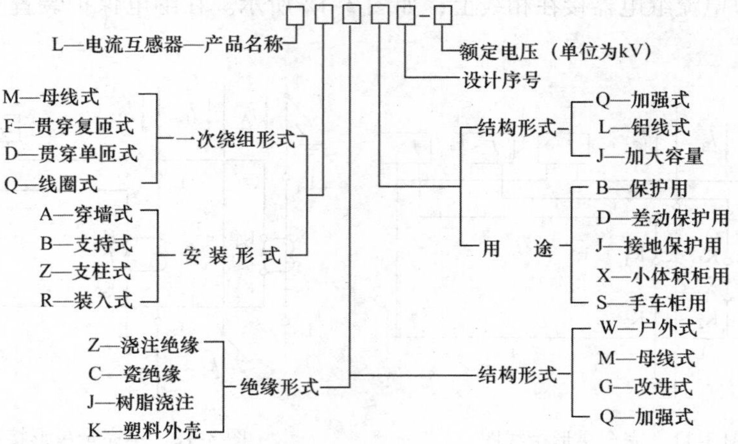

（2）常用电流互感器的外形结构

高压电流互感器常由两个不同准确度等级的铁心和两个二次绕组构成，分别接测量仪表和继电器，来满足测量和继电保护的不同要求。电气测量对电流互感器准确度要求较高，且要求在短路时仪表受的冲击小，因此测量用电流互感器的铁心在一次电路短路时应易饱和，限制二次电流的增长。而继电保护用电流互感器的铁心则在一次电流短路时不应饱和，使二次电流能与一次短路电流成正比增长，以适应保护灵敏度的要求。

图3-14所示是户内高压LQJ-10型电流互感器的外形图。它有不同准确度级的两个铁心和两个二次绕组，分别为0.5级和3级，0.5级用于测量，3级用于继电保护。

图3-15所示是户内低压LMZJ1-0.5型电流互感器的外形图。它是利用穿过其铁心的一次电路作为一次绕组（相当于1匝）。它用于500V及以下的配电装置中。

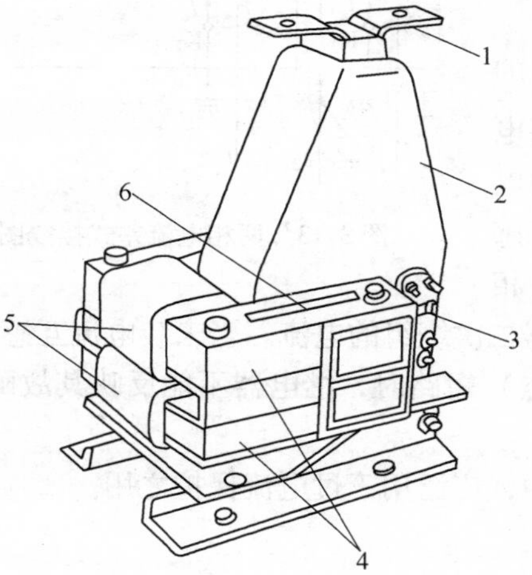

图3-14　LQJ-10型电流互感器

1—一次接线端子　2—一次绕组（树脂浇注）
3—二次接线端子　4—铁心　5—二次绕组
6—警告牌（上写“二次侧不得开路”等字样）

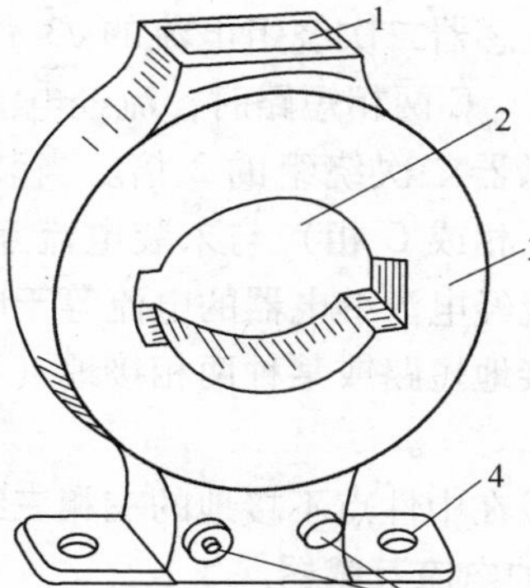

图3-15　LMZJ1-0.5型电流互感器

1—铭牌　2—一次母线穿孔
3—铁心，外绕二次绕组，树脂浇注
4—安装板　5—二次接线端子

图 3-16 为 220kV“U”字形绕组电流互感器。一次绕组呈“U”形，主绝缘全部包在一次绕组上，绝缘共分 10 层，层间有电容屏（金属箔），外屏接地，形成圆筒式电容串结构，由于其电场分布均匀且便于实现机械化包扎绝缘，目前在 110kV 及以上的高压电流互感器中得到广泛的应用。

图 3-17 为硅橡胶复合套管六氟化硫气体绝缘电流互感器。这类互感器采用新型复合套管及绝缘性能极好的 SF_6 气体作为绝缘，不仅性能可靠，维护简单，而且易向更高电压等级发展。

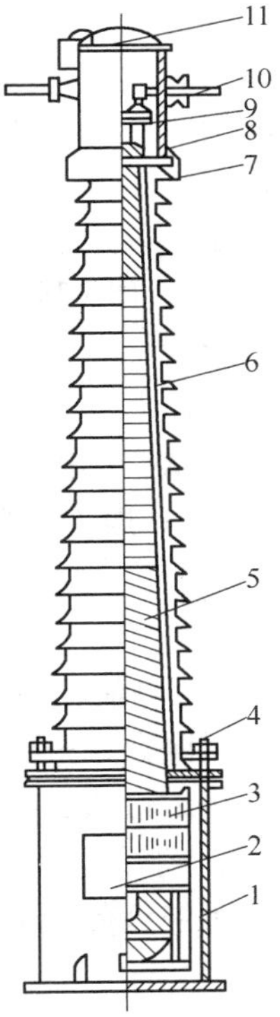

图 3-16　220kV“U”字形绕组电流互感器

1—油箱　2—二次接线盒　3—环形铁心及二次绕组　4—压圈式卡接装置　5—U 字形一次绕组　6—瓷套　7—均压护罩　8—储油柜　9—一次绕组切换装置　10—一次出线端子　11—呼吸器

图 3-17　硅橡胶复合套管六氟化硫气体绝缘电流互感器

3.3.2　电压互感器

电压互感器简称 PT，文字符号为 TV，是将高电压变换成低电压的装置。电压互感器的结构与电流互感器的相似，一次绕组和二次绕组之间只有磁的耦合，没有电的联系，所以，电压互感器可实现二次设备与一次高电压部分的隔离。

1. 电压互感器的结构与工作原理

（1）电压互感器的结构

电压互感器的结构与普通变压器类似，主要由铁心、一次绕组和二次绕组组成，如图 3-18所示。

电压互感器的铁心是由硅钢片叠装构成，它是电压互感器磁路的主要部件，在一、二次绕组间产生电磁联系，实现电压的变换。

一次绕组并联在高压电路上，匝数 N_1 较多，绝缘等级与供电系统一致；二次绕组匝数 N_2 较小，与仪表和继电保护装置的电压线圈并联，二次额定电压 U_2 为 100V、$\frac{100}{\sqrt{3}}$V 或$\frac{100}{3}$V。

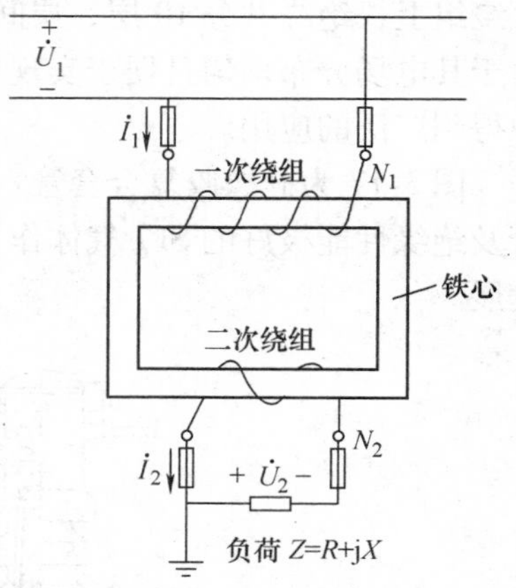

图 3-18　电压互感器原理结构图

（2）电压互感器的工作原理

电压互感器的工作原理与普通变压器相同。由于电压互感器二次侧所接的负载是仪表和继电保护装置的电压线圈，阻抗很大，电流很小，因此电压互感器运行时相当于一个空载运行的降压变压器，它的二次电压等于二次电动势，取决于一次电压值的大小。

电压互感器的一次电压 U_1 与二次电压 U_2 之间的关系为

$$U_1 \approx (N_2/N_1)U_2 \approx K_u I_2 \tag{3-7}$$

式中，N_1、N_2 分别为电压互感器一次和二次绕组的匝数，K_u 为电压互感器的电压比，一般为额定的一次电压和二次电压之比，即 $K_u = U_{1N}/U_{2N}$，U_{2N}一般为 100V。

2. 电压互感器的工作特性及运行与维护

（1）电压互感器的工作特性

1）电压互感器一次电压的大小取决于一次电路的负荷电流，与二次负荷无关。电压互感器的一次绕组并联在一次电路中，匝数远多于二次绕组匝数，一次电压的大小由一次电路决定，与二次电压大小无关，即一次电压值不因二次电路运行状态的变化而改变。

2）电压互感器正常运行时，二次绕组近似于开路工作状态。电压互感器二次侧并联接入测量仪表和继电器等的电压绕组，其阻抗非常大，故所带负荷很小，致使电压互感器正常工作在接近变压器的空载状态。

3）运行中的电压互感器二次回路不允许短路。和普通变压器一样，电压互感器的二次侧负荷不允许短路，否则就有烧毁的危险，故一般在其二次侧装设熔断器或低压断路器做短路保护。为了防止互感器本身出现故障而影响电网的正常运行，其一次侧一般也需装设熔断器和隔离开关。

4）电压互感器二次绕组一端及铁心必须可靠接地。电压互感器二次侧有一端必须接地，以防止一、二次绕组绝缘击穿时，一次侧的高压窜入二次侧，危及人身和设备的安全。

5）电压互感器结构应满足热稳定和动稳定的要求。

（2）电压互感器的运行与维护

运行中的电压互感器出现下列故障之一时，应立即退出运行。

1）瓷套管破裂、严重放电。

2）高压线圈的绝缘击穿、冒烟，发出焦臭味。

3）电压互感器内部有放电声及其他噪声，线圈与外壳之间或引线与外壳之间有火花放电现象。

4）漏油严重，油标管中看不见油面。

5）外壳温度超过允许温升，并继续上升。

6）高压熔体连续两次熔断。

【岗位技能 3】

电压互感器运行前的检查项目包括如下。

1）检查套管，看有无裂纹、破损现象。

2）检查充油电压互感器，其外观应清洁，油量充足，无渗漏油现象。

3）检查引线和线卡子及二次回路各连接部分，应接触良好，不得松弛。

4）检查外壳及一、二次侧接地情况，应接地正确、良好，接地线应坚固可靠。

5）按电气试验规程，进行全面试验并应合格。

【岗位技能 4】

电压互感器的巡视检查项目如下。

1）检查瓷套管是否清洁，有无缺损、裂纹和放电现象，声音是否正常。

2）检查充油电压互感器油位是否正常，有无渗漏现象。

3）检查各接头有无过热及打火现象，螺栓有无松动，有无异常气味。

4）检查二次绕组有无开路，接地线是否良好，有无松动和断裂现象。

5）检查电流表的三相指示是否在允许范围之内，电压互感器有无过负荷运行。

3. 电压互感器的接线方式

电压互感器的接线方式是指电压互感器与电压继电器之间的连接方式。

（1）一台单相电压互感器的接线

如图 3-19a 所示，在三相电路中，接一台单相电压互感器，这种接线只能测两相之间的线电压，用于连接电压表、频率表及电压继电器等。

（2）两台单相电压互感器接成 V/V 形接线

两台单相电压互感器接成 V/V 形接线又称为不完全星形接线，如图 3-19b 所示。该接线方式适用于仪表、继电器接于三相三线制电路中，广泛用在中性点不接地系统或经消弧线圈接地的系统。

这种接线方式的优点是接线简单经济，因在一次绕组中无接地点，所以减少了系统中的对地励磁电流，也避免产生内部过电压，但此种接线只能得到线电压，所以它不能测量相对地电压，也不能做绝缘监察和接地保护用。

（3）三台单相电压互感器 YN/yn 形接线

如图 3-19c 所示，采用三台单相电压互感器，一次绕组中性点接地，可以满足仪表和电压继电器取用线电压和相电压的要求，也可装设用于绝缘监察用电压表。由于小接地电流电力系统在一次电路发生单相接地故障时，另两个完好相的相电压要升高到线电压，所以绝缘监视电压表要按线电压选择，否则在一次电路发生单相接地故障时，电压表有可能烧毁。

（4）三相五柱式电压互感器或三台单相三绕组电压互感器 YN/yn/△接线

如图 3-19d 所示，这种接线方式在 10kV 中性点不接地电力系统中应用广泛，它能测量线电压、相电压并能测量零序电压。两套二次绕组中，YN/yn 形接线的二次绕组称为基本二次绕组，用来接仪表、继电器及绝缘监察电压表，开口三角形的绕组，称为辅助二次绕组，用来接绝缘监察用的电压继电器。在系统正常运行时，开口三角形 a_1、x_1 两端的电压接近零；当系统发生一相接地时，开口三角形 a_1、x_1 两端出现零序电压，使电压继电器吸

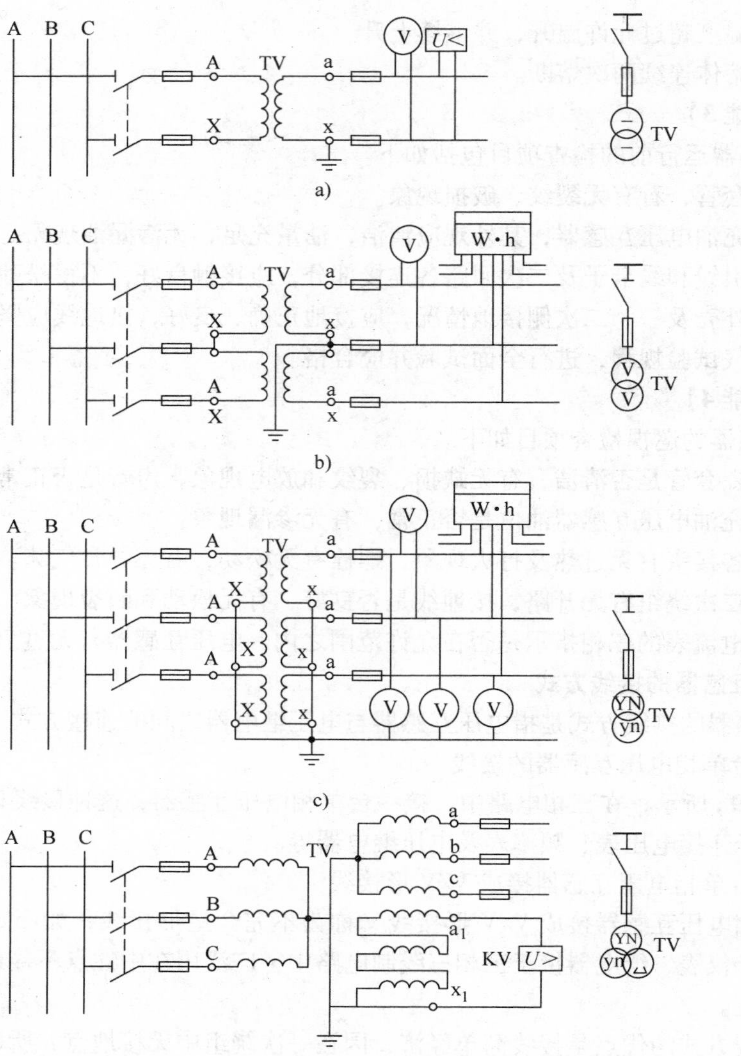

图 3-19　电压互感器的接线方案

a）一台单相电压互感器

b）两台单相电压互感器接成 V/V 形

c）三台单相电压互感器接成 YN/yn 形

d）三台单相三绕组或一台三相五柱式三绕组电压互感器接成 YN/yn/△（开口三角形）

合，发出接地预告信号。

4. 常用的电压互感器

（1）电压互感器的型号和类型

电压互感器按相数分，有单相和三相两类；按绝缘及其冷却方式分，有干式（含环氧树脂浇注式）和油浸式两类。

电压互感器全型号的表示和含义为

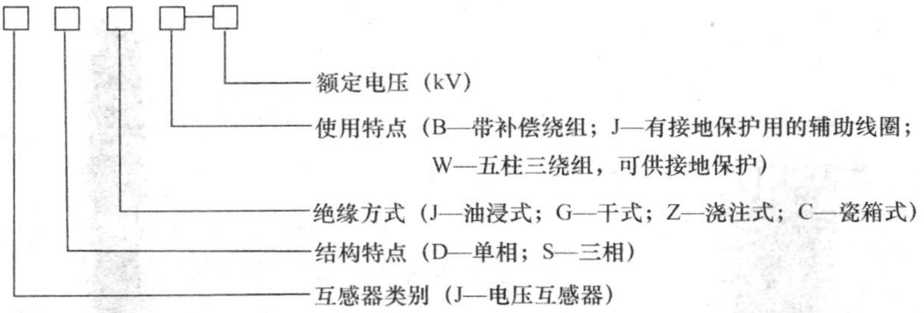

（2）常用电压互感器的外形结构

1）浇注绝缘电压互感器。JDZ-6 型电压互感器如图 3-20 所示。

2）油浸式电压互感器。JDZ-10 型、JSJ-10 型、JDCF-110 型油浸式电压互感器如图 3-21、图 3-22、图 3-23 所示。

图 3-20　JDZ-6 型电压互感器

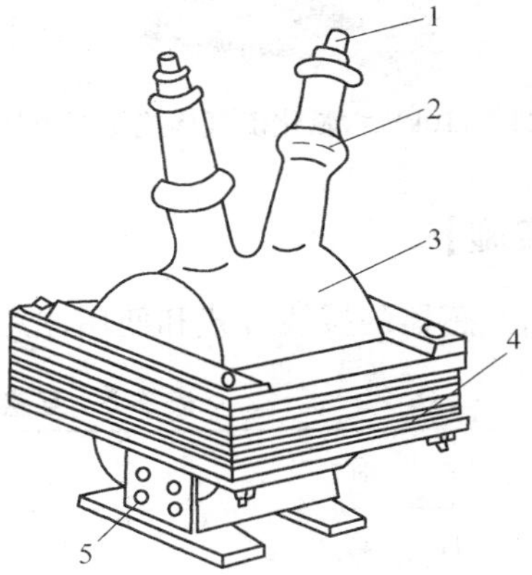

图 3-21　JDZ-10 型油浸式电压互感器
1—一次接线端子　2—高压绝缘套管
3—一次、二次绕组，环氧树脂浇注
4—铁心（壳式）　5—二次接线端子

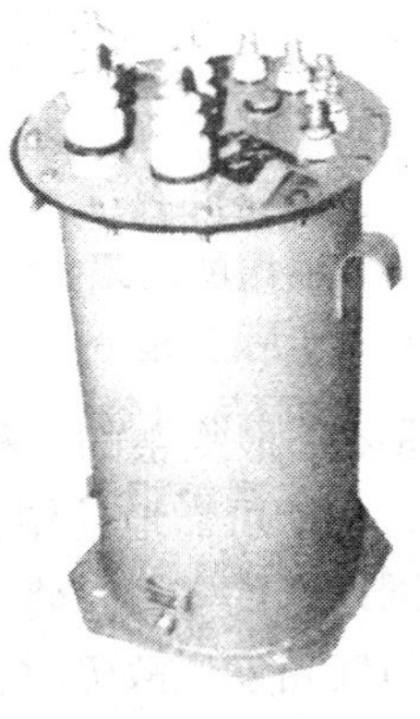

图 3-22　JSJ-10 型油浸式电压互感器

图 3-23　JDCF-110 型油浸式电压互感器

3）六氟化硫气体绝缘式电压互感器。110kV 六氟化硫气体绝缘式电压互感器如图 3-24 所示。

4）电容式电压互感器。TYD-110 型电容式电压互感器如图 3-25 所示。

图 3-24　110kV 六氟化硫气体绝缘式电压互感器

图 3-25　TYD-110 型电容式电压互感器

【任务实施】

列出互感器的接线方式和使用注意事项，将其填写在表 3-2 中。

表 3-2　互感器的接线方式、使用注意事项

名　称	电流互感器	电压互感器
符　号		
接线方式		
使用注意事项		

任务 3.4　高压断路器的检修

【任务引入】

高压断路器（文字符号 QF）是高压开关设备中最重要、最复杂的一种一次设备，受它控制和保护的电路，无论在空载、负荷或短路故障状态，都能可靠地动作。概括起来，断路器在电网中起两方面的作用：一是控制作用，即根据电网运行的需要，将部分电气设备或线路投入或退出运行；二是保护作用，即在电气设备或电力线路发生故障时，继电保护自动装置发出跳闸信号，起动断路器，将故障部分设备或线路从电网中迅速切除，确保电网中无故障部分的正常运行。

为实现开断和闭合，断路器必须具有下述三个组成部分：

① 开断部分，包括导电和触头系统以及灭弧室。

② 操动和传动部分。

③ 绝缘部分。

显然，三部分中以开断部分中的灭弧室为核心组成部分。

一般按照所采用的灭弧介质的不同进行分类，高压断路器主要分为少油断路器、真空断路器、SF_6 断路器、压缩空气断路器等。

【相关知识】

3.4.1 少油断路器

少油断路器的油量很少，其油只作为灭弧介质。过去，35kV 及以下的户内配电装置中大多采用少油断路器，而现在大多采用真空断路器，也有的采用六氟化硫断路器。

我国生产的少油式断路器，有户内少油式（SN 系列）和户外少油式（SW 系列）两类，目前工厂企业老式变配电所系统中应用最广泛的是 SN10-10 型户内式少油断路器。

1. SN10-10 型户内式少油断路器

（1）基本结构及工作原理

SN10-10 型户内式少油断路器的外形结构如图 3-26 所示，其一相油箱内部结构的剖面图如图 3-27所示。

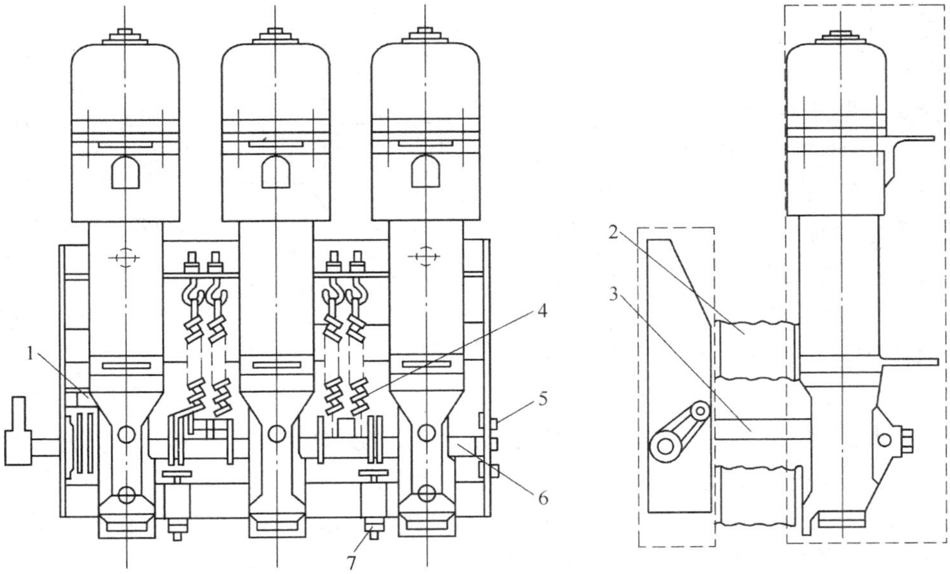

图 3-26　SN10-10 Ⅰ、Ⅱ高压少油断路器外形图

1—分闸限位器　2—支持绝缘子　3—绝缘拉杆

4—分闸弹簧　5—轴承　6—主轴　7—合闸缓冲橡皮垫

当断路器处于合闸位置时，电流经上接线座 3，静触头 5，动触头（导电杆）7，中间滚动触头 8，流过下接线座 9，形成导电回路。

当断路器处于分闸位置时，在分闸弹簧的作用下，主轴 10 转动，经四连杆机构传到断路器各相的转轴，将导电杆 7 向下拉，动、静触头分开，触头间产生的电弧在灭弧室 6 中熄灭。

（2）灭弧原理

断路器的灭弧室结构如图 3-28 所示，断路器分闸时，动触头（导电杆）1 向下运动，当导电杆离开静触头 2 时，产生电弧，使绝缘油分解，形成气泡，导致静触头 2 周围的油压剧增，迫使钢球 3 上升，堵住中心孔。这时电弧在近乎封闭的空间内燃烧，从而使灭弧室内的压力迅速上升。当导电杆继续向下运动，相继打开一、二、三道横吹口 4 及下面的纵吹口时，油气混合体强烈地横吹电弧，同时导电杆向下运动，在灭弧室内形成附加油流射向电弧。由于这种机械油吹和上述纵横吹的综合作用，使电弧在很短时间内迅速消灭。

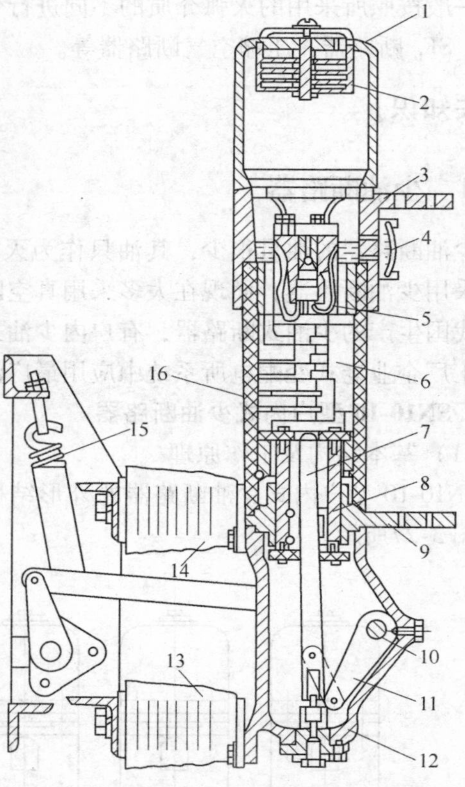

图 3-27　SN10-10 系列高压少油断路器内部结构图

1、2—上帽及油气分离器　3—上接线座　4—油标　5—静触头　6—灭弧室　7—动触头（导电杆）　8—中间滚动触头　9—下接线座　10—主轴　11—基座　12—下支柱绝缘子　13—上支柱绝缘子　14—断路弹簧　15—绝缘筒　16—吸弧铁片

【问题讨论 1】

同一少油断路器，在开断大、中、小电流时，情况有何不同？开断哪一种电流速度最快？

【操作项目 1】

检修少油断路器。

任务 1：解体少油断路器。

1）拧开顶部四个螺钉，卸下断路器的顶罩，观察上帽内的惯性膨胀式油气分离器的结构，思考油气分离器的作用。

2）取下静触头和绝缘套，松开静触头的六角螺帽，取出小钢球，了解逆止阀的作用。

观察瓣形静触头，共十二片紫铜镀银触指，其中四片较长的为弧触指，其他八片为工作触指。弹簧钢片将触指固定在静触座上。触指设计成长短不一以实现自净和减小接触电阻。

3）用专用工具拧开螺纹套，逐次取出绝缘隔弧片，取出后在外重新装好，观察变压器油的进油方向及纵吹、横吹通道，说明灭弧原理。

4）用套筒扳手拧开绝缘筒内的四个螺钉，取下铝压环、绝缘筒和下出线座，注意密封圈的设置。

5）取出滚动触头，拉起导电杆。观察动触头、导电杆、紫铜滚动触头的相对位置，手动操作，观察导电杆运动的情况，说明滚动触头的作用。

任务 2：检修少油断路器。

1）将取出的隔弧片和大小绝缘筒，用合格的变压器油清洗干净后，检查有无烧伤、断裂、变形、变潮等情况。对受潮的部件应进行干燥，在干燥过程中应立放，并经常调换在烘箱内的位置。

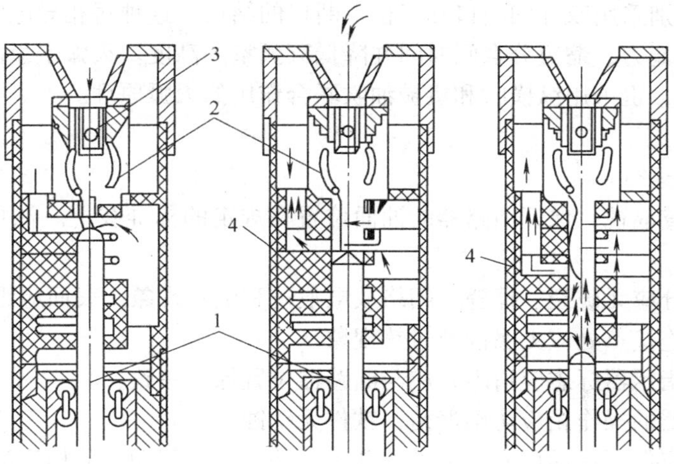

图 3-28　断路器的灭弧室结构图

a）导电杆离开静触头产生电弧　b）导电杆继续往下运动产生横吹灭弧　c）导电杆继续往下运动产生纵、横吹灭弧
1—导电杆　2—静触头　3—钢球　4—横吹口

2）将静触头上的触指和弹簧钢片拔出，放在汽油中清洗干净，检查触指烧伤情况，轻者用0-0号砂纸打光，重者应更换。检查弹簧钢片，如有变形或断裂的应更换。组装触指时，应保证每片触指接触良好，导电杆插入后有一定的接触压力。

3）检查滚动触头表面镀银情况是否良好，用布擦拭，切忌用砂纸打磨。

4）检查导电杆表面是否光滑，有无烧伤、变形等情况，从动触头顶端起60～100mm处保持光洁，不能有任何痕迹。

5）检查本体的支持瓷套管和支架的套管瓷瓶有无裂纹、破损，如有轻微掉块可用环氧树脂修补，严重时应更换。

任务3：组装少油断路器。

组装前将油箱用合格的变压器油冲洗干净，检查油位指示器、传动拐臂的转动油封、放油阀等处的密封情况，更换各处的密封圈，然后按与拆卸相反的顺序组装。

2. SW系列户外式少油断路器

户外式少油断路器常采用串联灭弧室、多断口积木式结构形式。断路器每相由两个结构完全相同的灭弧室串联，对称地布置成V形，固定在中间机构箱上，与支柱绝缘子一起组成一个Y形落地式结构，每相有一单独的底座，三相共用一套操动机构实现三相联动，其结构如图3-29所示。

图 3-29　户外式少油断路器的结构

110kV少油断路器一般采用单柱双断口结构，按照积木式组装方式，用于220kV、330kV

的少油断路器可分别采用双柱四断口和三柱六断口的结构。这种每相导电回路采用多断口的方式可以增强灭弧能力、缩短分合闸时间并降低灭弧室的高度。灭弧室里的结构大体与户内式少油断路器相似，也采用纵横吹和机械油吹联合作用的灭弧原理。

【操作项目2】

少油断路器的运行。

1）应经常检查巡视，保证断路器的油面位置在规定的标准线上。油色应正常，无渗漏油现象。

2）瓷绝缘部分应无破裂、掉瓷、闪络放电痕迹和电晕现象。表面应无脏污。

3）各部件的连接点处应无腐蚀及过热现象。

4）跳、合闸指示器标志应清晰，应与断路器位置保持一致。

5）户外断路器的操作箱应防雨严密，铁件无锈蚀。

6）操动机构应保证灵活可靠，无卡涩现象，并定期在传动部分加润滑油。

【问题讨论2】

如何判断少油断路器的运行状态？

要判断少油断路器的分合闸状态，有三个途径：一是看操动机构的位置指示，二是看分合闸红绿指示灯，三是看开关本体的分闸弹簧的拉伸状态、绝缘推拉杆、拐臂的位置。如果发现有相互矛盾时，应从安全角度考虑。

3.4.2 真空断路器

高压真空断路器是利用“真空”（气压为$10^{-6} \sim 10^{-2}$Pa）灭弧的一种断路器，其触头装在真空灭弧室内。ZN12-12真空断路器的基本结构如图3-30所示，主要由真空灭弧室（真空管）、支持框架和操动机构三部分组成。

真空灭弧室是真空断路器的主要元件，如图3-31所示。灭弧室有一个密封的玻璃圆筒，密封所有灭弧元件，筒内装有一对圆形平板式对接触头。动、静触头由合金材料制成，采用磁吹对接式触头接触面，四周开有三条螺旋槽的吹面，中部是一圆盘状的接触面。围绕着触头的金属屏蔽罩5是由密封在圆筒壁内的金属法兰支持的，主要是用来吸收电子、离子和金属蒸气，防止金属蒸气与玻璃内壁接触，以致降低绝缘性能。屏蔽罩对熄弧效果影响很大。

真空断路器具有体积小、动作快、寿命长、安全可靠和便于维护检修等优点，但价格较贵。过去主要应用于频繁操作和安全要求较高的场所，现在已开始取代少油断路器广泛应用在35kV及以下的高压配电装置中。

【问题讨论3】

真空断路器是如何灭弧的呢？

真空灭弧室中的触头断开过程中，依靠触头产生的金属蒸气使触头间产生电弧。真空电弧的熄灭是利用高真空度介质（一种压强低于1.33×10^{-2}Pa的稀薄气体）的高绝缘强度和在这种稀薄气体中电弧生成物（带电粒子和金属蒸气）具有很高的扩散速度，因而使电弧电流过零后触头间隙的介质强度能很快恢复起来的原理而实现的，燃弧过程中的金属蒸气和带电粒子在强烈的扩散中被屏蔽罩冷凝，从而降低了主触头表面的温度，减少了主触头的烧损，稳定了断路器的开断性能，提高了断路器的寿命。

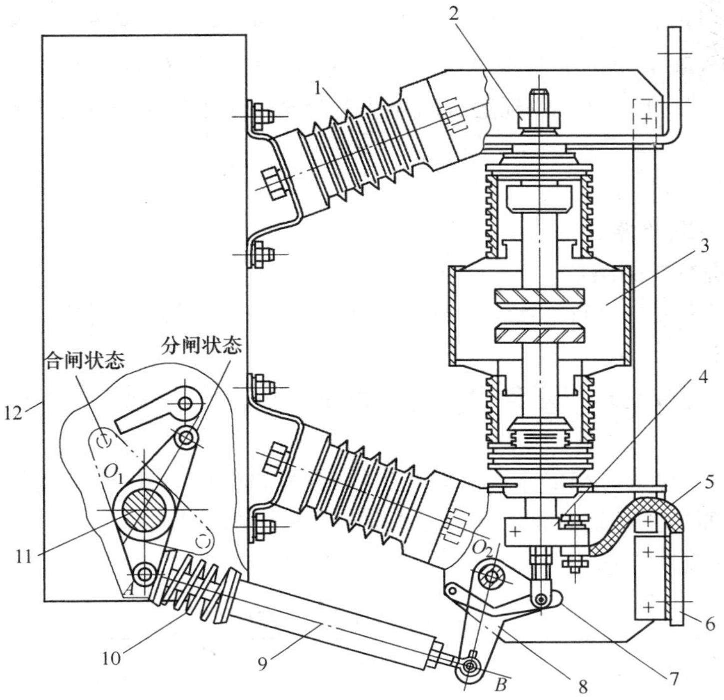

图 3-30　ZN12-12 系列真空断路器结构示意图

1—绝缘子　2—上出线端　3—真空灭弧室　4—出线导电夹　5—出线软连接　6—下出线端
7—万向杆端轴承　8—转向杠杆　9—绝缘拉杆　10—触头压力弹簧　11—主轴　12—操动机构箱
注：双点画线为合闸位置，实线为分闸位置

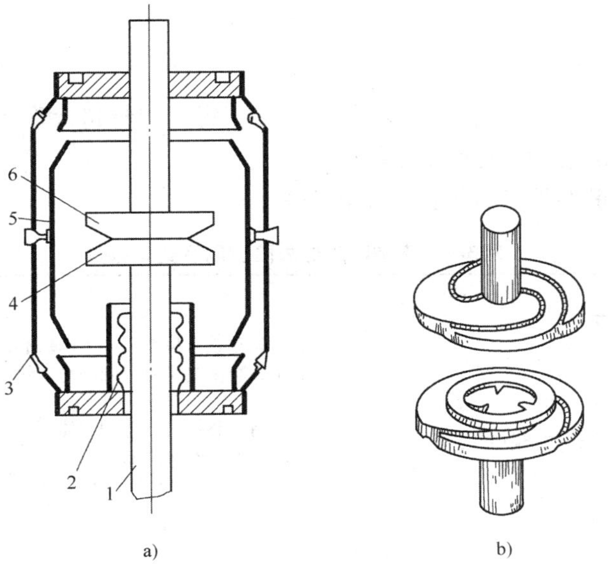

图 3-31　真空灭弧室

a）原理结构　b）内螺槽触头

1—动触杆　2—波纹　3—外壳　4—动触头　5—屏蔽罩　6—静触头

一般情况下，电弧熄灭后，弧隙中残存的带电质点继续向外扩散，在电流过零值后很短时间，约几微秒内弧隙便没有多少金属蒸气，立刻恢复到原有的“真空”状态，使触头之间的介质击穿电压迅速恢复，达到触头间介质击穿电压大于触头间恢复电压条件，使电弧彻底熄灭。

【操作项目3】

维护检修真空断路器。

任务1：检查真空断路器。

1）断路器运行前应进行一次全面的外观检查，应将绝缘件表面擦拭干净，机械转动摩擦部位应涂润滑油。

2）投运前，应按照运行规程中的操作程序进行操作，确认无异常现象后方可投入运行。

3）灭弧室真空度靠严格的生产工艺和出厂检测来保证。在使用现场检验灭弧室真空度是否合格的最简便的方法是对灭弧室进行42kV的工频耐压试验。

4）按表3-3定期检查。

表3-3　真空灭弧室的检查内容

检查调整项目	标注及方法	周　期
灭弧室真空度	真空度用工频耐压42kV/1min	验收后每一年
各相超行程	3^{+1}	开断短路5次
各相超行程	3^{+1}	开断负荷2000次
各相超行程	3^{+1}	使用3个月后
润滑	各摩擦部位	操作1000次后
大修理	解体大修、更换灭弧室	操作10 000次后

5）超行程的减少，就是触头的磨损量。因此，每次调整超行程必须进行记录，当触头磨损量累计超过4mm时，应更换灭弧室。

任务2：对真空断路器进行维护，见表3-4。

表3-4　真空断路器故障原因及处理办法

故障情况	故障原因	处理方法
电动合不上闸	铁心与拉杆松动	调整铁心位置，卸下静铁心即可调整，使之手力可以合闸，合闸终了时，掣子与滚轮闸应有1～2mm闸隙
合闸合空	掣子扣合距离太少，未过死点	将调整螺钉向外调，使掣子过死点。完毕，应将螺钉固紧，并用红漆点封
电动不能脱扣	（1）掣子扣得太多 （2）分闸线圈的连接线松脱 （3）操作电压低	（1）将螺钉向里调，并将螺母固紧 （2）重新接线 （3）调整电压
合闸线圈、分闸线圈烧坏	辅助开关触头接触不良	用砂纸接触辅助开关触头或更换辅助开关

【特别提示1】

1）真空断路器开断能力强，可达50kA；开断后断口间介质恢复速度快，介质不需要更换。

2）真空断路器触头开距小，10kV级真空断路器的触头开距只有10mm左右，所需的操作功率小，动作快，操动机构可以简化，寿命延长，一般可达20年左右不需检修。灭弧介质或绝缘介质不用油，没有火灾和爆炸的危险。

3）真空断路器动导杆的惯性小，适用于频繁操作。开关操作时，动作噪声小，适用于城区使用。

4）真空断路器在开断感性小电流时，断路器灭弧能力较强的触头材料容易产生截流，引起过电压。这种情况下要采取相应的过电压保护措施。

5）产品的一次投资较高。它主要取决于真空灭弧室的专业生产及机构可靠性要求，如果综合考虑运行维护费用，采用真空断路器还是比较经济的。

3.4.3 SF_6 断路器

SF_6 断路器是一种利用 SF_6 气体作为灭弧和绝缘介质的断路器。SF_6 气体是一种无色、无臭、无毒和不可燃的惰性气体，在150℃以下时，其化学性能相当稳定。SF_6 断路器是目前在高压电器中使用的最优良的灭弧介质和绝缘介质，其触头一般都具有自动净化的功能。

1. SF_6 断路器的结构

户内 SF_6 断路器的结构如图3-32所示。它适用于组装在开关柜中，在中压领域内使用广泛。

户外 SF_6 断路器的结构形式有瓷柱式和罐式两种。瓷柱式的灭弧室置于高电位的瓷套中，系列性好；罐式的灭弧室置于接地的金属罐中，易于加装电流互感器，还能和隔离开关、接地开关等组成复合式开关设备（GIS）。

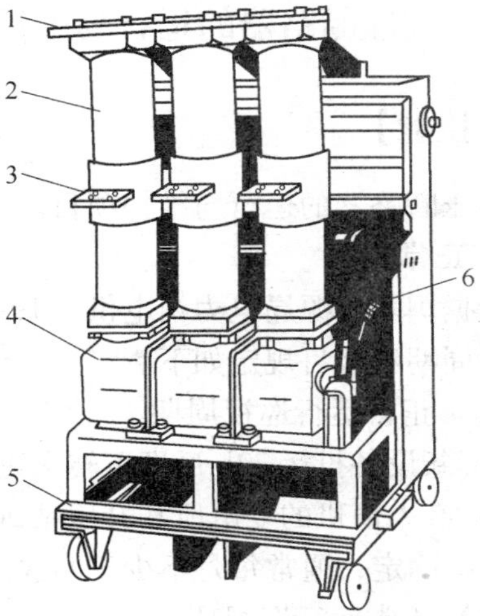

图3-32　LN2-10型户内式高压 SF_6 断路器

1—上接线端子　2—绝缘筒（内有气缸和触头）　3—下接线端子　4—操动机构箱　5—小车　6—断路弹簧

2. 灭弧原理

图3-33所示为 SF_6 断路器的结构示意图，由图可以看出，断路器的静触头与灭弧室中的压气活塞是相对固定不动的。分闸时，装有动触头和绝缘喷嘴的气缸由断路器操动机构通过连杆带动，离开静触头，造成气缸与活塞的相对运动，压缩 SF_6 气体，使之通过喷嘴吹弧，使电弧迅速熄灭。

与油断路器相比，SF_6 断路器具有断流能力大、灭弧速度快、绝缘性能好和检修周期长等优点，适于频繁操作，且无易燃易爆危险；但其缺点是，要求制造加工的精度很高，对其密封性能要求更严，因此价格较贵。SF_6 断路器主要用于需频繁操作及有易燃易爆危险的场所，特别是用作全封闭式组合电器。

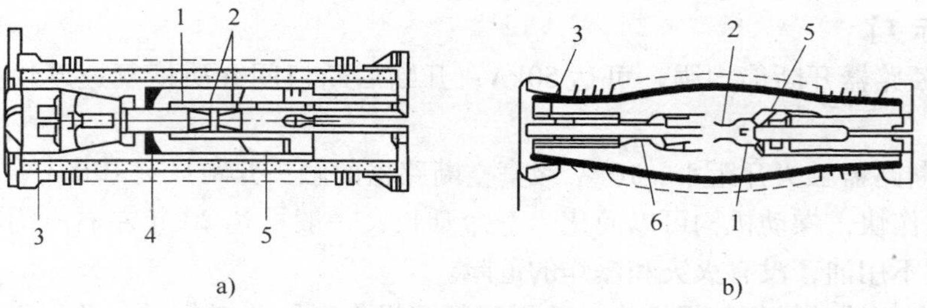

图 3-33 单压式 SF_6 断路器的灭弧结构图

a）定喷口灭弧室 b）动喷口灭弧室

1—动触头 2—绝缘喷嘴 3—吸附器 4—压气缸 5—压气活塞 6—静触头

【特别提示 2】

1）新装 SF_6 断路器投入运行前必须复测气体含水量和漏气率，要求灭弧室的含水量应小于 150L/m^3（体积比），其他气室小于 250L/m^3（体积比）；SF_6 气体的年漏气量小于 1%。

2）运行中 SF_6 断路器应定期测量 SF_6 气体含水量，断路器新装或大修后，每三个月测量一次，待含水量稳定后可每年测量一次。

3.4.4 高压断路器的运行与维护

【岗位技能】

高压断路器的运行与维护项目。

1. 正常巡视

根据国家能源局电力司电供［1991］30 号《高压断路器运行规程》，断路器正常运行的巡视周期和项目规定如下。

（1）正常运行巡视周期

1）新设备投运 72h 后即可转入正常巡视。

2）有人值班的变电所和升压站每天当班巡视不少于一次，无人值班的变电所由当地按具体情况确定，通常每月不少于两次。

（2）正常运行巡视项目

1）SF_6 断路器巡视检查项目。

① 每日定时记录 SF_6 气体压力和温度。

② 断路器各部分及管道无异声（如漏气声、振动声等）及异味，管道夹头正常。

③ 套管无裂痕，无放电声和电晕。

④ 引线连接部位无过热，引线弛度适中。

⑤ 断路器分、合位置指示正确，并和当时实际运行工况相符。

⑥ 落地罐式断路器应检查防爆膜有无异状。

⑦ 接地良好。

⑧ 巡视环境条件，附近无杂物。

2）真空断路器巡视检查项目。

① 断路器分、合位置指示正确，并与当时实际运行工况相符。
② 支持绝缘子无裂痕及放电异声。
③ 真空灭弧室无异常。
④ 接地完好。
⑤ 引线接触部分无过热。
3）电磁操动机构巡视检查项目。
① 机构箱门平整，开启灵活，关闭紧密。
② 检查分、合闸线圈及合闸接触器线圈无冒烟异味。
③ 直流电源回路接线端子无松脱、无铜绿或锈蚀。
④ 传动系统轴销无松脱。
⑤ 加热器正常完好。
4）液压操动机构巡视检查项目。
① 机构箱门平整，开启灵活，关闭紧密。
② 检查油箱油位正常，无渗漏油。
③ 高压油的油压在允许的范围内。
④ 每天记录油泵电机起动次数。
⑤ 机构箱内无异味。
⑥ 加热器正常完好。
5）弹簧操动机构的巡视检查项目。
① 机构箱门平整，开启灵活，关闭紧密。
② 断路器在运行状态，储能电机的电源开关或熔丝应在闭合位置。
③ 检查储能电机、行程开关触头无卡住和变形，分、合闸线圈无冒烟异味。
④ 断路器在分闸备用状态，分闸连杆应复归，分闸锁扣应到位，合闸弹簧应处在储能状态。
⑤ 加热器正常良好。

2. 高压断路器运行中的特殊巡视

根据能源部电力司电供［1991］30号《高压断路器运行规程》，在运行中对断路器的特殊巡视规定如下。
1）新设备投运的巡视检查，周期应相对缩短，投运72h后可转入正常巡视。
2）夜间闭灯巡视，有人值班的变电所和发电厂升压站每周一次，无人值班的变电所两个月一次。
3）气温突变，增加巡视。
4）雷雨季节雷击后应进行巡视检查。
5）高温季节高峰负荷期间应加强巡视。

【问题讨论4】

高压断路器的正常运行条件是什么？
在电网运行中，高压断路器操作和动作较为频繁。为使断路器能安全可靠运行，保证其性能，必须做到如下几点。
1）断路器工作条件必须符合制造厂规定的使用条件，如户内或户外、海拔高度、环境温度、相对湿度等。

2）断路器的性能必须符合国家标准的要求及有关技术条件的规定。

3）在正常运行时，断路器的工作电流、最大工作电压和断流容量不得超过额定值。

4）在满足上述要求的情况下，断路器的瓷件、机构等部分均应处于良好状态。

5）运行中的断路器，机构的接地应可靠，接触必须良好可靠，防止因接触部位过热而引起断路器事故。

6）运行中与断路器相连的汇流排，接触必须良好可靠，防止因接触部位过热而引起断路事故。

7）运行中断路器本体、相位油漆及分合闸机械指示等应完好无缺，机构箱及电缆孔洞使用耐火材料封堵，场地周围应清洁。

8）断路器绝对不允许在带有工作电压时使用手动合闸，或手动就地操作按钮合闸，以免合闸于故障时引起断路器爆炸并危及人身安全。

9）远方和电动操作的断路器禁止使用手动分闸。

10）明确断路器的允许分、合闸次数，以便快速决定计划外检修。断路器每次故障跳闸后应进行外部检查，并做记录。

11）为使断路器运行正常，在下述情况下，断路器严禁投入运行：严禁将有拒跳或合闸不可靠的断路器投入运行；严禁将严重缺油、漏气、漏油及绝缘介质不合格的断路器投入运行；严禁将动作速度、同期、跳合闸时间不合格的断路器投入运行；断路器合闸后，由于某种原因，一相未合闸，应立即拉开断路器，查明原因。缺陷消除前，一般不可进行第二次合闸操作。

12）对采用空气操作的断路器，其气压应保持在允许的范围内。

【任务实施】

观察少油断路器、真空断路器的结构，说出各部件名称，将其填写在表3-5中。

表3-5　少油断路器和真空断路器的认识

名　称	少油断路器	真空断路器
符号		
主要部件		
灭弧方式		
闭锁方式		

任务3.5　高压熔断器的维护

【任务引入】

熔断器是一种在电路电流超过规定值并经一定时间后，使其熔体熔断而分断电流、断开电路的保护电器。熔断器的功能主要是对电路和设备进行短路保护，有的熔断器还具有过负荷保护的功能。

【相关知识】

3.5.1 熔断器的工作原理

熔断器（文字符号 FU）主要由金属熔体，支持熔体的触头和熔管等几部分组成。有些熔断器为了提高灭弧能力，熔管中还装有石英砂等物质。

熔断器的工作原理较为简单，即正常工作情况下，通过熔体的电流较小，尽管温度会上升，但不会熔断，电路可靠接通；一旦电路发生过负荷或短路，电流增大，熔体温度超过其熔点而熔化，将电路切断，防止故障的蔓延。

熔断器的核心部件是熔体。根据使用电压等级不同，熔体材料的选择也不同，可将熔断器的熔体分为两类，一类是低熔点熔体，其材料选用铅、锌，熔体电阻率大，这类熔体只能应用在 500V 及以下的低压熔断器中；另一类为高熔点熔体，其材料选用铜、银等，熔体电阻率小，这类熔体一般用在高压熔断器中。

3.5.2 高压熔断器的类型

高压熔断器按照安装地点可分为户内式和户外式两大类。如 RW4-10 为户外 10kV 跌落式熔断器；RN2 和 RN1 均为户内封闭填料式熔断器。

高压熔断器型号由字母和数字组成，其含义为

字母：R 表示熔断器；W 表示户外式；N 表示户内式。

数字：2、4 等表示设计序号；6、10 和 35 代表额定电压（kV）。

3.5.3 户内高压熔断器

户内高压熔断器有 RN1 和 RN2 两种，RN1 型适用于 3～35kV 的电力线路和电气设备的保护，其熔体要通过主电路的大电流，因此其结构尺寸较大，额定电流可达 100A，其结构如图 3-34 所示。RN2 型专门用于 3～35kV 的电压互感器一次侧的短路保护。由于电压互感器二次侧全部连接阻抗很大的电压线圈，致使它接近于空载工作，其一次电流很小，因此 RN2 型的结构尺寸较小，其熔体额定电流一般为 0.5A。

RN1 和 RN2 型熔断器的内部结构如图 3-35 所示。由图可知，熔断器的工作熔体（铜熔丝）上焊有小锡球。锡是低熔点金属，过负荷时

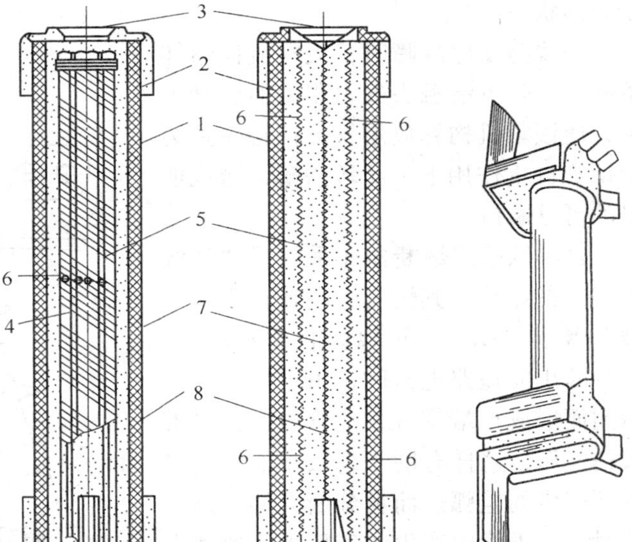

图 3-34　RN1 型熔断器及其熔管

1—瓷管　2—管罩　3—管盖　4—瓷芯　5—熔体　6—锡球或铅球　7—石英砂　8—钢指示熔体　9—指示器

锡球受热首先熔化，包围铜熔丝，铜锡分子相互渗透而形成熔点较铜的熔点低的铜锡合金，使铜熔丝能在较低的温度下熔断，这就是所谓“冶金效应”。它使熔断器能在不太大的过负荷电流和较小的短路电流下动作，从而提高了保护灵敏度。

熔体采用镀银铜丝，几根熔丝并联，熔断时产生多根并行的细小电弧，使粗弧分细从而加速电弧的熄灭，而且该熔断器熔管内填充有石英砂，熔体熔断时产生的电弧完全在石英砂内燃烧，因此其灭弧能力很强。

RN 系列户内高压管式熔断器断流能力很强，能在短路电流未达最大值之前完全熔断，所以属具有限流作用的熔断器。

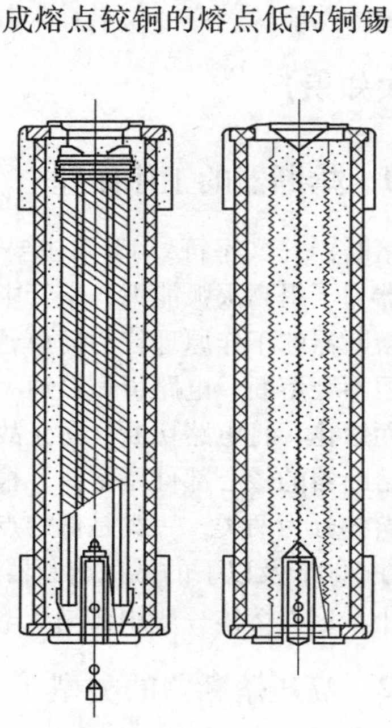

图 3-35　充石英砂的高压熔断器内部结构

a）墙体绕于陶瓷芯　b）具有螺旋形熔体

3.5.4　户外高压熔断器

1. RW4 型户外高压熔断器

图 3-36 所示为 RW4 型跌落式熔断器的基本结构。图示为正常工作状态，它通过固定安装板安装在线路中，上、下接线端（1、10）与上、下静触头（2、9）固定于绝缘子 11 上，下动触头 8 套在下静触头 9 中，可转动。

熔管 6 的动触头借助熔体张力拉紧后，推入上静触头 2 内锁紧，成闭合状态，熔断器处于合闸状态。

当线路发生故障时，大电流使熔体熔断，熔管下端触头失去张力而转动下翻，使锁紧机构释放熔管，在触头弹力及熔管自重作用下，回转跌落，造成明显的可见断口。

这种跌落式熔断器还采用了“逐级排气”的结构。其熔管上端在正常时是被一薄膜封闭的，可以防止雨水浸入。在分断小的短路电流时，由于熔管上端封闭而形成单端排气，使管内保持足够大的气压，这样有助于熄灭小的短路电流所产生的电弧。而在分断大的短路电流时，由于管内产生的气压大，致使上端薄膜冲开而形成两端排气，这样有助于防止分断大的短路电流时可能造成的熔管爆裂，从而较好地解决了自产气熔断器分断大小故障电流的矛盾。

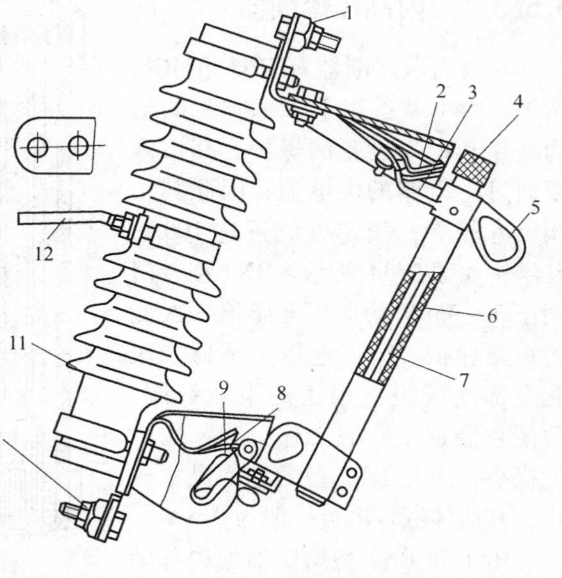

图 3-36　RW4-10 型跌落式熔断器基本结构图

1—上接线端　2—上静触头　3—上动触头　4—管帽　5—操作环　6—熔管　7—熔丝　8—下动触头　9—下静触头　10—下接线端　11—绝缘子　12—固定安装板

RW4 户外跌落式熔断器用于 10kV 及以下配电线路或配电变压器。

2. RW9-35 户外高压熔断器

RW9-35 户外高压熔断器结构如图 3-37 所示，它由熔管 1、瓷套 2、接线端帽 5、紧固法兰 3 及棒形支持绝缘子 4 等组成。熔管 1 装于瓷套 2 中，熔体放在充满石英砂填料的熔管内，具有限流作用。

RW9-35 型熔断器具有体积小、灭弧性能好、断流容量大、限流能力强等优点，且熔体熔断后便于连同熔管一起更换，因此广泛应用于发电厂、变电所的 35kV 电压互感器回路作为短路保护用。

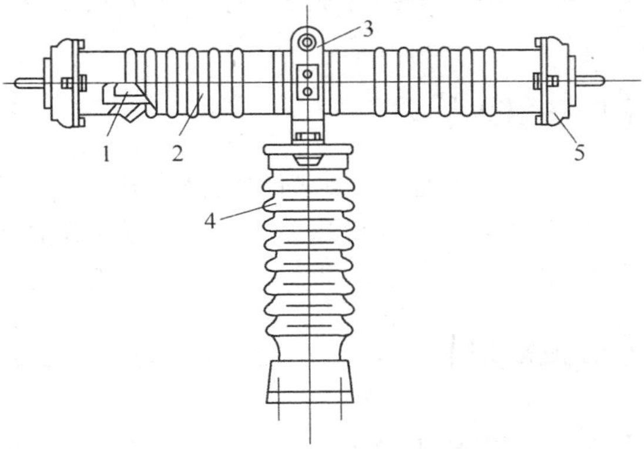

图 3-37　RW9-35 户外高压熔断器的结构图

1—熔管　2—瓷套　3—紧固法兰

4—棒形支持绝缘子　5—接线端帽

跌落式熔断器利用电弧燃烧使消弧管内壁分解产生气体来熄灭电弧，即使是负荷型跌落式熔断器加装有简单的灭弧室，其灭弧能力都不强，灭弧速度也不快，不能在短路电流达到冲击值之前熄灭电弧，因此这种跌落式熔断器属于“非限流”熔断器。

3.5.5　高压熔断器的运行与维护

【岗位技能】

高压熔断器运行维护的注意事项。

1）注意户内型熔断器的瓷管的密封是否完好，导电部分与固定底座触头的接触是否紧密。

2）检查瓷绝缘部分有无损伤和放电痕迹。

3）注意户外型熔断器的导电部分接触是否紧密，弹性静触头的推力是否有效，熔体本身是否损伤，绝缘管是否损坏和变形。

4）注意户外型熔断器的安装角度是否变动，分、合操作时应动作灵活无卡涩，熔体熔断时熔丝管跌落应迅速，以形成明显的隔离间隙，上、下触头应对准。

5）检查户外型熔丝管上端口的磷钢膜片是否完好，紧固熔体时应将膜片压封住熔断管上端口，以保证灭弧速度。熔丝管正常时不应发生受力振动而掉落的情况。

6）检查熔断器的额定值与熔体的配合以及负荷电流是否匹配。

【任务实施】

观察 RN1 型、RW4-10 型高压熔断器的结构，说出各部件名称，将其填写在表 3-6 中。

表 3-6　RN1 型、RW4-10 型高压熔断器的认识

名　　称	RN1 型高压熔断器	RW4-10 型高压熔断器
符　　号		
主 要 部 件		
灭 弧 方 式		

任务3.6　区别隔离开关与高压负荷开关

【任务引入】

隔离开关是一个最简单的高压开关，没有专门的灭弧装置，不能用来开断负荷电流和短路电流。而高压负荷开关实际上就是在隔离开关的基础上加了一个简单的灭弧装置，所以高压负荷开关可以带负荷分、合电路，开断负荷电流。

【相关知识】

3.6.1　隔离开关

1. 隔离开关（文字符号 QS）的用途

1）隔离高压电源，以保证其他设备和线路的安全检修及人身安全。

2）保证装置中检修工作的安全，在需要检修的部分和其他带电部分，用隔离开关构成明显可见的空气绝缘间隔。

3）在双母线或带旁路母线的主接线中，可利用隔离开关进行母线切换。

4）隔离开关与断路器配合使用时，必须保证隔离开关的“先通后断”，即送电时应先合隔离开关，后合断路器，停电时应先断开断路器，后断开隔离开关。通常应在隔离开关与断路器之间设置闭锁机构，以防误操作。

【问题讨论】

隔离开关允许直接操作的项目。

1）开、合电压互感器和避雷器回路。

2）电压为35kV、长度为10km以内的无负荷运行的架空线路；电压为10kV，长度为5km以内的无负荷运行的电缆线路。

3）电压为10kV以下，无负荷运行的变压器，其容量不超过320kV·A；电压为35kV以下，无负荷运行的变压器，其容量不超过1000kV·A。

4）开、合母线和直接接在母线上的设备的电容电流。

5）开、合变压器中性点的接地线，当中性点上接有消弧线圈时，只能在系统未发生短路故障时才允许操作。

6）与断路器并联的旁路隔离开关，断路器处于合闸位置时，才能操作。

7）开、合励磁电流不超过2A空载变压器和电容电流不超过5A的无负荷线路等。

2. 隔离开关的类型及型号

（1）隔离开关的类型

1）按装设地点可分为户内式和户外式两种。

2）按配用的操动机构可分为手动、电动和气动等。

3）按绝缘支柱的数目可分为单柱式、双柱式和三柱式三种。

4）按是否带接地开关可分为有接地开关和无接地开关两种。

5）按极数多少可分为单极式和三极式两种。

6）按开关的运行方式可分为水平旋转式、垂直旋转式、摆动式和插入式四种。

（2）隔离开关的型号含义

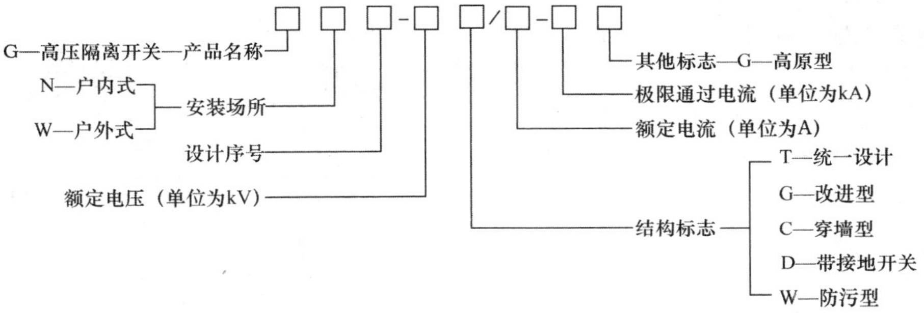

3. GN 及 GW 型隔离开关的结构

（1）户内式隔离开关（GN 型）

图 3-38 所示为 GN8-10/600 型户内式高压隔离开关的外形图。

（2）户外式隔离开关（GW 型）

户外式隔离开关的工作条件比较恶劣，绝缘要求较高，应保证在冰雪、雨水、风、灰尘、严寒和酷暑等条件下可靠地工作。户外式隔离开关应具有较高的机械强度，因为隔离开关可能在触头结冰时操作，这就要求隔离开关触头在操作时有破冰作用。

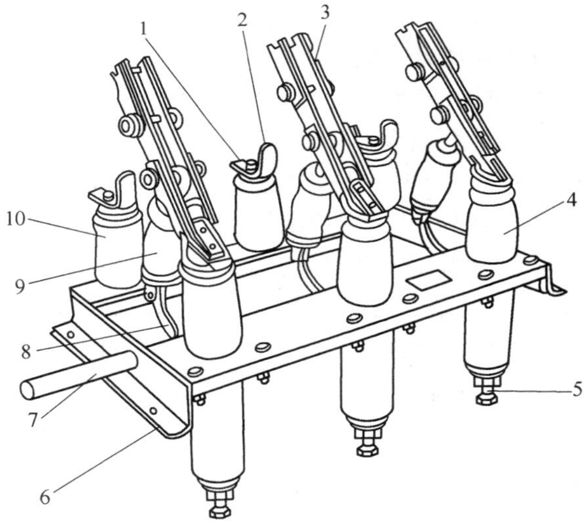

图 3-38　GN8-10/600 型户内式高压隔离开关

1—上接线端子　2—静触头　3—开关　4—套管绝缘子　5—下接线端子　6—框架　7—转轴　8—拐臂　9—升降绝缘子　10—支柱绝缘子

图 3-39 所示为 GW5-35 型户外式隔离开关的外形图。它是由底座、支座绝缘子、导电回路等部分组成，两绝缘子呈“V”形，交角 50°，借助连杆组成三极联动的隔离开关。底座部分有两个轴承，用以旋转棒式支柱绝缘子，两轴承座间用齿轮啮合，即操作任一柱，另一柱可随之同步旋转，以达分断、关合的目的。

4. 隔离开关的运行与维护

【岗位技能 1】

隔离开关的操作。

1）当隔离开关与断路器、接地开关配合使用时，或隔离开关本身具有接地功能时，应由机械联锁或电气联锁来保证正确的操作程序。

2）合闸时，在确认断路器等开关设备处于分闸位置后，才能合上隔离开关，合闸动作快结束时，用力不宜太大，避免发生冲击。

若单极隔离开关，合闸时应先合两边相，后合中间相；分闸时应先拉中间相，后拉两边相，操作时必须使用绝缘棒来操作。

3）分闸时，在确认断路器等开关设备处于分闸位置后，应缓慢操作，待主刀开关离开静触头时迅速拉开。操作完毕，应保证隔离开关处于断开位置，并保持操动机构锁牢。

4）用隔离开关来切断变压器空载电流、架空线路和电缆的充电电流、环路电流和小负荷电流时，应迅速进行分闸操作，以达到快速有效的灭弧。

5）送电时，应先合电源侧的隔离开关，后合负荷侧的隔离开关；断电时，顺序相反。

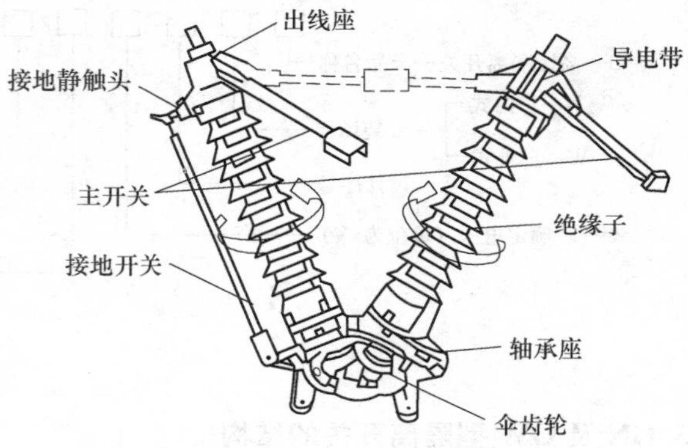

图 3-39　GW5-35 型户外式隔离开关

【岗位技能 2】

隔离开关的运行与维护。

（1）隔离开关的运行

1）隔离开关应与配电装置同时进行正常巡视。

2）检查隔离开关接触部分的温度是否过热。

3）检查绝缘子有无破损、裂纹及放电痕迹，绝缘子在胶合处有无脱落迹象。

4）检查 10kV 架空线路用单相隔离开关刀片锁紧装置是否完好。

（2）隔离开关维护项目

1）清扫瓷件表面的尘土，检查瓷件表面是否掉釉、破损，有无裂纹和闪络痕迹，绝缘子的铁、瓷结合部位是否牢固。若破损严重，应进行更换。

2）用汽油擦净刀片、触头或触指上的油污，检查接触表面是否清洁，有无机械损伤、氧化和过热痕迹及扭曲、变形等现象。

3）检查触头或刀片上的附件是否齐全，有无损坏。

4）检查连接隔离开关和母线、断路器的引线是否牢固，有无过热现象。

5）检查软连接部件有无折损、断股等现象。

6）检查并清扫操动机构和传动部分，并加入适量的润滑油脂。

7）检查传动部分与带电部分的距离是否符合要求；定位器和制动装置是否牢固，动作是否正确。

8）检查隔离开关的底座是否良好，接地是否可靠。

【岗位技能 3】

隔离开关的故障处理。

1）在倒闸操作过程中，若出现隔离开关合不上或拉不开的现象，即隔离开关拒绝分、合闸，如何处理呢？

遇到这些问题，操作人员切不可心急猛力强行拉或合，而应来回轻摇操作把手，观察寻找故障原因。一般情况下，机械卡涩时，轻摇把手几次后即可拉或合闸，若操作时手摇把手感到较轻，而刀片未动，可能是机械销子脱落，这时应将销子配上，问题即解决。

户外式隔离开关若因冰冻不能拉开或合闸时，应向有关领导汇报，设法消除。如妨碍分或合的阻力发生在隔离开关主接触部分，则不得强行分或合闸，以防损坏拉杆绝缘子，造成接地短路，此时应由检修人员配合，用绝缘棒进行辅助拉合，否则应停电处理。在操作中如发现绝缘子损坏，应停止操作，并报告有关领导，听其处理。

如属闭锁装置故障使其拒绝分或合，应查明原因，运行值班人员不得任意拆卸闭锁装置而盲目操作，以免造成误操作事故。对于电动或气动机构的隔离开关，拉闸或合闸失灵时，还应检查操作电源或气压是否正常。

2）错误操作隔离开关，造成带负荷拉、合隔离开关，应按下列规定处理。

① 当错拉隔离开关，在切口发现电弧时应急速合上；若已拉开，不允许再合上，如果是单极隔离开关，操作一相后发现错拉，而其他两相不应继续操作，并将情况及时上报有关部门。

② 当错合隔离开关时，无论是否造成事故，都不允许再拉开，因带负荷拉开隔离开关，将会引起三相弧光短路，应迅速报告有关部门，以便采取必要措施。

3.6.2 高压负荷开关

1. 高压负荷开关的类型及型号

高压负荷开关（文字符号 QL）具有简单的灭弧装置，因而能通断一定的负荷电流和过负荷电流，但是它不能断开短路电流，所以它一般与 RN1 型高压熔断器串联使用，借助熔断器来进行短路保护。负荷开关断开后，与隔离开关一样，也有明显可见的断开间隙，因此也具有隔离高压电源、保证安全检修的功能。高压负荷开关型号表示及含义如下：

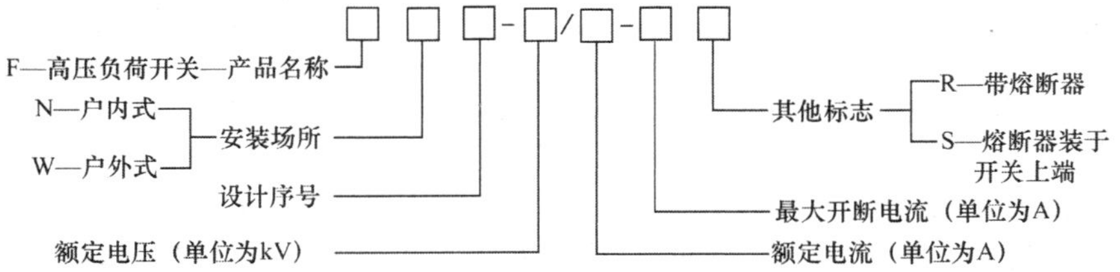

2. 高压负荷开关的结构与工作原理

高压负荷开关的类型很多，这里着重介绍一种应用最多的户内压气式高压负荷开关。

1. 结构

图 3-40 所示是 FN3-10RT 户内压气式高压负荷开关的外形结构图。

图中上半部为负荷开关本身，外形很像隔离开关，实际上它也就是在隔离开关的基础上加了一个简单的灭弧装置。负荷开关上端的绝缘子就是一个简单的灭弧室，它不仅起支持绝缘子的作用，而且内部是一个气缸，装有由操动机构主轴传动的活塞，其作用类似打气筒。绝缘子上部装有绝缘喷嘴和弧静触头。

2. 工作原理

负荷开关分闸时，通过操动机构，使主轴转动 90°，在分闸储能弹簧迅速收缩复原的爆发力作用下，主轴转动完成非常快，主轴转动带动传动机构，使绝缘拉杆迅速前上运动，使弧触头的静、动触头迅速分断，这是主轴分闸转动的联动动作的一部分，同时另一部分主轴转动使活塞连杆向上运动，使气缸内的空气被压缩，缸内压力增大，当弧触头分断产生电弧时，气缸内的压缩空气从喷口迅速喷出，电弧被迅速熄灭，使燃弧持续时间不超过0.03s。

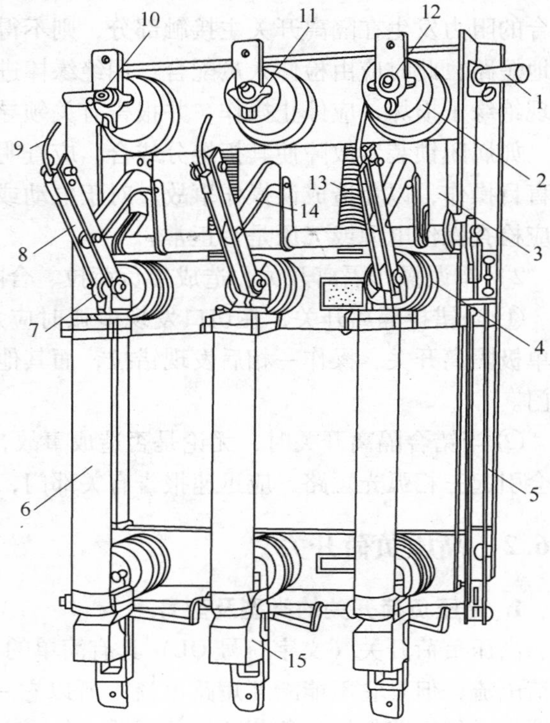

图3-40 FN3-10RT型高压负荷开关

1—主轴 2—上绝缘子兼气缸 3—连杆 4—下绝缘子 5—框架 6—RN1型高压熔断器 7—下触座 8—闸刀 9—弧动触头 10—绝缘喷嘴（内有弧静触头） 11—主静触头 12—上触座 13—断路弹簧 14—绝缘拉杆 15—热脱扣器

【特别说明】

运行中的负荷开关应定期进行巡视检查和停电检修，检修周期应根据分断电流大小及分合次数来确定，操作任务频繁易造成弧触头和喷口的烧蚀，轻者应检修，严重的应及时更换，以防止发生故障。

【问题讨论】

高压负荷开关、隔离开关和断路器的区别在哪里？

1）负荷开关是可以带负荷分断的，有自灭弧功能，但它的开断容量很小很有限。

2）隔离开关一般是不能带负荷分断的，没有灭弧罩，也有能分断负荷的隔离开关，只是结构与负荷开关不同，相对来说简单一些。

3）负荷开关和隔离开关，都可以形成明显断开点，大部分断路器不具有隔离功能，也有少数断路器具有隔离功能。

4）隔离开关不具备保护功能，负荷开关的保护一般是加熔断器保护，只有速断和过电流保护。

5）断路器的开断容量可以在制造过程中做得很高，主要是依靠加电流互感器配合二次设备来保护，可具有短路保护、过载保护、漏电保护等功能。

3. 高压负荷开关的运行与维护

【岗位技能】

高压负荷开关运行维护的注意事项。

1）检查负荷电流是否在额定值范围内，触头部分有无过热现象。

2）检查瓷绝缘的完好性及有无放电痕迹。

3）检查灭弧装置的完好性，消除烧伤、压缩时漏气等现象。

4）柜外安装的负荷开关，应检查开关与操作手柄之间的安全附加挡板装设是否牢固。

5）连接螺母是否紧密。

6）操作传动机构各部位是否完整，动作应无卡涩。

7）三相是否同时接触，中心有无偏移等。

【任务实施】

说出少油断路器和高压隔离开关的操作步骤，并将其填写在表3-7和表3-8中。

表3-7　少油断路器和高压隔离开关配合使用的操作

名　称	合　闸	分　闸
少油断路器		
高压隔离开关		
两个开关的操作顺序		

表3-8　高压隔离开关的检调

名　称	GN8-10	GW5-35
各触头对地电阻		
动静触头接触面调整		
触头压力		
触头磨损情况		

任务3.7　绝缘子上固结母线

【任务引入】

绝缘子是用来支持和固定载流导体的，并使其与地绝缘，或使不同相的导体彼此绝缘。母线能够实现各级电压配电装置的汇流、各种电器之间的连接以及发电机、变压器等电气设备与相应配电装置汇流排之间的连接。母线都是通过衬垫安置在支柱绝缘子上的，并利用金具进行固结。

【相关知识】

3.7.1　绝缘子

绝缘子广泛用于屋内外配电装置、变压器、开关电器及输配电线路中，用来支持和固定带电导体，并与地绝缘，或作为带电导体之间的绝缘。因此，它必须具有足够的机械强度和电气强度，并能在恶劣环境（高温、潮湿、多尘埃、污秽等）下安全运行。

1. 绝缘子的类型

绝缘子可分为电站绝缘子、电器绝缘子和线路绝缘子三种。

（1）电站绝缘子

电站绝缘子可用来支持和固定发电厂和变电所中屋内、外配电装置的硬母线，并使各相母线间及各相对地绝缘。

电站绝缘子按其用途可分为支持绝缘子和套管绝缘子两种。套管绝缘子用于母线在屋内穿过墙壁和天花板，以及由屋外向屋内引线。

电站绝缘子按其使用环境又可分为户内和户外两种。户外式绝缘子有较大的伞群，以增大沿面放电距离，并能在雨天阻断水流，使绝缘子能在恶劣的气候环境中可靠地工作。户外支持绝缘子处于有灰尘或有害绝缘的环境中，应采用特殊结构的防污绝缘子。户内绝缘子一般无伞群，如图 3-41 所示。

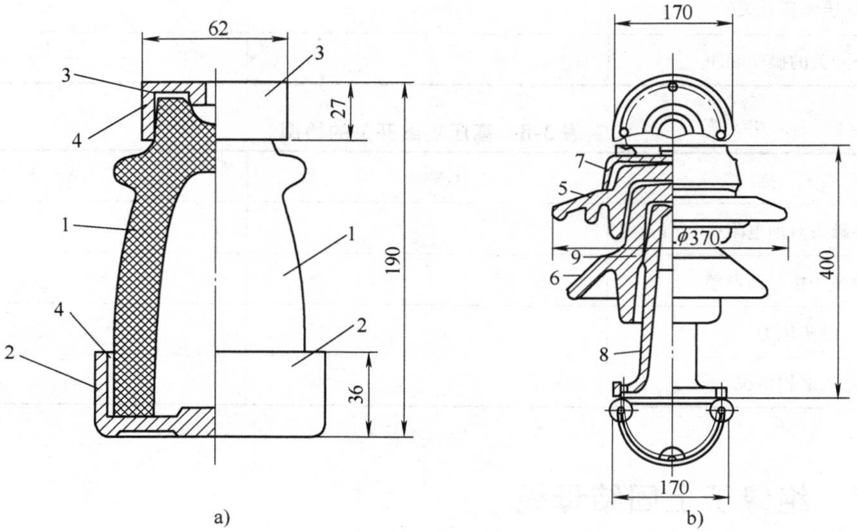

图 3-41　ZA-10Y 型、ZPC1-35 型绝缘子结构图

a）户内绝缘子　b）户外绝缘子

1—瓷体　2—铸铁底座　3、7—铸铁帽　4、9—水泥胶合剂

5、6—瓷件　8—具有法兰盘的装脚

（2）电器绝缘子

电器绝缘子的用途是固定电器的载流部分，分支柱和套管绝缘子两种。支柱绝缘子用于固定没有封闭外壳的电器的载流部分，如隔离开关的动、静触头等。套管绝缘子用来使有封闭外壳的电器，如断路器、变压器等的载流部分引出外壳。此外，有些电器绝缘子还有特殊的形状，如柱状、牵引杆等形状。

（3）线路绝缘子

线路绝缘子是用来固定架空输电导线和屋外配电装置的软母线，并使它们与接地部分绝缘。它可分为针式绝缘子和悬式绝缘子两种。

2. 绝缘子的运行与维护

【岗位技能】

清扫绝缘子。

在潮湿天气情况下，脏污的绝缘子易发生闪络放电，所以必须清扫干净，恢复原有绝缘水平。一般地区一年清扫一次，污秽区每年清扫两次（雾季前进行一次）。

1）停电清扫。停电清扫就是在线路停电以后工人登杆用抹布擦拭。如擦不净时，可用湿布擦，也可以用洗涤剂擦洗，如果还擦洗不净时，则应更换绝缘子或使用合成绝缘子。

2）不停电清扫。一般是利用装有毛刷或绑以棉纱的绝缘杆，在运行线路上擦绝缘子。绝缘杆的电气性能及有效长度、人与带电部分的距离，都应符合相应电压等级的规定，操作时必须有专人监护。

3）带电水冲洗（见图3-42）。带电水冲洗有大水冲和小水冲两种方法。冲洗用水、操作杆有效长度、人与带电部分的距离等必须符合规程要求。

图3-42 用带电水冲洗绝缘子

3.7.2 母线

母线是构成电气主接线的主要设备，其作用是汇集、分配和传送电能。母线一般在运行时就通过了巨大的电功率，所以当母线发生短路时，在短路电流的作用下会更加发热，同时还要承受很大电动力的作用，因此选用母线材料截面形状和截面积必须经计算比较，以期达到安全、经济的目的。

矩形母线散热面大，则冷却条件好。由于趋肤效应的影响，截面积相等的矩形母线比圆形母线允许通过的电流大。因此35kV及以下户内配电装置大都采用矩形母线。

在强电场作用下，由于矩形母线四角电场集中而易引起电晕现象，圆形母线无电场集中现象，而且随直径增大，表面电场强度减小。因此在35kV以上的高电压配电装置中多采用圆形母线或管形母线。

1. 母线在绝缘子上的固定

矩形母线是用金具固定在支柱绝缘子上，如图3-43所示。为了减少由于涡流和磁滞引起母线金具的发热，在1000A以上的大电流母线金具上面的夹板5用非磁性材料制成，其他零件则采用镀锌铁体。

为了使母线在温度变化时，能纵向自由伸缩，以免支柱绝缘子受到很大应力，在螺栓上套以间隔钢管4，使母线与上夹板5之间保持1.5~2mm的空隙。当矩形母线长度大于20m，矩形铜母线或铝母线长度大于30~35m时，在母线上应装设伸缩补偿器，如图3-44所示。图中盖板2上有圆孔，供螺栓4用，按螺栓直径在铝母线3上钻有长孔，供母线自由伸缩用。螺栓4不拧紧，仅起导向作用。伸缩补偿器采用与母线材料相同，厚度为0.2~0.5mm的许多薄片叠成，在实际中一般采用薄铜片较好。薄片数目应与母线截面相适应。当母线厚度在8mm以下时，允许用母线本身弯曲代替伸缩补偿器。

2. 母线涂色

母线着色可以增加其热辐射能力，有利于母线散热。因此着色后的母线允许电流提高12%~15%。同时着色后，既可以防止氧化，又可以便于工作人员识别直流极性和交流相别。

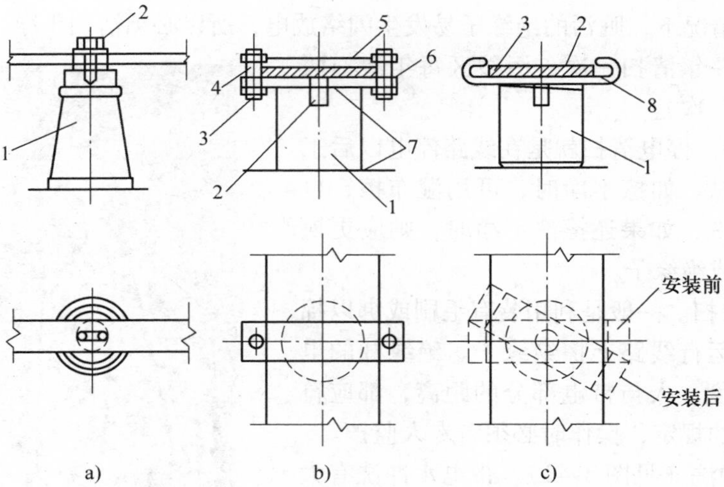

图 3-43 母线的固定方法

a）用螺栓固定 b）用母线夹固定 c）母线卡子固定

1—支持绝缘子 2—螺栓 3—铝母线 4—间隔钢管

5—非磁性夹板 6—钢板母线夹 7—红钢纸柏板 8—母线卡子

规程规定母线着色的颜色标准为

直流装置：正极涂红色，负极涂蓝色。

交流装置：A 相涂黄色，B 相涂绿色，C 相涂红色。

中性线：不接地的中性线涂白色，接地中性线涂紫色。

为了容易发现接头缺陷及达到良好接触效果，所有接头部位均不着色。

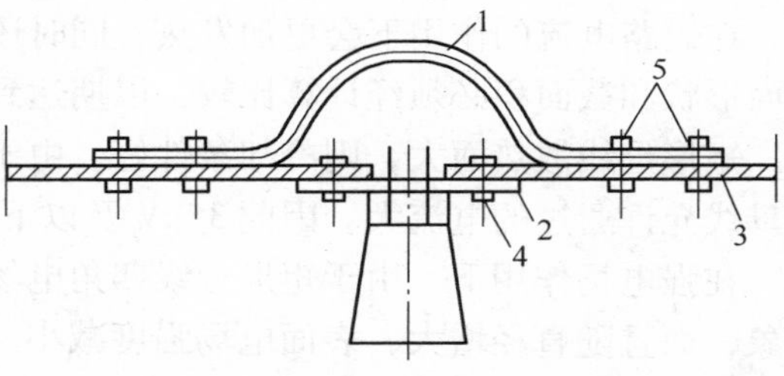

图 3-44 伸缩补偿器

1—补偿器 2—盖板 3—母线 4—螺栓 5—固定螺栓

【特别提示】

在焊缝螺栓连接处，设备引线端等都不宜着相色漆，以便在运行中监察接头情况。最好在母线接头的显著位置涂刷温度变色漆或粘贴温度变色带。

软母线的各股绞线常有相对扭动，也不宜着相色漆。

【任务实施】

请在表 3-9 中填写相应母线的颜色。

表 3-9 母线的着色

导线类别	A 相	B 相	C 相	N 线	PEN 线	PE 线
涂漆颜色						

任务 3.8　高压电器元件的选择与校验

【任务引入】

为了保证高压电器元件的安全运行，要按供电系统中的要求对电器进行选择和校验，确保工厂的可靠供配电。

【相关知识】

3.8.1　高压电器元件选择的一般原则

1. 按正常工作条件选择

（1）按电器的装置地点、使用条件、检修和运行等要求，选择电器的种类和形式

1）电压。电器元件所在电网的运行电压因调压或负荷的变化，可能高于电网的额定电压 U_{NS}，因此，要规定其允许最高工作电压 U_{alm} 不得低于所接电网的最高运行电压 U_{sm}，即

$$U_{alm} \geqslant U_{sm} \tag{3-8}$$

当电器的额定电压在 220kV 及以下时，其允许最高工作电压为 $1.15U_N$。额定电压在 330～500kV 时，其允许最高工作电压为 $1.1U_N$。而实际电网运行一般不超过 $1.1U_N$，因此，在选择设备时，按照电器的额定电压不低于装置地点电网额定电压的条件选择，即

$$U_N \geqslant U_{NS} \tag{3-9}$$

就可满足要求。

2）电流。电器元件的额定电流是指在额定环境温度 θ_0 下，长期允许通过的电流（I_N）。在额定的周围环境温度下，电器元件的额定电流应不小于该回路的最大持续工作电流 I_{max}，即

$$I_N \geqslant I_{max} \tag{3-10}$$

周围环境温度 θ 和导体额定环境温度 θ_0 不等时，长期允许电流可按下式修正

$$I_{N\theta} = I_N \sqrt{\frac{\theta_{max} - \theta}{\theta_{max} - \theta_0}} \tag{3-11}$$

式中，θ_{max} 为电器元件正常发热允许最高温度数值，可查附表，一般可取 $\theta_{max} = 70℃$。我国生产的电器元件的额定环境温度 $\theta_0 = 40℃$。

（2）环境条件

在选择电器时还要考虑电器安装地点的环境条件，一般电器的使用条件如不能满足当地风速、温度、污秽程度、海拔高度、地震强度和覆冰厚度等环境条件时，应向制造部门提出要求或采取相应的措施。

2. 按短路条件校验

（1）热稳定校验

电器通过短路电流时，各部分的温度（或发热效应）应不超过允许值。满足热稳定的条件为

$$I_t^2 t \geqslant I_\infty^{(3)2} t_{ima} \tag{3-12}$$

式中，I_t、t 为电器允许通过的热稳定电流和持续时间，由产品样本可查到。t_{ima}为短路发热的假想时间。

（2）动稳定校验

动稳定，即导体和电器承受短路电流机械效应的能力。应满足的动稳定条件为

$$i_{max} \geqslant i_{sh}^{(3)} \text{ 或 } I_{max} \geqslant I_{sh}^{(3)} \tag{3-13}$$

式中，$i_{sh}^{(3)}$、$I_{sh}^{(3)}$为短路冲击电流幅值及其有效值 i_{max}、I_{max}为电器允许的动稳定电流幅值及其有效值。

由于回路的特殊性，对下列几种情况可不校验热稳定或动稳定。

1）用熔断器保护的电器，其热稳定由熔体的熔断时间保证，故可不校验热稳定。

2）采用限流熔断器保护的设备可不校验动稳定，电缆因有足够的强度也可不校验动稳定。

3）装设在电压互感器回路中的电器可不校验动、热稳定。

3.8.2 常用高压电器元件的选择

1. 电流互感器的选择与校验

电流互感器应按装设地点的条件及额定电压、一次电流、二次电流（一般为5A）、准确度级等条件进行选择，并校验其短路动稳定度和热稳定度。

必须注意：电流互感器的准确度级与其二次负荷容量有关。互感器二次负荷 S_2 不得大于其准确度级所限定的额定二次负荷 S_{2N}，即互感器满足准确度级要求的条件为

$$S_{2N} \geqslant S_2 \tag{3-14}$$

电流互感器的二次负荷 S_2 由其二次回路的阻抗$|Z_2|$来决定，而$|Z_2|$应包括二次回路中所有串联的仪表、继电器电流线圈的阻抗 $\sum |Z_i|$、连接导线的阻抗$|Z_{WL}|$和所有接头的接触电阻 R_{XC}等。由于 $\sum |Z_i|$ 和$|Z_{WL}|$中的感抗远比其电阻小，因此可认为

$$|Z_2| \approx \sum |Z_i| + |Z_{WL}| + R_{XC} \tag{3-15}$$

式中，$|Z_i|$可由仪表、继电器的产品样本查得；$|Z_{WL}| \approx R_{WL} = l/(\gamma A)$，这里的 γ 是导线的电导率，铜线 $\gamma = 53\text{m}/(\Omega \cdot \text{mm}^2)$，铝线 $\gamma = 32\text{m}/(\Omega \cdot \text{mm}^2)$，A 是导线截面积（$\text{mm}^2$），$l$ 是对应于连接导线的计算长度（m）。假设从互感器至仪表，继电器的单向长度为 l_1，则互感器为Y形联结时，$l = l_1$；为 V 形联结时，$l = \sqrt{3} l_1$；为一相式联结时，$l = 2l_1$。式（3-15）中的 R_{XC}很难准确测定，而且是可变的，一般近似地取为0.1Ω。

电流互感器的二次负荷 S_2 按式（3-16）计算：

$$S_2 = I_{2N}^2 |Z_2| \approx I_{2N}^2 \left(\sum |Z_i| + R_{WL} + R_{XC}\right)$$

或

$$S_2 \approx \sum |S_i| + I_{2N}^2 (R_{WL} + R_{XC}) \tag{3-16}$$

假设电流互感器不满足式（3-14）的要求，则应改选较大电流比或较大容量的互感器，或者加大二次接线的截面。电流互感器二次接线一般采用铜芯线，截面积不小于2.5mm^2。

关于电流互感器短路稳定度的校验，现在有的新产品直接给出了动稳定电流峰值和1s热稳定电流有效值，因此其动稳定度可按式（3-13）校验，其热稳定度可按式（3-12）校验。但要注意：电流互感器的大多数产品是给出了动稳定倍数和热稳定倍数。

动稳定倍数 $K_{es}=i_{max}/(2I_{1N})$，因此其动稳定度校验条件为

$$K_{es}\times\sqrt{2}I_{1N}\geqslant i_{sh}^{3} \tag{3-17}$$

热稳定倍数 $K_t=I_t/I_{1N}$，因此其热稳定度校验条件为

$$(K_tI_{1N})^2t\geqslant I_{\infty}^{(3)2}t_{ima}$$

或

$$K_tI_{1N}\geqslant I_{\infty}^{(3)2}\sqrt{\frac{t_{ima}}{t}} \tag{3-18}$$

一般电流互感器的热稳定试验时间 $t=1s$，因此热稳定度校验条件也为

$$K_tI_{1N}\geqslant I_{\infty}^{(3)}\sqrt{t_{ima}} \tag{3-19}$$

2. 电压互感器的选择

电压互感器应按装设地点的条件及一次电压、二次电压（一般为100V）、准确度级等条件进行选择。由于它的一、二次侧均有熔断器保护，故不需要进行短路稳定度的校验。

电压互感器的准确度也与其二次负荷容量有关，满足的条件也与电流互感器相同，即 $S_{2N}\geqslant S_2$，这里的 S_2 为其二次侧所有并联的仪表、继电器电压线圈所消耗的总视在功率，即

$$S_2=\sqrt{(\sum P_u)^2+(\sum Q_u)^2} \tag{3-20}$$

式中，$\sum P_u=\sum(S_u\cos\varphi_u)$，$\sum Q_u=\sum(S_u\sin\varphi_u)$，分别为仪表、继电器电压线圈消耗的总有功功率和总无功功率。

3. 高压一次设备的选择与校验

高压一次设备必须满足其在一次电路正常条件下和短路故障条件下工作的要求，工作安全可靠，运行维护方便，投资经济合理。

电气设备按在正常条件下工作进行选择，就是要考虑电气装置的环境条件和电气要求。环境条件是指电气装置所处的位置（室内或室外）、环境温度、海拔高度以及有无防尘、防腐、防火、防爆等要求。电气要求是指电气装置对设备的电压、电流、频率（一般为50Hz）等的要求；对一些断流电器如开关、熔断器等，应考虑其断流能力。

电气设备要满足短路故障条件下工作的要求，还必须按最大可能的短路故障时的动稳定度和热稳定度进行校验。对熔断器及装有熔断器保护的电压互感器，不必进行短路动、热稳定度的校验。对电力电缆，由于其机械强度足够，也不必进行短路动稳定度的校验，但须进行短路热稳定度的校验。

高压一次设备的选择校验项目和条件见表3-10。

表3-10 高压一次设备的选择校验项目和条件

高压一次设备名称	电压/kV	电流/A	断流能力/kA 或 MV·A	短路稳定度校验	
				动稳定度	热稳定度
高压熔断器	√	√	√	—	—
高压隔离开关	√	√	—	√	√
高压负荷开关	√	√	√	√	√
高压断路器	√	√	√	√	√
电流互感器	√	√	—	√	√

（续）

高压一次设备名称	电压/kV	电流/A	断流能力/kA 或 MV·A	短路稳定度校验	
				动稳定度	热稳定度
电压互感器	√	—	—	—	—
高压电容器	√	—	—	—	—
母线	—	√	—	√	√
电缆	√	√	—	—	√
支柱绝缘子	√	—	—	√	—
套管绝缘子	√	√	—	√	√
选择校验的条件	设备的额定电压应小于装置地点的额定电压或最高电压（如设备额定电压按最高工作电压表示时）	设备的额定电流应不小于通过它的计算电流	设备的最大开断电流或功率应不小于它可能开断的最大电流或功率	按三相短路冲击电流校验	按三相短路稳态电流和短路发热假想时间校验

注：表中“√”表示必须校验，“—”表示不要校验。

高压开关柜型式的选择：应根据使用环境条件来确定是采用户内型还是户外型；根据供电可靠性要求来确定是采用固定式还是手车式。此外，还要考虑到经济合理。

高压开关柜一次线路方案的选择：应满足变配电所一次接线的要求，并经几个方案的技术经济比较后，择优选出开关柜的型式及其一次线路方案编号，同时确定其中所有一、二次设备的型号规格，主要设备应进行规定项目的选择校验。向开关电器厂订购高压开关柜时，应向厂家提供一、二次电路图样及有关技术资料。

工厂变配电所高压开关柜上的高压母线，过去一般采用 LMY 型硬铝母线，现在也有的采用 TMY 型硬铜母线，均由施工单位根据施工设计图样要求现场安装。

【任务应用】

例 3-2 试选择某 10kV 高压配电所进线侧的 ZN12 型高压户内真空断路器的型号规格。已知该配电所 10kV 母线短路时的 $I_k^{(3)}=4.5\text{kA}$，线路的计算电流为 750A，继电保护动作时间为 1.1s，断路器断路时间为 0.1s。

解：根据线路计算电流为 750A，试选 ZN12-12/1250 型真空断路器来进行校验，见表 3-11。校验结果，说明所选 ZN12-12/1250 型真空断路器是符合要求的。

表 3-11 例 3-2 所述高压断路器的选择校验表

序号	装设地点的电气条件		ZN12-12/1250 型真空断路器		
	项目	数据	项目	数据	结论
1	U_N/U_{max}	10kV/11.5kV	U_N	12kV	合格
2	I_{30}	750A	I_N	1250A	合格
3	$I_k^{(3)}$	4.5kA	I_{oc}	25kA	合格
4	$i_{sh}^{(3)}$	2.55×4.5kA=11.5kA	i_{max}	63kA	合格
5	$I_\infty^{(3)2}t_{ima}$	$4.5^2\times(1.1+0.1)=24.3$	I_t^2t	$25^2\times4=2500$	合格

【任务实施】

某厂二次母线电压为6kV，二次母线直立放置，支柱绝缘子的计算负荷 $P = 79\text{kW}$，母线的最大长期负荷电流为560A，选择二次母线支柱绝缘子和绝缘套管。

习　　题

1. 判断题

1）跌落式熔断器可以安装在室内。（　　）

2）一般在110kV以上的少油断路器的断口上都要并联一个电容。（　　）

3）在高压配电系统中，用于接通和断开负载电流的开关是负荷开关。（　　）

4）负荷开关主刀片和辅助刀片的动作次序是合闸时主刀片先接触，辅助刀片后接触，分闸时主刀片先分离，辅助刀片后离开。（　　）

5）用隔离开关可以拉、合无故障的电压互感器和避雷器。（　　）

6）避雷器的额定电压应比被保护电网电压稍高一些好。（　　）

7）高压电气设备发生接地时，为了防止跨步电压触电，人不得接近故障点。（　　）

2. 填空题

1）少油开关也称（　　　　）断路器，这种断路器中的油主要起（　　　　）作用。

2）高压断路器一般采用（　　　　）灭弧。

3）高压断路器的灭弧形式按断路器灭弧原理来划分，可分为（　　　　）吹灭弧、（　　　　）吹灭弧、（　　　　）灭弧、（　　　　）吹灭弧、油自然灭弧和空气自然灭弧。

4）负荷开关在断开位置时，像隔离开关一样有明显的（　　　　），因此也能起隔离开关的（　　　　）作用。

5）隔离开关的安装工序为（　　　　）、（　　　　）和（　　　　）等。

3. 简答题

1）电弧的危害是什么？简述电弧的形成过程。

2）什么是游离、碰撞游离、热游离、去游离？

3）隔离开关、断路器和负荷开关各有何特点？它们各有什么用途？

4）为什么高压电路中同时装着隔离开关和断路器，在接通和断开电路时其操作顺序如何，为什么？

5）电流互感器二次侧为何不能开路？电压互感器二次侧为何不能短路？其二次侧为何必须接地？

6）工厂或车间的变压器台数如何确定？主变压器容量如何选择？

项目 4　电力线路的认识与选择

【教学目标】

1. 掌握电力线路的结构形式及组成。
2. 了解电力线路的敷设方法。
3. 掌握电力线路导线截面的选择方法。

电力线路是供电系统的重要组成部分，按其作用可分为供配电线路和输电线路，按其结构则分为架空线路与电缆线路。本项目主要介绍供配电线路的结构和导线截面的选择计算。

任务 4.1　电力线路的认识

【任务引入】

电力线路是电力系统的重要组成部分，担负着输送和分配电能的重要任务。电力线路按电压高低分为高压线路（1kV 以上的线路）和低压线路（1kV 及以下的线路）；也有的细分为低压（1kV 及以下的线路）、中压（1 ~ 35kV）、高压（35 ~ 220kV）和超高压（220kV 及以上）等线路。按其结构形式分，有架空线路、电缆线路和车间（室内）线路等。

架空线路是将导线悬挂在杆塔上，电缆线路是将电缆敷设在地下、水底、电缆沟、电缆桥架或电缆隧道中。由于架空线路具有投资少，施工、维护和检修方便等优点，因而被广泛采用，但它的运行安全受自然条件的影响较大。现代城市为了提高供电安全水平和美化环境，35kV 及以下供电系统有全部采用电缆线路的趋势。

【相关知识】

4.1.1　架空线的认识

架空线路主要由导线（包括避雷线）、电杆、绝缘子和线路金具等基本元件组成。为了防雷，有的架空线路上还装设有避雷线（又称为架空地线）。

1. 导线

架空线路一般采用裸导线，架设在空中，要承受自重、风压、冰雪载荷等机械力的作用和空气中有害气体的侵蚀，同时还受温度变化的影响，所以它的材料应具有较高的机械强度和耐腐蚀能力，而且导线要有良好的导电性能。

导线通常制成绞线，按材料分有铜绞线（代号 TJ）、铝绞线（代号 LJ）、钢芯铝绞线（代号 LGJ）及钢绞线（代号 GJ）。其中，铜的导电性能好，电导率高，机械强度大，抗拉强度 $\sigma = 380$MPa，抗腐蚀能力强。铝的导电性能仅次于铜，机械强度较差，但铝的价格便宜，而钢的导电性能差，但其机械强度较高，所以为了加强铝的机械强度，采用多股绞成并

用抗拉强度为 $\sigma = 1200\text{MPa}$ 的钢作为线芯，把铝线绞在线芯外面，作为导电部分，这种绞线称为钢芯铝绞线，其截面如图 4-1 所示。

架空线路一般情况下采用铝绞线，在机械强度要求较高和 35kV 及以上的架空线路上，则多采用钢芯铝绞线，钢导线在架空线路上一般只做避雷线使用，且多使用镀锌钢绞线。

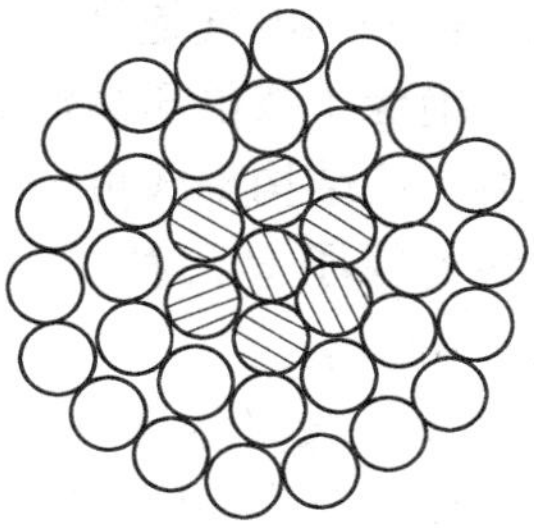

图 4-1　钢芯铝绞线的截面

2. 电杆、横担和拉线

（1）电杆

电杆是支持导线的支柱，它是架空线路的重要组成部分。对应杆塔的要求，主要是具有足够的机械强度，同时尽可能经久耐用，便于搬运和敷设等。

杆塔按其材料分，有木杆、水泥杆和铁塔等几种。对工厂来说，水泥杆应用最为普遍。按其在线路中的地位和功能用途分，有直线杆、耐张杆、分段杆、转角杆、终端杆、跨越杆和分支杆等形式。图 4-2 是上述各种杆型在低压架空线路上应用的示意图。

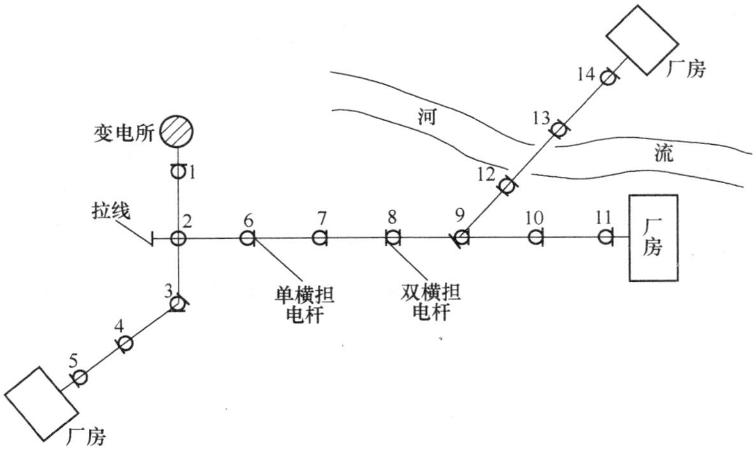

图 4-2　各种杆型在低压架空线路上的应用

1、5、11、14—终端杆　2、9—分支杆　3—转角杆　4、6、7、10—直线杆（中间杆）
8—分段杆（耐张杆）　12、13—跨越杆

（2）横担

横担安装在电杆的上部，用来安装绝缘子以架设导线。常用的横担有木横担、铁横担和瓷横担。现在工厂里普遍采用的是铁横担和瓷横担。瓷横担是我国独特的产品，具有良好的电气绝缘性能，兼有绝缘子和横担的双重功能，能节约大量的木材和钢材，有效地利用电杆高度，降低线路造价；它的表面便于雨水冲洗，可减少线路的维护工作量。但瓷横担比较脆，在安装和使用中必须避免机械损伤。

（3）拉线

拉线是为了平衡电杆各方面的作用力，并抵抗风压以防止电杆倾倒用的，如终端杆、转角杆、分段杆等往往都装有拉线。拉线的结构如图 4-3 所示。

3. 绝缘子和线路金具

（1）绝缘子

绝缘子又称瓷瓶，用来将导线固定在电杆上，并使导线与杆塔绝缘。因此，绝缘子必须具有良好的电气绝缘性能，同时也要有足够的机械强度，还能承受温度的骤变。

绝缘子按电压高低分为低压绝缘子和高压绝缘子两大类。按结构形式可分为针式、悬式、碟式、瓷横担和拉线绝缘子等几种，常见的高压线路的绝缘子形状如图 4-4所示。

(2) 线路金具

线路金具是用来连接导线、安装横担和绝缘子等的金属部件。常见的线路金具如图 4-5 所示，有安装针式绝缘子的直、弯脚；安装碟式绝缘子的穿心螺钉；在电杆上固定横担、拉线的 U 形抱箍；调节拉线松紧的花篮螺钉等。

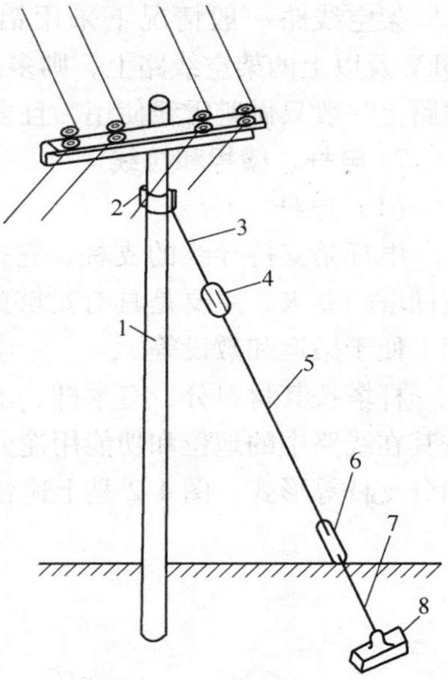

图 4-3 拉线的结构

1—电杆 2—拉线的抱箍 3—上把
4—拉线绝缘子 5—腰把 6—花篮螺钉
7—底把 8—拉线底盘

4. 架空线的敷设

(1) 选定架空线线路

正确选择线路路径排定杆位，要求：路径要短，转角尽量少、交通运输方便，便于施工架设和维护，尽量避开江河、道路和建筑物，运行可靠，地质条件好，另外还要考虑今后的发展。

(2) 确定挡距、弧垂和杆高

两相邻电杆之间的水平距离称为挡距，也称跨距。弧垂是指导线在电杆上的悬挂点与导线最低点之间的垂直距离，弧垂不宜过大，也不宜过小，过大则在导线摆动时容易造成相间短路，若过小，则导线的拉力过大，可能会出现断线或倒杆等现象，所以要通过计算来确定一个合理的弧垂。导线的挡距、弧垂和杆高在有关技术规程中有明确的规定，必须严格遵守执行。

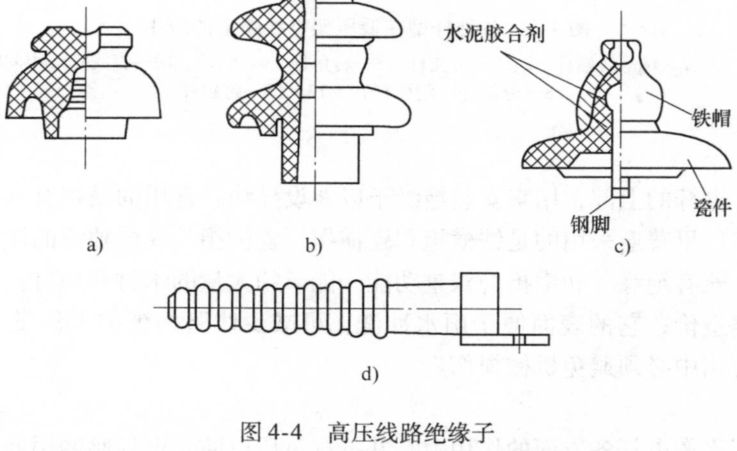

图 4-4 高压线路绝缘子

a）针式 b）碟式 c）悬式 d）瓷横担

(3) 导线在杆上的排列方式的确定

三相四线制低压线路的导线，一般采用水平排列；三相三线制线路可采用三角形排列，也可采用水平排列；多回路导线同杆架设时，可采用三角形、水平混合排列，也可全部垂直排列，如图 4-6 所示。

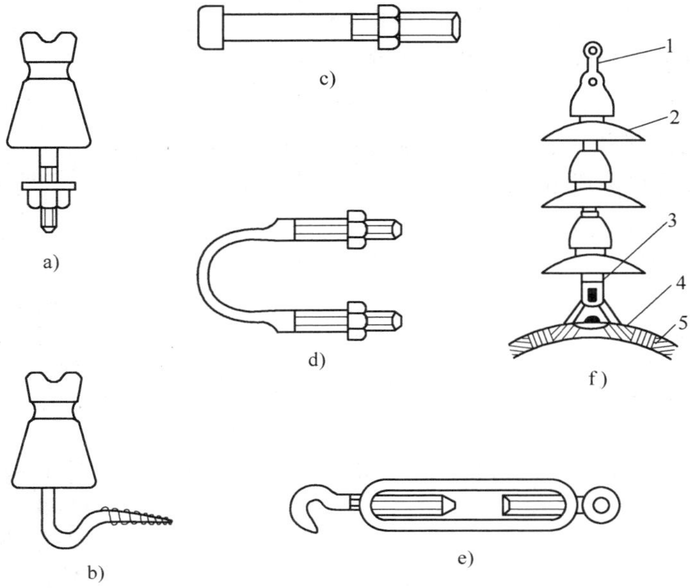

图 4-5　线路的金具

a）直脚及绝缘瓷瓶　b）弯脚及绝缘瓷瓶　c）穿心螺钉
d）U 形抱箍　e）花篮螺钉　f）悬式绝缘子串及金具
1—球头挂环　2—绝缘瓷瓶　3—碗头挂板　4—悬垂线夹　5—导线

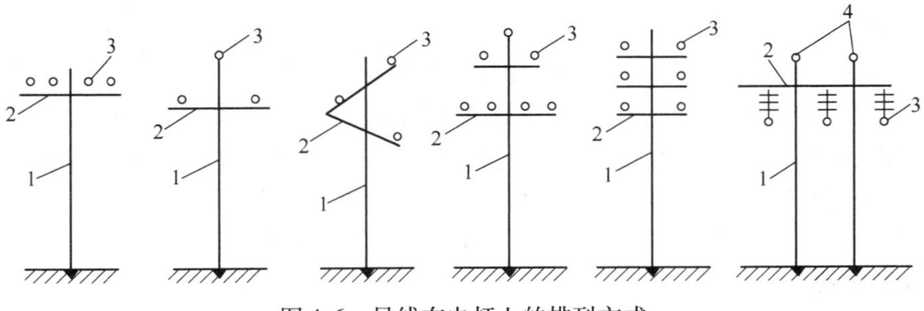

图 4-6　导线在电杆上的排列方式

1—电杆　2—横担　3—导线　4—避雷线

4.1.2　电力电缆的认识

1. 电缆的结构和型号

电缆是一种特殊的导线，由导电芯、绝缘层、铅包（或铝包）和保护层几个部分组成。在其几根绞绕的（或单根）绝缘导电芯线外面，统包有绝缘层和保护层，保护层又分为内护层和外护层，内护层用以直接保护绝缘层，而外护层用以防止内护层遭受机械损伤和腐蚀，外护层通常为钢丝或钢带构成的钢铠，外覆沥青、麻被或塑料护套，如图 4-7 所示。

供电系统中常用的电力电缆，按其缆芯材质分有铜芯电缆和铝芯电缆两大类。按其采用的绝缘介质分有油浸纸绝缘电缆和塑料绝缘电缆两大类。

油浸纸绝缘电缆在工作过程中，有可能会出现油压过高使端头胀裂漏油，导致绝缘能力降低甚至引起火灾，因此，现在已逐步被塑料绝缘电缆所取代。常见的塑料绝缘电缆有聚氯乙烯绝缘及护套电缆和交联聚乙烯绝缘护套电缆两种。

2. 电缆头

电缆头就是电缆接头，包括电缆中间接头和电缆终端头。电缆中间接头可将两段电缆连接在一起。电缆始端和终端连接导线及电气设备的接头为电缆终端头，电缆终端头分户外型和户内型两种，环氧树脂户内电缆终端头被广泛使用。

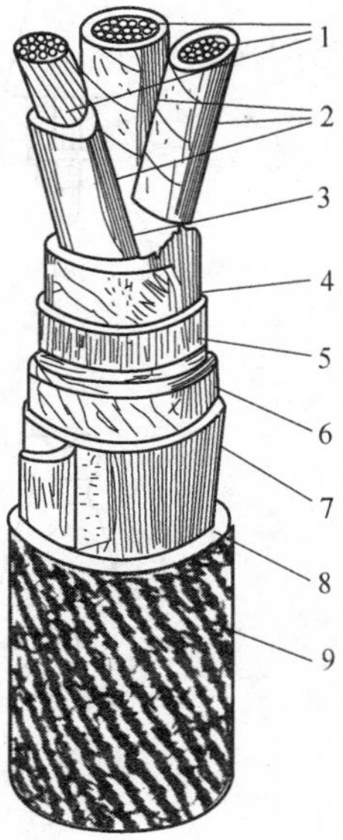

图 4-7　油浸纸绝缘电力电缆

1—电缆芯线　2—芯线油浸纸绝缘层　3—黄麻填料　4—油浸纸统包绝缘　5—铅包或铝包　6—纸带内护层　7—黄麻内护层　8—钢铠外护层　9—黄麻外护层

【特别提示】

电缆头是电缆线路中的薄弱环节，线路中的很大部分故障都是发生在接头处，因此电缆头的制作具有严格的要求，必须保证电缆密封完好，具有良好的电气性能、较高的绝缘强度和机械强度。

3. 电缆的敷设

敷设电缆一定要严格按有关规程和设计要求进行。电缆敷设的路径要最短，力求减少弯曲，尽量减少外界因素，如机械的、化学的或地中电流等对电缆的损坏；散热要好；尽量避免与其他管道交叉；避开规划中要挖土的地方。

常用的电缆敷设有以下几种。

（1）直埋土壤敷设

直埋敷设于非冻土地区的电缆，通常沿敷设路径挖一壕沟，深度不得小于 0.7m，其外皮至地下构筑物基础的距离不得小于 0.3m，在沟底铺以 10mm 厚的软土或沙层，再敷设电缆，然后在其上再铺 100mm 厚的软土或沙层，盖以混凝土保护层。当位于车行道或耕地的下方时，应适当加深，且不得小于 1m；电缆直埋于冻土地区时，宜埋入冻土层以下。直埋敷设的电缆，严禁位于地下管道的正上方或正下方，在有化学腐蚀性的土壤中，电缆不宜直埋敷设。

（2）电缆沟

电缆敷设在预先修建好的水泥沟内，上面用盖板覆盖。这种结构应考虑防火和防水。电缆沟从厂区进大厂房处应设置防火隔板。为了顺畅排水，电缆沟的纵向排水坡度不得小于 0.5%，而且不能排向厂房内侧。

（3）电缆隧道

电缆隧道对于敷设、检修、更换和增设电缆十分方便，可以同时敷设几十根以上的各种电缆。缺点是投资很大，防火要求很高，一般用于大型工厂变电所、发电厂引出区部位的区段。

（4）电缆桥架

利用车间空间、墙、柱、梁等，用支架固定电缆，排列整齐、结构简单、维护检修方便，缺点是积灰严重，易受热力管道影响，不够美观。

4. 电缆的运行与维护

【岗位技能 1】

电缆的敷设。

1）电力电缆敷设前应熟悉电缆走廊，根据槽盒、明坑、穿管、桥梁、隧道等不同的敷设形式制定敷设方案。

2）根据现场不同的敷设形式，计算电缆的转弯半径、侧压力。

3）根据不同的计算结果，在合适的地方布置拉力车、卷扬机、电缆输送机、电缆导向架、直线输送轮、转弯输送轮等敷设机具。

4）对护层绝缘有要求的电缆，敷设完成后，按照试验规程，对电缆外护层进行试验。如果电缆护层绝缘不合格，则需要对受损地方进行修补，直至试验合格为止。

【岗位技能 2】

电缆附件的安装。

1）电缆附件安装前，必须对附件施工工艺及图纸研究透彻，并熟悉电缆附件的各个配件。

2）电缆附件安装必须做好防尘、防水、防火措施，例如搭建施工棚架，在施工点摆放灭火筒等措施。

3）电缆附件的安装必须满足四要素：绝缘性能、导电性能、密封性能、机械性能。

【岗位技能 3】

电缆的试验与故障测寻。

1）电缆及附件从出厂到运行需要进行三个阶段的试验。第一阶段，电缆及附件在出厂前，由生产厂家进行出厂试验；第二阶段，在电缆及附件安装完成后，由施工单位进行竣工试验；第三阶段，运行中的电缆及附件，由运行单位对其进行预防性试验。

2）由于电缆大部分情况都是埋在地下，因此当电缆出现故障时，需要对电缆进行故障测寻才能确定故障点。

3）常用的故障定位方法有电桥法、波反射法、声磁同步法、跨步电压法等。其中波反射法、声磁同步法主要用于主绝缘故障测寻，跨步电压法主要用于护层故障测寻。

4）进行试验及故障测寻，必须做好围闭措施及监护工作，防止他人进入带电区域造成人员及设备的伤害。

4.1.3 车间线路的认识

车间线路包括室内配电线路和室外配电线路。室内配电线路多采用绝缘导线，但配电干线多采用裸导线（或硬母线），少数情况下用电缆。室外配电线路指沿着车间外墙或屋檐敷设的低压配电线路，一般均采用绝缘导线。

1. 绝缘导线

绝缘导线按芯线材料的不同分为铜芯和铝芯导线；按绝缘材料的不同分为橡皮绝缘和塑料绝缘导线；按芯线构造的不同可分为单芯、多芯导线和软线。

绝缘导线的敷设方式分明敷和暗敷两种。明敷是导线直接敷设或在穿线管、线槽内敷设于墙壁、顶棚的表面及桁架、支架等处。暗敷是导线在穿线管、线槽等保护体内，敷设于墙壁、顶棚、地坪及楼板等内部，或者在混凝土板孔内敷线等。室内明敷和穿管敷设，应优先选用塑料绝缘导线，室外敷设宜优先选用橡皮绝缘导线。

【特别提示】

1）线槽布线和穿管布线的导线中间禁止直接接头，接头必须经专门的接线盒。

2）穿金属管或金属线槽的交流线路，应将同一回路的所有相线和中性线（如有中性线时）穿于同一管、槽内，否则由于线路电流不平衡而在金属管、槽内产生铁磁损耗，使管、槽发热，导致其中导线过热甚至烧毁。

3）电线管路与热水管、蒸汽管同侧敷设时，应敷设在水、汽管的下方；如有困难时，可敷设在水、汽管的上方，但相互间距应适当增大，或采取隔热措施。

2. 裸导线

车间的配电干线或分支线通常采用裸母线（又称母排）的结构，截面形状有圆形、矩形和管形等，车间内以采用 LMY 型硬铝母线最为普遍。车间内的配电裸导线在敷设时，距地面的高度不得低于 2.5m。

封闭式母线水平敷设时，至地面的距离不宜小于 2.2m。垂直敷设时，其距地面 1.8m 以下部分应采用防止机械损伤的措施，但敷设在电气专用房间内（如配电室、电机房等）时除外。

可见，车间低压线路敷设方式的选择，应根据周围环境条件、工程设计要求和经济条件决定。

【任务实施】

1. 认识架空线路的各部件，将其填写在表 4-1 中。

表 4-1　架空线路各部件的名称

名　称	导　线	电　杆	绝缘子和横担	拉　线	金　具
作用					

2. 截一段 10kV 电缆，遥测电缆的绝缘电阻，将其填写在表 4-2 中。

表 4-2　10kV 电缆的绝缘电阻

10kV 电缆名称	工　具	绝 缘 电 阻

任务 4.2　导线和电缆截面的选择

【任务引入】

导线和电缆截面的选择既要保证供电系统的安全可靠，又要充分利用导线和电缆的负载能力，节约有色金属消耗量，降低投资。其选择原则如下。

（1）满足正常发热条件

导线和电缆在通过正常最大负荷电流即计算电流时产生的发热温度，不应超过其正常运行时的最高允许温度。

（2）满足电压损耗条件

导线和电缆在通过正常最大负荷电流即计算电流时产生的电压损耗，不应超过其正常运行时允许的电压损耗。对于工厂内较短的高压线路，可不进行电压损耗校验。

（3）满足经济电流密度

35kV 及以上的高压线路及 35kV 以下的长距离、大电流线路，例如较长的电源进线和电弧炉的短网等线路，其导线和电缆截面积宜按经济电流密度选择，以使线路的年运行费用支出最小。按经济电流密度选择的导线（含电缆）截面，称为“经济截面”。工厂内的 10kV 及以下线路，通常不按经济电流密度选择。

（4）满足机械强度

导线（含裸导线和绝缘导线）截面积不应小于其最小允许截面积，见附录 G 所列。对于电缆，不必校验其机械强度，但需校验其短路热稳定度。

根据设计经验，一般 10kV 及以下的高压线路和低压动力线路，通常先按发热条件来选择导线和电缆截面积，再校验其电压损耗和机械强度。低压敷明线路，因它对电压水平要求较高，通常先按允许电压损耗进行选择，再校验其发热条件和机械强度。对长距离大电流线路和 35kV 及以上的高压线路，则可先按经济电流密度确定经济截面，再校验其他条件。按上述经验来选择计算，通常容易满足要求，较少返工。

下面分别介绍按发热条件、经济电流密度和电压损耗选择计算导线和电缆截面积的问题。关于机械强度，对于工厂电力线路，一般只需按其最小允许截面积（见附录 G）校验就行了，因此不再赘述。

【相关知识】

4.2.1 按发热条件选择导线和电缆的截面积

1. 三相系统相线截面积的选择

电流通过导线（包括电缆、母线，下同）时，要产生电能损耗，使导线发热。裸导线的温度过高时，会使其接头处的氧化加剧，增大接触电阻，使之进一步氧化，如此恶性循环，最终可发展到断线。而绝缘导线和电缆的温度过高时，还可使其绝缘介质加速老化甚至烧毁，或引发火灾事故。因此，导线的正常发热温度一般不得超过额定负荷时的最高允许温度。

按发热条件选择三相系统中的相线截面积时，应使其允许载流量 I_{al} 不小于通过相线的计算电流 I_{30}，即

$$I_{al} \geqslant I_{30} \tag{4-1}$$

所谓导线的允许载流量，就是在规定的环境温度条件下，导线能够连续承受而不致使其稳定温度超过允许值的最大电流。如果导线敷设地点的环境温度与导线允许载流量所采用的环境温度不同时，则导线的允许载流量应乘以以下温度校正系数：

$$K_{\theta} = \sqrt{\frac{\theta_{al} - \theta_0'}{\theta_{al} - \theta_0}} \tag{4-2}$$

式中，θ_{al}为导线额定负荷时的最高允许温度；θ_0 为导线的允许载流量所采用的环境温度；

θ_0' 为导线敷设地点实际的环境温度。

这里所说的环境温度，是按发热条件选择导线所采用的特定温度：在室外，环境温度一般取当地最热月平均最高气温；在室内，则取当地最热月平均最高气温加5℃，对土中直埋的电缆，则取当地最热月地下0.8～1m的土壤平均温度，也可近似地取为当地最热月平均气温。

附录F列出了绝缘导线明敷、穿钢管和穿塑料管时的允许载流量，附录H列出了LJ型铝绞线和LGJ型钢芯铝绞线的允许载流量，供参考。

2. 中性线和保护线截面积的选择

（1）中性线（N线）截面积的选择

按GB 50054—2011《低压配电设计规范》规定：

1）符合下列情况之一的线路，中性线截面积 A_0 应与相线截面积 A_φ 相同，即

$$A_0 = A_\varphi \tag{4-3}$$

① 单相两线制线路。

② 铜相线截面积 $A_\varphi \leqslant 16\text{mm}^2$，或铝相线截面积 $A_\varphi \leqslant 25\text{mm}^2$ 的三相四线制线路。

2）符合下列情况之一的线路，中性线截面积 A_0 可小于相线截面积 A_φ，但不宜小于相线截面积 A_φ 的50%，即

$$0.5A_\varphi \leqslant A_0 < A_\varphi \tag{4-4}$$

① 铜相线截面积 $A_\varphi > 16\text{mm}^2$，或铝相线截面积 $A_\varphi > 25\text{mm}^2$ 时。

② 铜中性线截面积 $A_0 \geqslant 16\text{mm}^2$，或铝中性线截面积 $A_0 \geqslant 25\text{mm}^2$ 时。

③ 在正常工作时，包括谐波电流在内的中性线预期最大电流 $I_{0.\max}$ 不大于中性线允许载流量 $I_{0.\text{al}}$ 时。

④ 中性线导体已进行了过电流保护时。

（2）保护线（PE线）截面积的选择

保护线要考虑三相系统发生单相短路故障时单相短路电流通过时的短路热稳定度。根据短路热稳定度的要求，保护线（PE线）截面积 A_{PE} 的选择，按GB 50054—2011《低压配电设计规范》规定：

1）当 $A_\varphi \leqslant 16\text{mm}^2$ 时

$$A_{PE} \geqslant A_\varphi \tag{4-5}$$

2）当 $16\text{mm}^2 < A_\varphi \leqslant 35\text{mm}^2$ 时

$$A_{PE} \geqslant 16\text{mm}^2 \tag{4-6}$$

3）当 $A_\varphi > 35\text{mm}^2$ 时

$$A_{PE} \geqslant 0.5A_\varphi \tag{4-7}$$

（3）保护中性线（PEN线）截面积的选择

保护中性线兼有保护线和中性线的双重功能，因此保护中性线截面积选择应同时满足上述保护线和中性线的要求，取其中的最大截面积。

【特别提示】

按GB 50054—2011规定，在配电线路中固定敷设的PEN线，铜芯截面积不应小于 10mm^2，铝芯截面积不应小于 16mm^2。

4.2.2 按经济电流密度选择导线和电缆的截面积

导线（包括电缆，下同）的截面积越大，电能损耗越小，但是线路投资、维修管理费用和有色金属消耗量都要增加。因此从经济方面考虑，可选择一个比较合理的导线截面积，既使电能损耗小，又不致过分增加线路投资、维修管理费用和有色金属消耗量。

图4-8是线路年运行费用 C 与导线截面积 A 的关系曲线。其中曲线1表示线路的年折旧费（即线路投资除以折旧年限之值）和线路的年维修管理费之和与导线截面积的关系曲线。曲线2表示线路的年电能损耗费与导线截面积的关系曲线。曲线3为曲线1与曲线2的叠加，表示线路的年运行费用（包括线路的年折旧费、维修管理费和电能损耗费）与导线截面积的关系曲线。由曲线3可以看出，与年运行费最小值 C_a（a 点）对应的导线截面积 A_a 不一定是很经济合理的导线截面积，因为 a 点附近，曲线比较平坦，如果将导线再选小一些，例如选为 A_b（b 点），年运行费 C_b 比 C_a 增加不多，但 A_b 却比 A_a 减小很多，从而使有色金属消耗量显著减少。因此从全面的经济效益考虑，导线截面积选为 A_b 看来比选为 A_a 更为经济合理。这种从全面的经济效益考虑，使线路的年运行费用接近最小，又适当考虑有色金属节约的导线截面，称为经济截面，用符号 A_{ec} 表示。

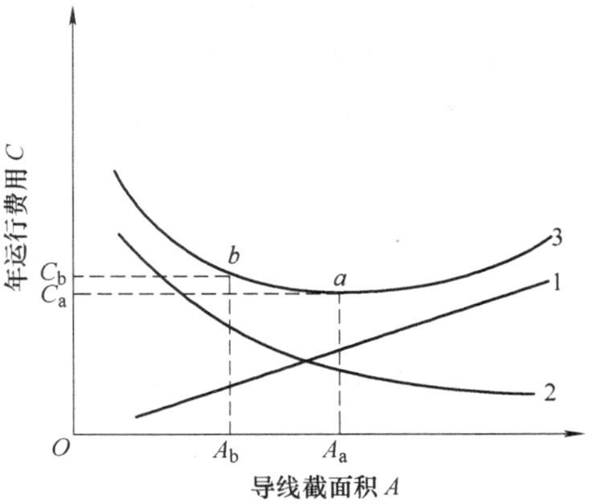

图4-8 导线截面积和年运行费用关系曲线图

各国根据其具体国情特别是其有色金属资源的情况，规定了导线和电缆的经济电流密度。我国现行的经济电流密度规定见表4-3。

表4-3 导线和电缆的经济电流密度 （单位：A/mm^2）

线路类别	导线材质	年最大有功负荷利用小时		
		3000h以下	3000~5000h	5000h以上
架空线路	铜	3.00	2.25	1.75
	铝	1.65	1.15	0.90
电缆线路	铜	2.50	2.25	2.00
	铝	1.92	1.73	1.54

按经济电流密度 J_{ec} 计算经济截面 A_{ec} 的公式为

$$A_{ec}=\frac{I_{30}}{j_{ec}} \tag{4-8}$$

式中，I_{30} 为线路的计算电流。

按上式计算出 A_{ec} 后，应选最接近的标准截面（可取较小的标准截面），然后校验其他条件。

4.2.3 线路电压损耗的计算

由于线路存在着阻抗，所以线路通过负荷电流时要产生电压损耗。一般线路的允许电压损耗不超过5%（对线路额定电压）。如果线路的电压损耗超过了允许值，则应适当加大导线截面积，使之满足允许电压损耗的要求。

以带两个集中负荷的三相线路为例，如图4-9所示。线路图中的负荷电流都用小写 i 表示，各线段电流都用大写 I 表示。各线段的长度、每相电阻和电抗分别用小写 l、r 和 x 表示，线路首端至各负荷点的长度、每相电阻和电抗则分别用大写 L、R 和 X 表示，则线路电压损耗的计算公式为式（4-9），其推导过程不再赘述。

$$\Delta U = \frac{\sum_{i=1}^{n}(p_i R_i + q_i X_i)}{U_N} \tag{4-9}$$

根据式（4-9）可得，线路电压损耗的百分值为

$$\Delta U\% = \frac{\Delta U}{U_N} \times 100\% = \frac{100 \times \Delta U}{U_N}\% \tag{4-10}$$

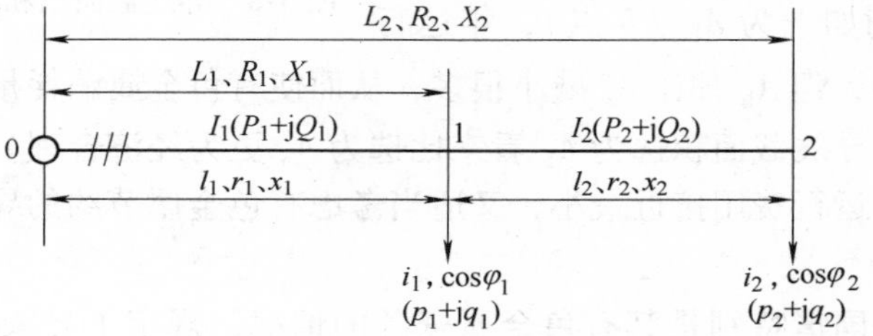

图4-9 带有两个集中负荷的三相线路

【任务应用】

例4-1 有一条BLX-500型铝芯橡皮线明敷的220V/380V的TN-S线路，线路计算电流为150A，当地最热月平均最高气温为30℃。试按发热条件选择此线路的导线截面积。

解：（1）相线截面积的选择

查附录F表F-1，得环境温度为30℃时明敷的BLX-500型截面积为50mm^2 的铝芯橡皮线的 $I_{al}=163A > I_{30}=150A$，满足发热条件。因此相线截面积选为 $A_{\varphi}=50mm^2$。

（2）中性线截面积的选择

按 $A_0 \geqslant 0.5A_{\varphi}$，选 $A_0=25mm^2$。

（3）保护线截面积的选择

由于 $A_{\varphi}>35mm^2$，故选 $A_{PE} \geqslant 0.5A_{\varphi}=25mm^2$。

所选导线型号可表示为：BLX-500－(3×50＋1×25＋PE25)。

例4-2 上例所示TN-S线路，如果采用BLV-500型铝芯塑料线穿硬塑料管埋地敷设，当地最热月平均气温为25℃。试按发热条件选择此线路导线截面积及穿线管内径。

解：查附录F中的表F-5，得25℃时5根单芯线穿硬塑料管（PC）的BLV-500型截面

积为 120mm^2 的导线允许载流量 $I_{al}=160A>I_{30}=150A$。

因此按发热条件，相线截面积选为 120mm^2。

中性线截面积按 $A_0 \geqslant 0.5A_{\varphi}$，选为 70mm^2。

保护线截面积按 $A_{PE} \geqslant 0.5A_{\varphi}$，选为 70mm^2。

穿线的硬塑料管内径，查附录 F 下表 F-3，得 5 根导线穿管管径为 80mm。

选择结果可表示为：BLV-500 -（3 ×120 +1 ×70 + PE70）- PC80。

例 4-3 有一条用 LGJ 型钢芯铝线架设的 5km 长的 35kV 架空线路，计算负荷为 3400kW，$\cos\varphi=0.7$，$T_{max}=3600h$。试选择其经济截面，并校验其发热条件和机械强度。

解：（1）选择经济截面

$$I_{30}=\frac{P_{30}}{\sqrt{3}U_N\cos\varphi}=\frac{3400kW}{\sqrt{3}\times35kV\times0.7}=80.12A$$

由表 4-3 查得 $J_{ec}=1.15A/mm^2$，故

$$A_{ec}=\frac{80.12A}{1.15A/mm^2}=69.67mm^2$$

选标准截面 70mm^2，即选 LGJ-70 型钢芯铝线。

（2）校验发热条件

查附录 H 得 LGJ-70 的允许载流量（假设环境温度为 40℃）$I_{al}=222A>I_{30}=58.9A$，因此满足发热条件。

（3）校验机械强度

查附录 G 得 35kV 架空钢芯铝线的最小截面积 $A_{min}=35mm^2<A=70mm^2$，因此所选 LGJ-70 型钢芯铝线也满足机械强度要求。

例 4-4 试验算例 4-3 所选 LGJ-70 型钢芯铝线是否满足允许电压损耗 5% 的要求。已知该线路导线为水平等距排列，线间几何均距为 2m。

解：由例 4-3 可知，$P_{30}=3400kW$，$\cos\varphi=0.7$，因此 $\tan\varphi=1$，$Q_{30}=3400kvar$。

又利用 $A=70mm^2$（LGJ 钢芯铝线截面积）和线间几何均距 2m 查附录 E，得 $R_0=0.48\Omega/km$，$X_0=0.38\Omega/km$。

故线路的电压损耗为

$$\Delta U=\frac{3400kW\times(5\times0.48)\Omega+3400kvar\times(5\times0.38)\Omega}{35kV}=418V$$

线路的电压损耗百分值为

$$\Delta U\%=\frac{\Delta U}{U_N}\times100\%=\frac{100\times\Delta U}{U_N}\%=\frac{100\times418V}{35000V}\%=1.19\%<\Delta U_{al}\%=5\%$$

因此所选 LGJ-70 型钢芯铝线满足电压损耗要求。

【任务实施】

某车间 380V/220V、TN-C 系统中的相线，该线路的计算电流为 150A，拟采用 BLV-500 型铝芯塑料线穿钢管埋地敷设，敷设地点的环境温度为 25℃。按发热条件选择相线的截面。

习　　题

1. 填空题

1）架空线路的导线最低点到连接导线两个固定点的直线的垂直距离称为（　　　　）。

2）35kV 及以上架空线路的导线一般采用（　　　　）绞线。

3）当电力电缆和控制电缆敷设在电缆沟同一侧支架上时，应将控制电缆放在电力电缆的（　　　　），高压电力电缆应放在低压电力电缆的（　　　　）。

4）架空线路的杆塔按用途不同可分为：①直线杆；②耐张杆；③（　　　　）；④（　　　　）；⑤（　　　　）。

2. 选择题

1）在 10kV 架空配电线路中，水平排列的导线其弧垂相差不应大于（　　）mm。

A. 100　　　　B. 80　　　　C. 50　　　　D. 30

2）一般当电缆根数少且敷设距离大时，采用（　　）。

A. 直接埋设敷设　　　　B. 电缆隧道

C. 电缆沟　　　　D. 电缆排管

3）直埋电缆相互交叉时，高压电缆应放在低压电缆的（　　）。

A. 上方　　　　B. 下方　　　　C. 都可以　　　　D. 不确定

3. 简答题

1）架空线路由哪几部分组成？各部分有何作用？

2）按电杆在线路中的作用和地位不同分哪几种类型？各种电杆有何特点？用于何处？

3）电力电缆有哪几种类型？各种电缆的适用场合如何？

4）挡距、弧垂、导线的线间距离、横担长度与间距、电杆高度等参数相互之间有何联系和影响？为什么？

5）电缆的敷设方式有哪几种？各种敷设方式有何特点？其适用场合如何？

6）选择导线的一般原则是什么？为什么要考虑这些原则？

4. 计算题

1）从总降压变电所引出一条 10kV 架空线路，向两个铜矿井口供电，导线采用 LJ 型铝绞线，沿线截面均为 $35mm^2$，导线的几何均距为 1m，线路长度及各井口的负荷如图 4-10 所示，试计算线路的电压损失。

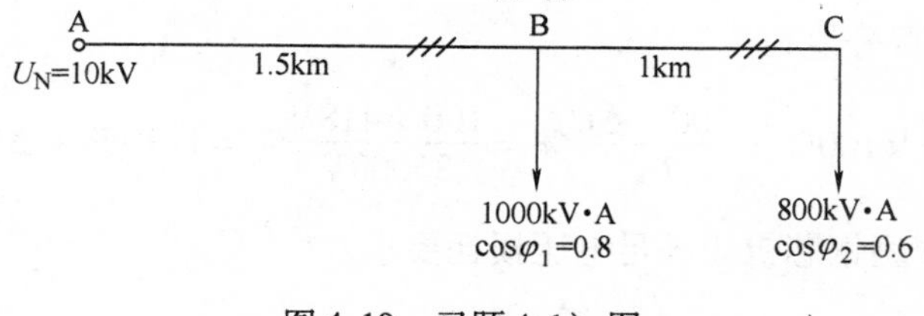

图 4-10　习题 4-1）图

2）某工厂三个车间由 10kV 三相架空线路供电，拟采用 LJ 型铝绞线成三角形布置，线间距离为 1m，线路的允许电压损耗为 5%，各车间的负荷与线路长度如图 4-11 所示，拟将各段截面选成一样，试按允许电压损失选择导线截面，并按允许发热条件校验。

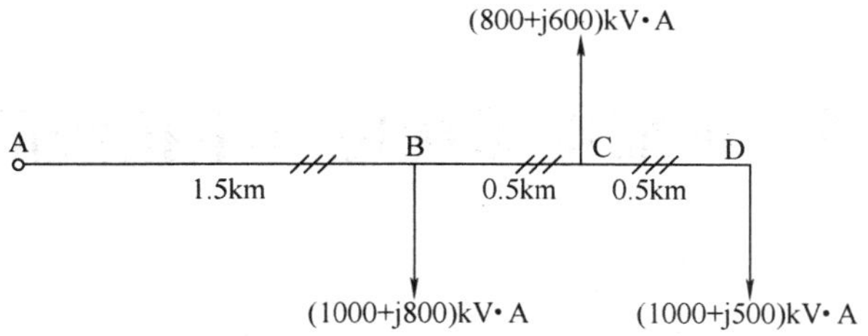

图 4-11　习题 4-2）图

项目5　供配电系统电气主接线的分析

【教学目标】

1. 熟悉电气主接线图中的符号表示。
2. 熟悉高低压配电网接线特点。
3. 掌握电气设备的倒闸操作。
4. 能根据负荷等级选择电气主接线。
5. 能根据实际情况设计电气主接线方案。

本项目主要介绍了工厂变、配电所的电气主接线的基本接线方式。它直观地表示了变、配电所的结构特点、运行性能、使用电气设备的多少及其前后安排等，对变、配电所安全运行、电气设备选择、配电装置布置和电能质量都起着决定性作用。

任务5.1　认识电气主接线

【任务引入】

变电所的主接线又称为主电路或一次接线，指的是变电所中各种开关设备、电力变压器、母线、电流互感器以及电压互感器等主要电气设备，按一定顺序用导线连接而成的，用以接受和分配电能的电路。它对电气设备选择、配电装置布置等均有较大影响，是运行人员进行各种倒闸操作和事故处理的重要依据。

主电路图中的主要电气设备应采用国家规定的图文符号来表示。主电路图通常用单根线表示三相电路，使图示简单明了，但当三相电路中设备不对称时，这部分则应用三线图表示。

【相关知识】

5.1.1　变电所的电气主接线

1. 对主接线的基本要求

（1）安全性

符合国家标准和有关设计规范的要求，能充分保证在进行各种操作切换时工作人员的人身安全和设备安全，以及在安全条件下进行维护检修工作。

（2）可靠性

满足各级电力负荷，特别是一、二级负荷对供电可靠性的要求。

（3）灵活性

能适应各种运行所要求的接线方式，便于检修，切换操作简便，而且适应今后的发展，便于扩建。

（4）经济性

在满足上述要求的前提下，主接线应力求简单，使投资最省、运行费用最低，并且节约电能和有色金属消耗量，尽量减少占地面积。

2. 总降压变电所的主接线

（1）线路-变压器组接线

变电所只有一路电源进线，只设一台变压器且变电所没有高压负荷和转送负荷的情况下，常常用线路-变压器组接线。其主要特点是变压器高压侧无母线，低压侧通过开关接成单母线结线供电。

在变电所高压侧，即变压器高压侧可根据进线距离和系统短路容量的大小装设隔离开关 QS、高压熔断器 FU 或高压断路器 QF_2，如图 5-1 所示。

当供电线路较短（小于 2～3km），电源侧继电保护装置能反应变压器内部及低压侧的短路故障，且灵敏度能满足要求时，可只设隔离开关。如系统短路容量较小，熔断器能满足要求时，可只设一组跌落式断路器。当上述两种接线不能满足，同时又要考虑操作方便时，需采用高压断路器 QF_2。

线路-变压器组主接线一般多用在用电量较小的车间变电所中对三级负荷供电。

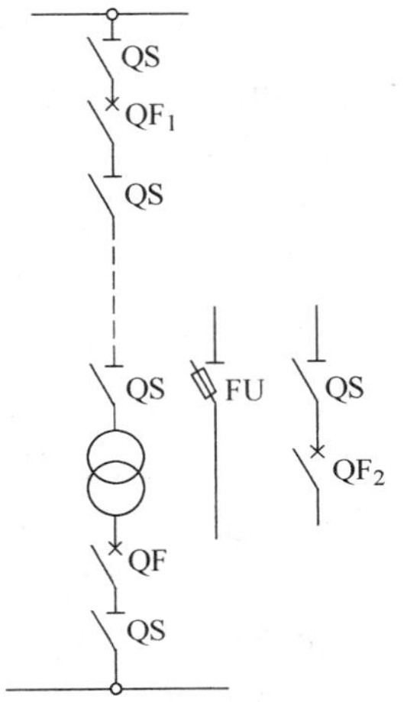

图 5-1 线路-变压器组主接线图

（2）桥式接线

为保证对一、二级负荷可靠供电、总降压变电所广泛采用由两回路电源供电，装设两台变压器的桥式接线。

桥式主接线可分为内桥和外桥两种，图 5-2 所示为常见内桥式主接线图，图 5-3 所示为常见外桥式主接线图。

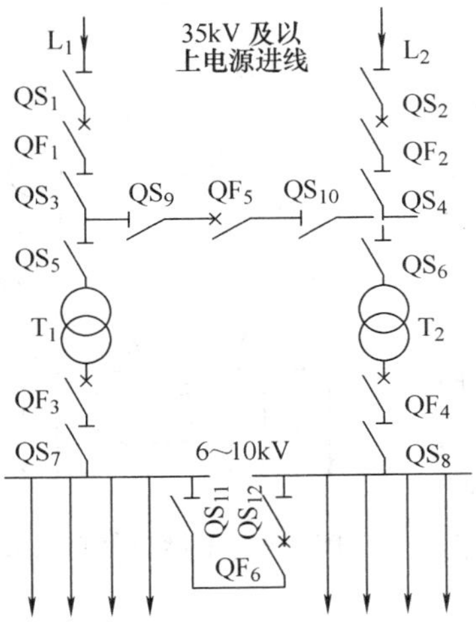

图 5-2 内桥式主接线图

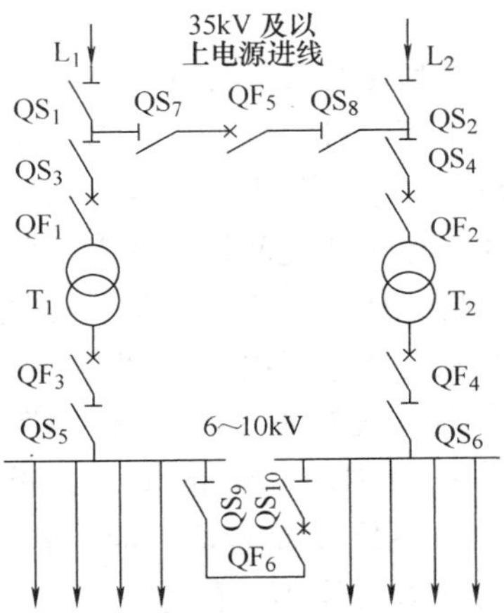

图 5-3 外桥式主接线图

1）内桥式。内桥式主接线的“桥”断路器 QF_5 跨接在两路电源进线之间，犹如一座桥梁，而且处于线路断路器 QF_1 和 QF_2 的内侧，靠近变压器，因此，称为“内桥式”接线。正常时，断路器 QF_5 处于开断状态。如果某路电源进线侧，例如 L_1 停电检修或发生故障时，断开 QF_1，投入 QF_5（其两侧隔离开关先合），即 L_2 经 QF_5 对变压器 T_1 供电。因此这种接线多用于线路较长，故障机会多和变压器不需经常投切的一、二级负荷工厂的总降压变电所。

2）外桥式。在外桥式主接线中，一次侧的“桥”断路器装设在两路进线断路器 QF_1 和 QF_2 的外侧，即电源侧，因此称为“外桥式”接线。这种接线方式运行的灵活性较好，供电的可靠性也较高，但与内桥式适用的场合不同。外桥接线对变压器回路操作方便，如需切除变压器 T_1 时，可断开 QF_1，先合上 QF_6，对其低压负荷供电，再合上 QF_5，可使两条进线都继续运行。因此，外桥式接线适用于电源线路较短而变电所昼夜负荷变动较大、经济运行需经常切换变压器的总降压变电所。

（3）单母线和单母线分段

母线又称汇流排，即汇集和分配电能的硬导线。母线的色标：A 相—黄色；B 相—绿色；C 相—红色。母线的排列规律：从上到下为 A→B→C；对着来电方向，从左到右为 A→B→C。设置母线可以方便地把电源进线和多路引出线通过开关电器连接在一起，以保证供配电的可靠性和灵活性。

单母线主接线方式中每路进线和出线中都配置有一组开关电器。断路器用于切断和关合正常的负荷电流，并能切断短路电流。隔离开关有两种作用：靠近母线侧的称为母线隔离开关，用于隔离母线电源和检修断路器；靠近线路侧的称为线路侧隔离开关，用于防止在检修断路器时从用户端反送电。防止雷击过电压沿线路侵入，保护维修人员安全。单母线接线简单，使用设备少，配电装置投资少，但可靠性、灵活性较差。当母线或母线隔离开关故障或检修时，必须断开所有回路，造成全部用户停电。这种接线适用于单电源进线的一般中、小型容量的用户，电压为6～10kV。

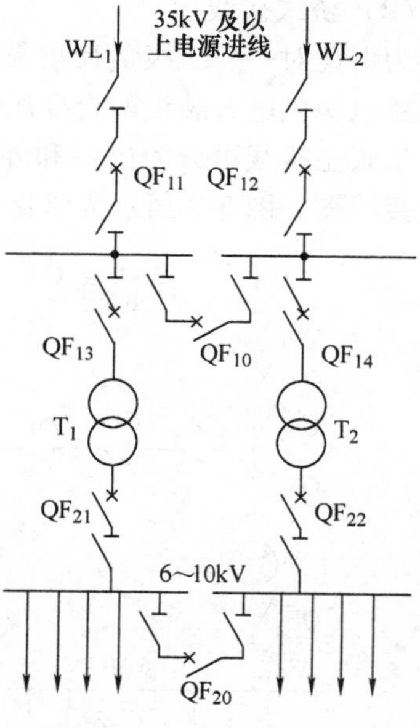

图 5-4　单母线分断主接线图

单母线分段主接线如图 5-4 所示。为了提高单母线接线的供配电可靠性，在变电所有两个或两个以上电源进线或馈出线较多时将电源进线和引出线分别接在两段母线上，这两段母线之间用断路器或隔离开关连接。

这种主接线的运行方式灵活，母线可以分段运行，也可以不分段运行，供电可靠性明显得到提高。分段运行时，各段母线互不干扰，任一段母线故障或需检修时，仅停止对本段负荷的供电，减少了停电范围。当任一电源线路故障或需检修时，都可闭合母线分段开关，使两段母线均不致停电。

3. 车间变电所的主接线

车间变电所是将 6～10kV 的电压降为 380V/220V 的电压，直接供电给用电设备的终端变电所，其主接线如图 5-5 所示。

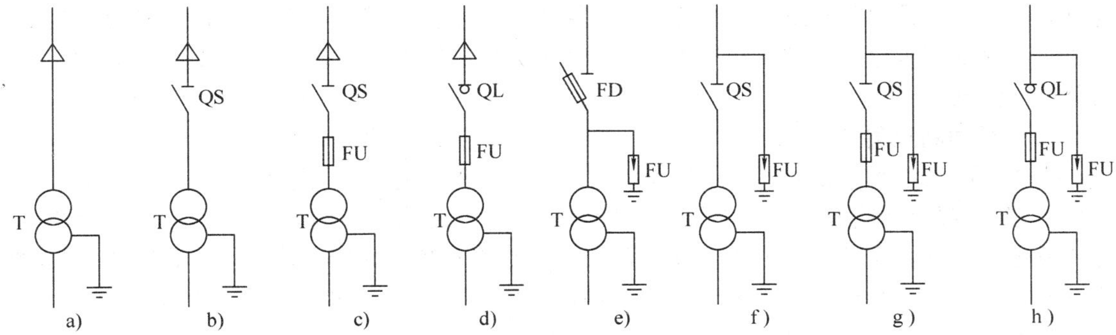

图 5-5　车间变电所主接线图

a）高压电缆进线，无开关　b）高压电缆进线，装隔离开关　c）高压电缆进线，装隔离开关-熔断器
d）高压电缆进线，装负荷开关-熔断器　e）高压架空进线，装跌开式熔断器和避雷器
f）高压架空进线，装隔离开关和避雷器　g）高压架空进线，装隔离开关-熔断器和避雷器
h）高压架空进线，装负荷开关-熔断器和避雷器

5.1.2　高压配电线路的电气主接线

工厂内部高压配电线路一般指的是 1kV 以上的线路，其作用是从总降压变电所向各车间变电所或高压用电设备供电，其接线方式通常有三种类型：放射式、树干式和环形。

1. 放射式

放射式接线的线路之间互不影响，供电可靠性较高，便于装设自动装置，保护装置也比较简单，但是其高压开关设备用得较多，增加了投资。在发生故障或检修时，由该线路供电的所有负荷都要停电。因此，可在各车间变电所的高压侧之间或低压侧之间敷设联络线，如图 5-7 所示。如果要进一步提高其供电可靠性，则可采用双电源双回路放射式接线，如图 5-9所示。

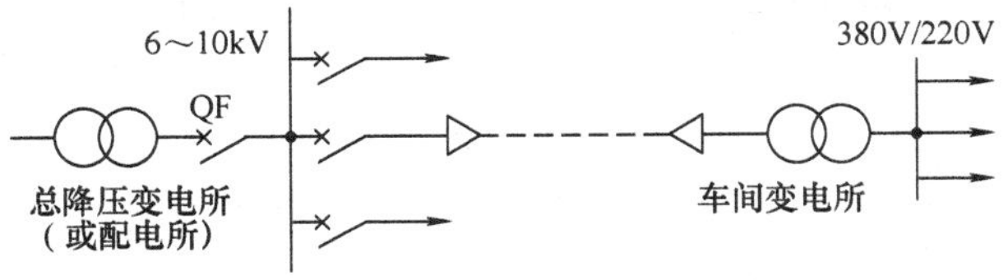

图 5-6　单回路放射式的基本接线方式

（1）单回路放射式

1）单回路放射式的基本接线方式。所谓单回路放射式，就是由企业总降压变电所（或总配电所）6～10kV母线上引出的每一条回路，直接向一个车间变电所或车间高压用电设备配电，沿线不分支接其他负荷，各车间变电所之间也无联系，如图 5-6 所示。

这种接线最大的缺点是当任一线路或开关设备发生故障时，该线路上的全部负荷都将停电，所以单回路放射式的供电可靠性不高，仅适用于三级负荷的车间。为了提高供电的可靠性，可以考虑引入具有低压联络线的接线方式，或采用双回路供电方式。

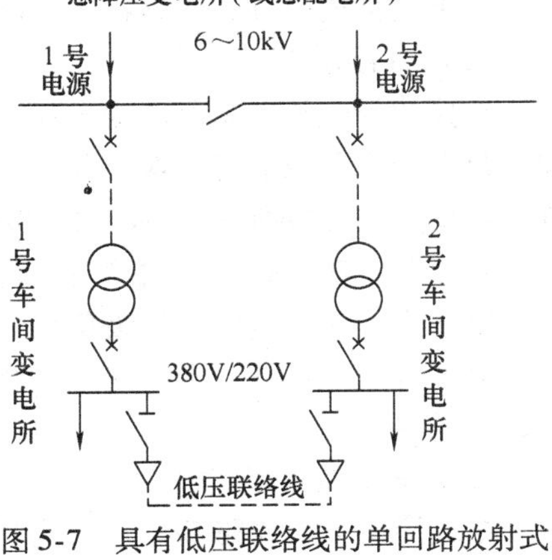

图 5-7　具有低压联络线的单回路放射式

2）具有低压联络线的单回路放射式。图 5-7 所示

为具有低压联络线的单回路放射式接线，此接线方式中电压联络开关可采用自动投入装置，可使两车间变电所通过联络线互为备用，从而大大提高供电的可靠性，确保各车间变电所一级负荷不停电。

（2）双回路放射式

按电源数目双回路放射式又可分为单电源双回路放射式和双电源双回路放射式两种。

1）单电源双回路放射式。如图 5-8 所示，此种接线当一条线路发生故障或需检修时，另一条线路可以继续运行，在故障情况下，这种接线从切除故障线路到再投入非故障线路恢复供电的时间一般不超过 30min，因而，可适用于允许极短停电时间，且容量较小的一级负荷；二级负荷和对停电时间不允许过长的三级负荷。

2）双电源双回路放射式。如图 5-9 所示，两条放射式线路连接在不同电源的母线上。在任一线路发生故障时，或任一电源发生故障时，该种接线方式均能保证供电不中断。

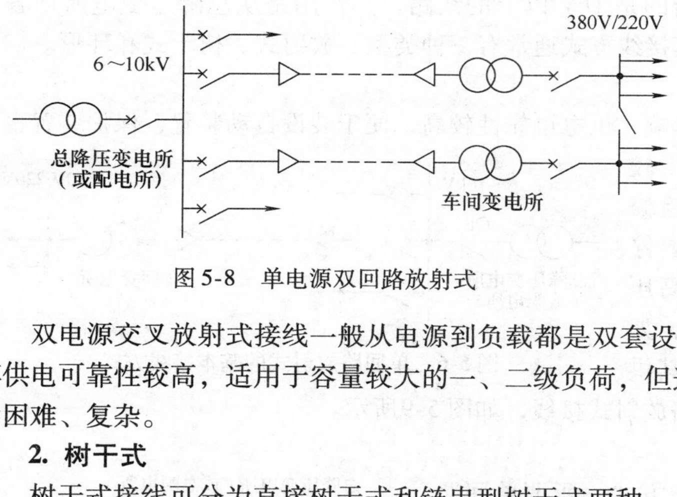

图 5-8　单电源双回路放射式

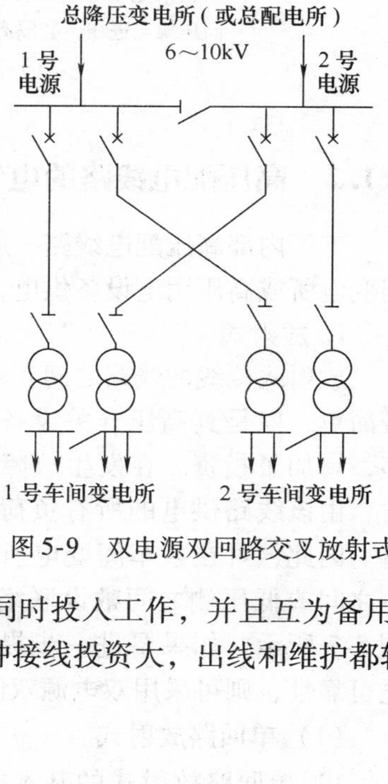

图 5-9　双电源双回路交叉放射式

双电源交叉放射式接线一般从电源到负载都是双套设备同时投入工作，并且互为备用，其供电可靠性较高，适用于容量较大的一、二级负荷，但这种接线投资大，出线和维护都较为困难、复杂。

2. 树干式

树干式接线可分为直接树干式和链串型树干式两种。

（1）直接树干式

直接树干式是由总降压变电所（或配电所）引出的每路高压配电干线，沿各车间厂房架空敷设，从干线上直接接出分支线引入车间变电所，如图 5-10 所示。这种接线方式的优点是：总降压变电所 6 ~ 10kV 的高压配电装置数量少，出线简单，敷设方便；缺点是：供电可靠性差，任一处发生故障时，均将导致该干线上的所有车间变电所全部停电，因此，这种接线方式一般只适用于三级负荷。

为了进一步提高树干式配电线路的供电可靠性，可以采用单侧供电的双回路树干式，如图 5-11 所示。

（2）链串型树干式

在直接树干式线路基础上，为提高供电可靠性，可以采用链串型树干式线路，其特点是：干线要引入到每个车间变电所的高压母线上，然后再引出，干线进出侧均安装隔离开关，如图 5-12 所示。这种接线可以缩小断电范围，图中当 N 点发生故障，干线始端总断路器 QF 跳闸，当找出故障点后，只要拉开隔离开关 QS_4，再合上 QF，便能很快恢复对 1 号和 2 号车间变电所供电，从而缩小了停电范围，提高了供电可靠性。

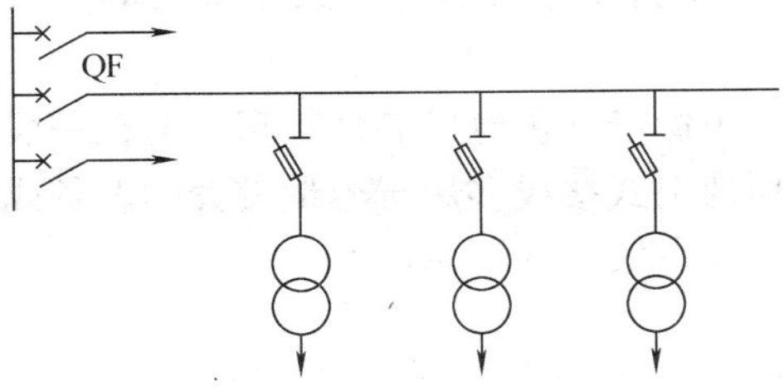

图 5-10　直接树干式线路

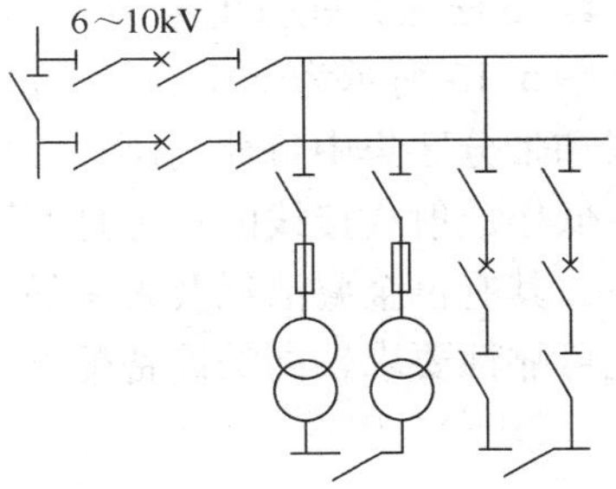

图 5-11　单侧供电的双回路树干式线路

为了进一步提高树干式配电线路的供电可靠性，可以采用双侧供电的树干式接线，如图 5-13所示，系统正常运行时可由一侧供电，另一侧作为备用电源。当发生故障时，切除故障线段，恢复对其他负荷供电。

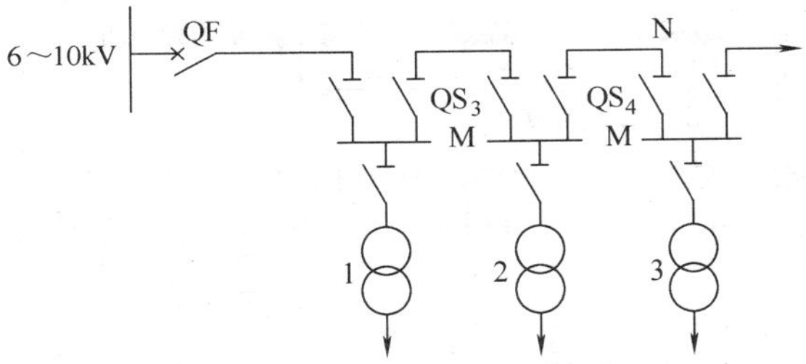

图 5-12　链串型树干式线路

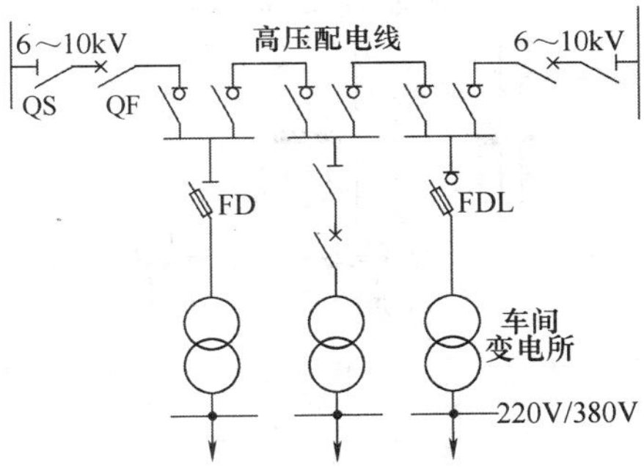

图 5-13　双侧供电树干式线路

（3）环形

环形接线实质上是由双侧供电树干式的末端连接起来构成，如图 5-14 所示。这种接线在现代城市电网中应用很广。为了避免环形线路上发生故障时影响整个电网，也为了便于实现线路保护的选择性，因此大多环形线路采用开环运行方式，即环形线路中有一处的开关是断开的。为了便于切换操作，环形线路中的开关多采用负荷开关。这种接线的优点是运行灵活、供电可靠性高，适用于一、二级负荷的供电系统。

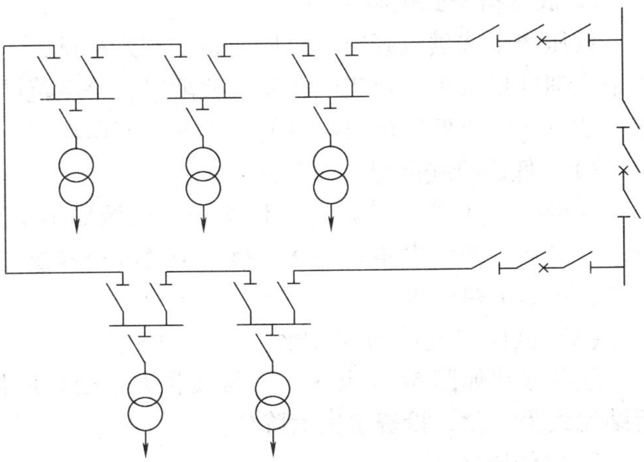

图 5-14　环形线路

5.1.3 低压配电线路的电气主接线

工厂内部高压配电线路一般指的是1kV及以下的线路，其作用是从车间变电所向各用电设备供电，其接线方式通常有三种类型：放射式、树干式和环形。

1. 低压放射式供电系统

图5-15所示为低压放射式供电系统，它又可按负荷分配情况分为带集中负荷的一级放射式和带分区集中负荷的两级放射式系统。

低压放射式接线的特点是其引出线发生故障时互不影响，供电可靠性较高。但在一般情况下，其有色金属消耗及采用的开关设备较多。低压放射式接线多用于容量较大的设备或对供电可靠性要求较高的设备配电。

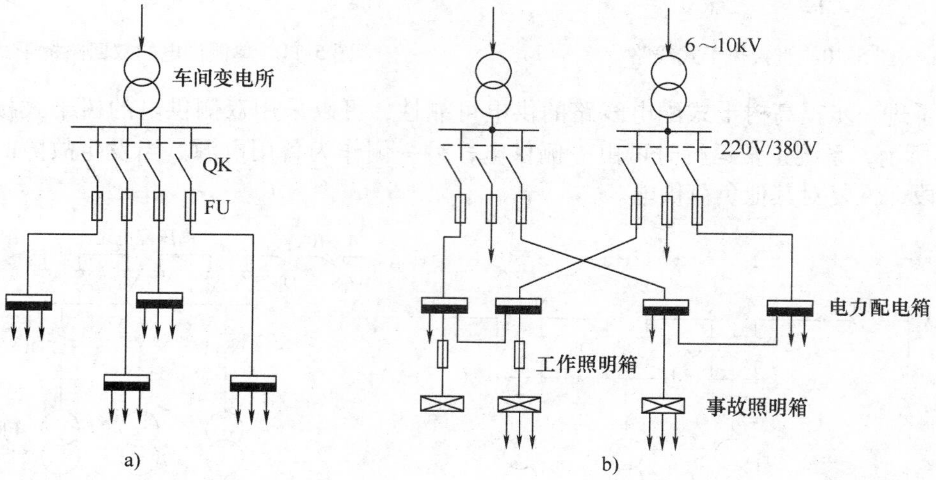

图5-15 低压放射式供电系统
a）一级放射式 b）两级放射式

2. 低压树干式供电系统

低压树干式供电系统与放射式系统刚好相反，一般情况下，它采用的开关设备较少，有色金属消耗也较少，但当干线发生故障时，停电范围较大，供电可靠性差。低压树干式系统接线常有三种：低压母线配电的树干式、变压器-干线组的树干式和低压链式。

（1）低压母线配电的树干式

这种接线如图5-16所示，该接线在机械加工车间、机修车间和工具车间中应用比较普遍。它灵活方便，也相当安全，很适于供电给容量较小而分布比较均匀的一些用电设备，如机床、小型加热炉等。

（2）低压“变压器-干线组”的树干式

这种接线如图5-17所示，该接线省去了变电所低压侧整套低压配电装置，从而使变电所结构大为简化，投资也大大降低。

（3）低压链式

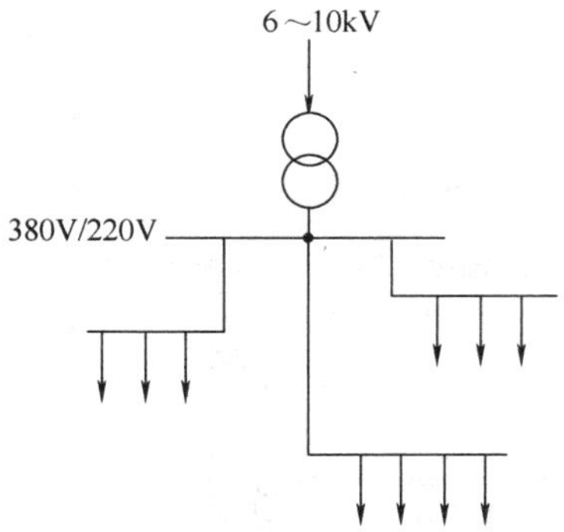

图 5-16　低压母线配电的树干式接线

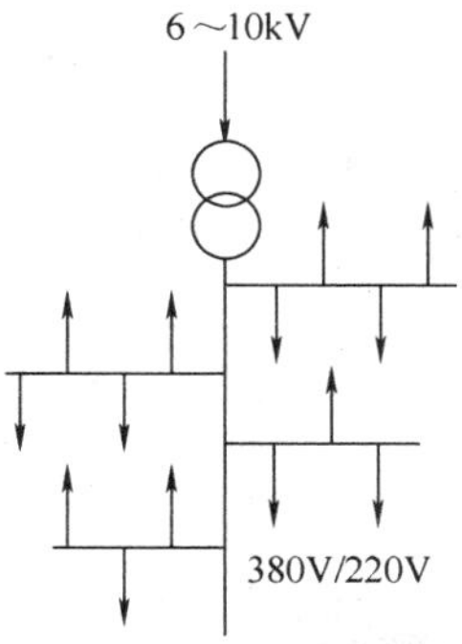

图 5-17　低压“变压器-干线组”的树干式接线

图 5-18 所示为链式接线，链式接线是树干式的一种变形，其特点与树干式相同，适用于用电设备彼此相距很近而容量均较小的次要用电设备。链式相连的用电设备一般不宜超过 5 台，链式相连的配电箱不宜超过 3 台，且总容量不宜超过 10kW。

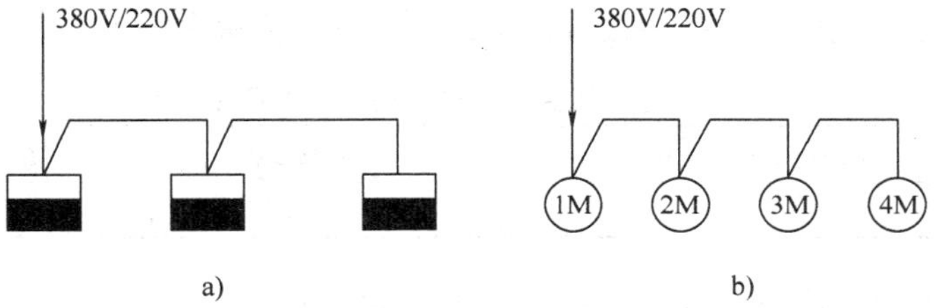

图 5-18　低压链式接线
a）配电箱链式接线　b）用电设备链式接线

3. 低压环式供电系统

工厂车间变电所的低压侧，可通过低压联络线相互连接成环形，如图 5-19 所示。低压环形接线供电可靠性较高。任一段线路发生故障或检修时，都不致造成供电中断，或者只是短时停电，一旦切换电源的操作完成，就能恢复供电。

环形接线可使电能损耗和电压损耗减少，但是其保护装置及其整定配合比较复杂，如果配合不当，容易发生误动作，反而扩大故障停电范围。实际上，低压环形线路也多采用开环运行方式。

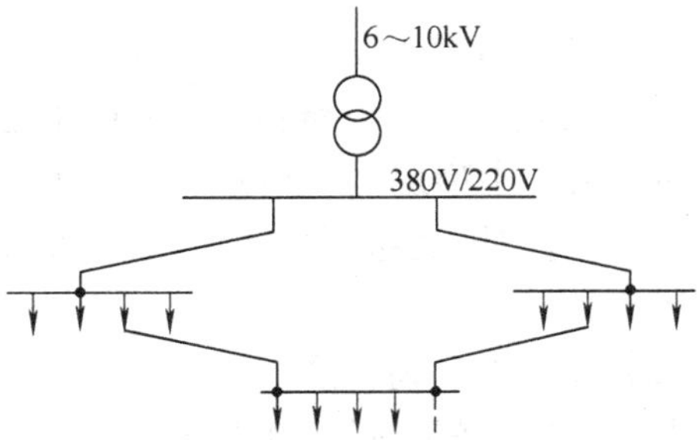

图 5-19　低压环形接线

在工厂的低压配电系统中，也往往是采用几种接线方式的组合，如图 5-20 所示。不过在环境正常的车间或建筑内，当大部分用电设备不很大又无特殊要求时，宜采用树干式配电。这主要是由于树干式配电比放射式经济，实践证明，低压树干式配电在一般正常情况下能够满足生产要求。

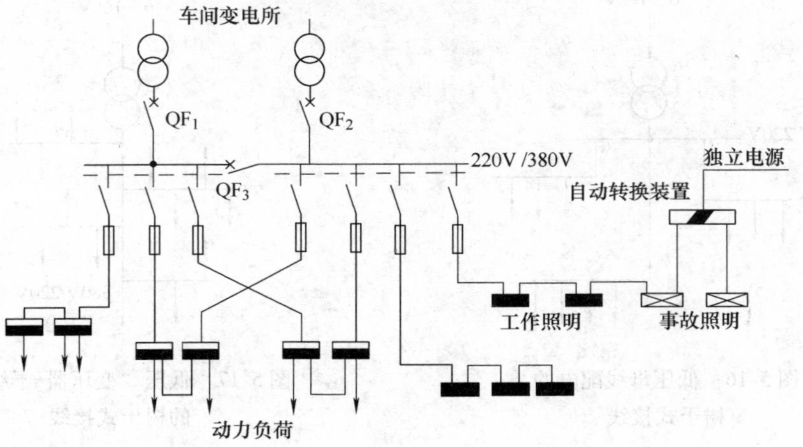

图 5-20　低压混合式供电系统

【任务实施】

1. 认识总降压变电所的电气主接线，将其应用范围填写在表 5-1 中。

表 5-1　总降压变电所电气主接线的适用范围

接线方式	线路—变压器组接线	桥式接线	单母线分段制接线
应用范围			

2. 在表 5-2 中填写高压配电线路电气主接线的特点。

表 5-2　高压配电线路电气主接线的特点

接线方式	放射式	树干式	环形
特点			

【拓展阅读】

1. 分析和评估主接线可靠性时应该考虑的问题

(1) 发电厂与变电所在系统中的地位和作用

对于大、中型发电厂和变电所，在电力系统中的地位非常重要，其电气主接线应具有很高的可靠性。对于小型发电厂和变电所就没有必要过分地追求过高的可靠性而选择复杂的主接线形式。

(2) 用户的负荷性质

电力用户负荷按照其对供电可靠性的要求分为三个等级，即Ⅰ、Ⅱ、Ⅲ类负荷。

Ⅰ类负荷：对这类负荷突然中断供电，将造成人身伤亡的危险，或造成重大设备损坏，给国民经济带来重大的损失。

Ⅱ类负荷：对这类负荷突然中断供电将造成生产设备局部破坏，或造成生产流程紊乱且难以恢复，或出现大量废品和减产，因而在经济上造成一定损失。

Ⅲ类负荷：Ⅰ类和Ⅱ类负荷之外的其他负荷。

对Ⅰ类负荷供电的要求是：任何时候都不允许停电。对Ⅰ类用户通常应设置两路以上相互独立的电源供电，其中每一路电源的容量均应保证在此电源单独供电的情况下就能满足用户的用电要求，确保当任何一路电源发生故障或检修时，都不会中断对用户的供电。

对Ⅱ类负荷供电的要求是：必要时仅允许短时间停电。对Ⅱ类用户应设置专用供电线路，条件许可时也可采用双回路供电，并在电力供应出现不足时优先保证其电力供应。

Ⅲ类负荷对供电没有特殊的要求，可以较长时间停电。

当系统发生事故，出现供电不足的情况时，应首先切除Ⅲ类用户的用电负荷，以保证Ⅰ、Ⅱ类用户的用电。由此可见，对于带Ⅰ、Ⅱ类负荷的发电厂与变电所应该选择可靠性较高的主接线形式。

（3）设备的可靠性

电气主接线是由电气设备组成的，选择可靠性高、性能先进的电气设备是保证主接线可靠性的基础。

（4）运行实践

应重视国内外长期积累的运行实践经验，优先选用经过长期实践考验的主接线形式。

2. 定性分析和衡量主接线可靠性的评判标准

（1）可靠性

1）断路器检修时，能否不影响供电。

2）母线（或断路器）故障以及母线或母线隔离开关检修时，停运的回路数的多少和停电时间的长短，能否保证对Ⅰ类负荷和大部分Ⅱ类负荷的供电。

3）发电厂、变电所全部停运的可能性。

4）大机组和超高压的电气主接线能否满足对可靠性的特殊要求。

（2）灵活性

电气主接线的灵活性是指能适应各种运行要求的接线方式，便于检修，切换操作简便，又能适应负荷的发展，有扩充、改建的可能。具体体现为

1）调度灵活。能按照调度的要求，方便而灵活地投切机组、变压器和线路，调配电源和负荷，以满足在正常、事故、检修等运行方式下的切换操作要求。

2）检修安全、方便。可以方便地停运断路器、母线及其二次设备进行检修，而不致影响电网的运行和对其他用户的供电。应尽可能地使操作步骤少，便于运行人员掌握，不易发生误操作。

3）扩建方便。能根据扩建的要求，方便地从初期接线过渡到远景接线。在不影响连续供电或停电时间最短的情况下，投入新机组、变压器、线路且不互相干扰时，一次设备和二次设备的改造费用最少。

（3）经济性

主接线应在满足可靠性和灵活性的前提下，做到以下几点。

1）节约投资。

① 主接线应力求简单清晰，节省断路器、隔离开关等一次电气设备。

② 要使相应的控制、保护不过于复杂，节省二次设备与控制电缆等。

③ 能限制短路电流，以便选择价廉电气设备和轻型电器等。

④ 一次设计，分期投资建设、投产。

2）占地面积小。

主接线的形式影响配电装置的布置和电气总平面的格局，主接线方案应尽量节约配电装置占地和节省构架、导线、绝缘子及安装费用。在运输条件许可的地方，应采用三相变压器而不用三台单相变压器组。

3）年运行费用小。

年运行费用包括电能损耗费、折旧费及大修费、日常小修的维护费等。电能损耗主要由变压器引起，因此要合理选择主变压器的形式、容量和台数及避免两次变压而增加损耗。

任务5.2　电气主接线方案的确定

【任务引入】

电气主接线的确定，主要取决于电站（变电所）容量、单机容量、用户的性质和引出线的数目，以及在电力系统中的地位、作用等因素。设计电气主接线时，要综合考虑各种因素，经过技术经济比较，确定最合理的方案。电气主接线选择的主要原则如下。

1）变配电所主接线要与变配电所在系统中的地位、作用相适应。即根据变电所在系统中的地位与作用确定对主接线的可靠性、灵活性和经济性的要求。

2）变电所主接线的选择应考虑电网安全与稳定运行的要求，还应满足电网出现故障时应急处理的要求。

3）各种配电装置接线的选择，要考虑该配电装置所在的变电所性质、电压等级、进出线回路数、采用的设备情况、供电负荷的重要性和本地区的运行等因素。

4）近期接线与远景接线相结合，方便接线的过渡。

5）在确定变电所电气主接线时，要进行技术经济比较。

【相关知识】

5.2.1　设计电气主接线

1. 电气主接线设计步骤

在设计发电厂、变电所主接线方案时，为了正确地选择电气主接线，必须对其做技术经济比较。一般需根据水电站的参数和系统提供的有关数据，初步拟出几种技术上可行的方案，再在此基础上进行经济的比较。

拟定的具体步骤如下。

1）根据发电厂、变电所和电网的具体情况，初步拟出若干种技术可行的接线方案，相应地在电网的地理接线图和电气主接线图上表示出接入点、出线回路数和出线电压等级等。

2）对主变压器进行选择。包括台数、运行方式、容量、形式及参数等。

3）拟定发电机电压侧（或低压侧）和升压侧（或高压侧）的基本接线形式。

4）选择厂（所）用电和近区用电的引接方式。包括接入点、电压等级、供电方式等。

5）对上述各部分方案进行合理组合，拟出若干个技术合理的主接线方案，以不遗漏最优方案为原则。再按照主接线的基本要求，结合发电厂（变电所）和电网的实际情况进行技术分析比较，从中选出 2 ~3 个较优方案。

6）对上述几种方案进行经济比较，最后确定最优方案作为最终的主接线方案。

2. 选择主变压器

主变压器是发电厂和变电所中最主要的设备之一，它在电气设备的投资中所占比例较大，同时与之配套的电气装置的投资也与之密切相关。因此，对主变压器的台数、容量和形式的选择是至关重要的，它对发电厂、变电所的技术经济影响很大。同时，它也是主接线方案确定的基础。

（1）选择主变压器台数

变压器的运行可靠性高，发生故障的几率小，检修周期长，损耗低，所以在选择时一般不考虑主变压器的明备用。同时随着技术的进步，变压器的容量可以做得很大，由于单位容量的造价（元/kV · A）随单台容量的增加而下降，因此，减少变压器的台数，提高单台变压器容量可以降低变压器的本体投资。由于变压器的台数减少，与之配套的配电设备也随之减少，使配电装置结构简化，布置清晰，更为简单，占地面积少，运行检修维护工作量也将减少，从而可取得较好的技术经济效益。

主变压器台数的选择与发电厂（变电所）的接入方式、机组的台数、容量及基本接线方式密切相关，大体上要求主变压器应与其他环节的可靠性保持一致。

两台变压器联合运行的可靠性已相当高，可用于中小型水电站和变电所。其运行可以根据水电站在丰水期和枯水期的不同分为两台同时运行和一台运行一台备用的运行方式，运行方式灵活；此外，两台主变压器对工程分期过渡有利，特别对变电所来说，主变压器台数还要考虑中、远期负荷发展。一般主变压器采用两台分期投入的办法，避免主变压器在运行初期阶段的容量积压和资金积压以及长期处于低负荷和低效率下的运转，因此，在中小型水电站、变电所中，一般主变压器的台数取 1 ~2 台为宜。

在大中型发电厂中，为了保证运行的可靠性和灵活性，通常采用发电机-变压器单元接线或两台发电机——一台变压器的扩大单元接线，此类电厂的主变压器台数往往在 2 台及以上。

（2）选择主变压器容量

发电厂主变压器容量的选择应满足在正常运行有最大功率通过时而不过载的原则来选定，避免出现功率的“瓶颈现象”。同时，过大的容量不仅增加投资，还会加大有功和无功的损耗，增加运行费用，出现“大马拉小车”的现象。由于变压器有较高的可靠性，一般情况下不考虑主变压器的事故备用容量。

主变压器容量的确定可按以下方法选择。

1）发电机—变压器单元接线中，主变压器的容量应与所接的发电机的容量配套；扩大单元接线的变压器容量应不小于扩大单元中发电机总的视在功率。

2）接于发电机汇流主母线上的一台主变压器，其容量应为该母线上发电机的总容量扣除接在该母线上的近区负荷的最小值。

3）接于发电机汇流主母线上的两台并联运行的主变压器，其总容量也按上述原则选择。由于并联运行的变压器的功率分配与变比、短路阻抗有关。因此，两主变压器应尽量采用同型号、同容量，甚至相同厂家的同一批产品。

4）接于发电机汇流母线上的两台非并列运行的主变压器，一台与电网相连，另一台接负荷。则第一台主变压器的容量应为接于该母线的发电机总容量减去另一台主变压器与近区变压器的最小负荷之和。另一台主变压器容量则按所送最大的视在功率确定。

5）梯级联合开发的中心水电站，其主变压器容量应在考虑本站后再加上由其他梯级电站转送来的最大功率。

最后，实际选择的变压器容量是在上述原则选择的基础上取相近并稍大的标准值。

（3）选择主变压器形式

中小型水电站只有一个升高电压等级时，主变压器宜采用三相普通油浸式双绕组电力变压器，常规连接组别有 Yd11 或 YNd11。其产品的有关数据及项目可参照厂家或国家标准，如冷却方式、阻抗值、调压范围、绕组材料（铜或铝导体），但有些数据也可由用户提出，如额定电压、调压方式等，同时推荐使用低能耗节能型产品。

如电站有两个升高电压等级时，可优先考虑采用三绕组来实现高中低压侧的功率传递，以满足电网在不同功率运行状况下的潮流分布要求，提高供电的可靠性和灵活性，减少电能损耗。同时，采用一台三绕组变压器比采用两台双绕组变压器时可节约变压器本体及配套设备的投资费用，也简化了配电装置的布置，减少运行维护工作量。

目前我国生产的标准三相三绕组变压器三侧容量之比按高、中、低压侧有：100/100/100、100/100/50 和 100/50/100 三种。因此，当其中一侧的计算负荷过小（一般小于其额定容量的 15%）时，为避免变压器绕组容量的浪费，一般不采用三绕组变压器而采用两台双绕组变压器更为经济合理。

三绕组变压器的高压侧电压等级最低为 35kV。由于三绕组变压器三个绕组在铁心柱上的排列顺序不同，三个绕组之间的阻抗电压值也不同，可根据变压器的功率传递方向不同加以选择。水电站的升压变压器功率主要是低压侧往高、中压侧传递，因此常采用自铁心由内到外按中、低、高的绕组排列顺序；而作为变电所降压变压器功率主要是从高压侧向中、低压传递，因而常采用自铁心由内到外按高、中、低的绕组排列顺序。

自耦变压器的绕组容量小于变压器容量，与相同容量的普通变压器相比更省材，体积更小，价格更低，具有更好的经济性，运行损耗也小。但自耦变压器只能用于高、中压侧中性点均直接接地的电网，在 220kV 及以上的电网中广泛取代普通双绕组和三绕组变压器，具有较好的经济效益。

3. 电气主接线方案的技术比较

在电气主接线方案拟定时，对方案的选择比较从技术上应考虑如下几个问题。

1）保证系统运行的稳定性，不应在本厂发生故障时造成系统的瓦解。

2）保证供电的可靠性及电能质量，特别是对重要负荷的供电可靠性。

3）运行的安全和灵活性。包括调度灵活、检修操作安全方便，设备停运或检修时影响范围小。

4）自动化程度。

5）电器设备制造水平、质量和新技术的应用。

6）扩建容易等。

对于中小型发电厂、变电所来说，还要考虑继电保护及二次接线的复杂性等。为此，必须认真地分析系统及负荷资料，根据发电厂、变电所在系统中的地位和作用、电压等级的高低、容量的大小、穿越功率的大小和负荷的性质等方面来进行分析论证。

为了简化接线和电气布置，中小型水电站应优先选用 1 ~2 级输出电压和较少的出线的接线方式；主变压器一般不超过两台为宜。当出线输出电压为 2 级时，可优先考虑采用三绕组变压器或再加设一台双绕组变压器。而对重要的变电所来说，可以采用两台三绕组变压器并联运行。

升压侧接线形式的选择主要视出线回路数、主变台数以及是否有穿越功率而定。中小型水电站容量小、机组台数少、电压等级低且出线回路数也少，宜采用单元接线、桥形接线、单母线接线或带旁路接线等；大型发电厂、变电所由于容量大、电压等级高且多级、出线回路数也较多，宜采用供电可靠性高、运行灵活的单母线带旁路、双母线或双母线带旁路，3/2接线等。

发电机电压侧接线方式应根据机组和主变压器台数、容量、有无重要的近区负荷以及工程分期投入的情况而定。中小型水电站一般采用单元接线、单母线接线或分段；大型发电厂由于机组容量大，考虑到供电可靠性、发电机电压侧接线设备的容量、复杂性以及大型变压器的制造、运输等问题，一般采用单元接线。

5.2.2 典型电气主接线方案

例 5-1 某水电站装机 3×3.2MW，机端电压为 6.3kV，拟采用两回 35kV 出线，分别与地区变电所及一小型水电站相连，并转送该小型水电站的功率。电站年利用小时数较高，带有近区负荷最大为 2MV · A，最小为 1MV · A。

分析：根据原始资料，可采用以下两种可行的方案，如图 5-21 所示。

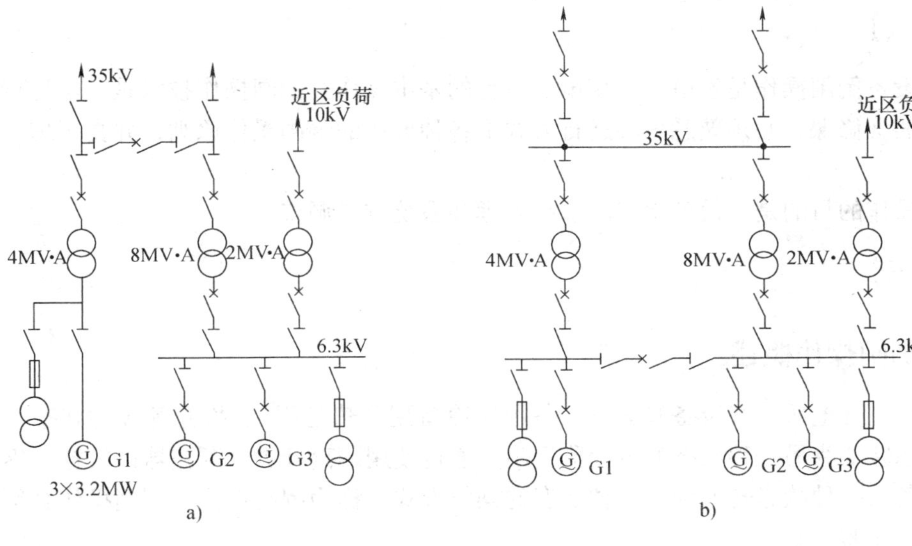

图 5-21 例 5-1 的电气主接线方案
a）方案 1 电气主接线 b）方案 2 电气主接线

方案 1：采用两台主变压器，一台与其中的 G1 机组接成发电机—变压器单元接线；另一台主变压器与 G2、G3 两台机组接成扩大单元接线，主变压器容量分别是 4MV · A 和 8MV · A，如图 5-21a 所示接线。因两回 35kV 出线有穿越功率，故采用外桥接线；近区负荷采用 10kV 供电，设一台 2MV · A 近区变压器供电，10kV 与 6.3kV 机端直配线供电相比，具有明显的优越性：

① 提高供电可靠性，减少输电线路的损耗。

② 对发电机过电压保护更为有利。两台厂用变压器（厂变）分别接在单元接线 G1 的电压分支线和 G2、G3 机端母线上。

方案 2：采用两台主变压器，机端采用单母线分段接线，正常运行时不并联，分段运行；35kV 高压侧采用单母线接线；近区负荷仍采用 10kV 供电，如图 5-21b 所示。

方案比较：两种方案相比，它们都能满足可靠性要求，在技术上是相当的。方案 1 中，高压侧桥形接线比单母线接线节省了一台断路器，同时机端接线所用的断路器数量也比方案 2少用三台。所以，方案 1 在经济上有明显的优越性，选取方案 1 更为合适。

【任务实施】

学生结合实际情况自由选题进行变电所电气主接线的供配电设计，由任课教师指导。

任务实施的步骤：

1）选题。

2）变电所电气主接线供配电的设计并提交设计报告。

3）答辩。

任务 5.3 电气设备的倒闸操作

【任务引入】

电气设备倒闸操作是发电厂、变电所运行的基本操作。倒闸操作技术是变电运行和电力调度人员的必修课，必须熟悉各种运行方式下各种设备的倒闸操作原则，并真正理解其中的含义。

倒闸操作的目的是：设备检修、事故处理和系统方式调整。

【相关知识】

5.3.1 倒闸操作概述

发电厂、变电所电气设备有运行、备用（冷备用及热备用）、检修等多种状态，将设备由一种状态转变为另一种状态的过程称倒闸。通过使用隔离开关、断路器以及挂、拆接地线将电气设备从一种状态转换为另一种状态的操作方式，称为倒闸操作。倒闸操作必须执行操作票制和工作监护制。

1. 电气设备的状态

运行中的电气设备，是指全部带有电压或一部分带有电压以及一经操作即带有电压的电气设备。所谓一经操作即带有电压的电气设备，是指现场停用或备用的电气设备，它们的电气连接部分和带电部分之间只用断路器或隔离开关断开，并无拆除部分，一经合闸即带有电压。因此，运行中的电气设备具体指的是现场运行、备用和停用的设备。如电气设备某一部分已从电气连接部分拆下，并已拆离原来的安装位置而远离带电部分，则就不属于运行中的电气设备。现场中全部带有电压的设备即处于运行状态，而其中一部分带有电压或一经操作才带有电压的设备是处于备用状态或停用状态，以及检修状态。

因此，电气设备的状态包括运行、热备用、冷备用和检修四种状态。

（1）运行状态

电气设备的运行状态是指断路器及隔离开关都在合闸位置，电路处于接通状态（包括变压器、避雷器、辅助设备如仪表等）。

（2）热备用状态

电气设备的热备用状态是指断路器在断开位置，而隔离开关仍在合闸位置，其特点是断路器一经操作即可接通电源。

（3）冷备用状态

电气设备的冷备用状态是指设备的断路器及隔离开关均在断开位置。其显著特点是该设备（如断路器）与其他带电部分之间有明显的断开点。其分析如下。

1）断路器冷备用。这时接在断路器上的电压互感器及所用变压器的高低压熔断器应取下，高压侧隔离开关应拉开，如高压侧无法断开，则应拉开低压侧隔离开关。线路上的电压互感器、所用变压器、高压隔离开关不拉开和低压熔断器不取下。

2）线路冷备用。此时接在线路上的电压互感器、所用变压器高低压熔断器一律取下，高压侧隔离开关应拉开，如高压侧无法断开，则应断开低压侧。

3）电压互感器与避雷器的冷备用。当其与高压隔离开关及低压熔断器隔离后，即处于冷备用状态，无高压隔离开关的电压互感器当低压侧熔断器取下后即处于冷备用状态。

（4）检修状态

电气设备的检修状态是指设备的断路器和隔离开关均已断开，并采取了必要的安全措施。如检修设备（如断路器）两侧均装设了保护接地线（或合上了接地隔离开关），安装了临时遮栏，并悬挂了工作标示牌，该设备即处于检修状态。装设临时遮栏的目的是将工作场所与带电设备区域相隔离，限制工作人员的活动范围，以防在工作中因疏忽而误碰高压带电部分。其分析如下。

1）断路器检修。断路器检修是指设备的断路器与其两侧隔离开关均拉开，断路器的操作熔断器及合闸电源熔断器均已取下，在断路器两侧装设了保护接地线或合上接地隔离开关，并做好安全措施。检修的断路器若与两侧隔离开关之间接有电压互感器（或变压器），则该电压互感器的隔离开关应拉开或取下高低压熔丝，高压侧无法断开时则取下低压熔丝，如有母联差动保护，则母联差动电流互感器回路拆开并短路接地。

2）线路检修。其指线路断路器及其两侧隔离开关拉开，并在线路出线端挂好接地线（或合上线路接地隔离开关）。如有线路电压互感器（或变压器），应将其隔离开关拉开或取下高低压熔断器。

3）主变压器检修。挂接地线或合上接地隔离开关的地点应分别在断路器两侧或变压器各侧。

4）母线检修。该母线从冷备用转为检修，即在冷备用母线上挂好接地线（或合上母线接地隔离开关）。

① 母线由检修转为冷备用，是指拆除该母线的接地线（或拉开母线接地隔离开关），应包括母线电压互感器转为冷备用。

② 母线从冷备用转为运行，是指有任一路电源断路器处于热备用状态，一经合闸，该母线即可带电，包括母线电压互感器转为运行状态。

凡不符合上述状态的操作，调度员在发布操作命令时必须明确提出要求，以便正确执行倒闸操作。

2. 倒闸操作任务

（1）电气设备倒闸操作任务

1）设备的四种运行状态的互换，例如设备停送电、备用转检修等。

2）改变一次回路运行方式，如“倒母线”、改变母线的运行方式、并列与解列、并环与解环、改变中性点接地状态、调整变压器分接头等。

3）继电保护和自动装置的投入、退出和改变定值。

4）接地线的装设和拆除、接地开关的拉合。

5）事故或异常处理。

6）其他操作，如冷却器起停、蓄电池充放电等。

（2）变电所内的倒闸操作任务

1）本所设备停电维修、试验。

2）线路（或用户）停电维修、试验。

3）相邻变电所的设备停电维修、试验。

4）调整负荷（如限电拉闸等）。

5）为经济运行或可靠运行而进行运行方式的调整。

6）事故或异常的处理。

7）新设备投入系统运行。

（3）配电网设备倒闸操作任务

1）配电变压器停电、送电。

2）网络并解环。

3）分支线路停电、送电。

4）箱式变压器停电、送电。

5）电缆高压分接箱停电、送电。

3. 电气设备倒闸操作的基本要求及注意事项

（1）电气设备倒闸操作的基本要求

1）操作中不得造成事故。

2）尽量不影响或少影响对用户的供电。

3）尽量不影响或少影响系统的正常运行。

4）万一发生事故，影响的范围应尽量小。

电气值班人员（包括调度员或变电所值班人员）在倒闸操作中，应严格遵循上述要求，正确地实现电气设备运行状态或运行方式的转变，保证系统安全、稳定、经济地连续运行。

（2）电气设备倒闸操作的注意事项

1）同有关方面的联系。电力系统是一个整体，局部改变必然要影响整个电厂（变电所）或系统。因而任何倒闸操作必须按照领导人员（系统值班调度员、发电厂值长等）命令或得到同意后才能进行。属调度管辖电气设备，由调度发令给值班值长，由值长进一步布置操作；不属于调度管辖设备，由现场领导人（值长、班长）发令给值班人员操作。

2）紧急情况下的处理。在紧急情况下，如火灾、人身设备事故、自然灾害等，或者情况紧急而又与上级失去通信联系时，值班人员可以不经上级批准，先行操作，事后向上级汇报。

3）一切倒闸操作不得在交接班时进行。倒闸操作最好在最小负荷时进行，除非在急需和事故情况下，不宜在最大负荷时进行，因为此时如出现事故对电网及用户的影响最大。

4）操作负责人必须是当值人员，在特殊情况下，可由非当值人员在详细了解情况后，在当值值长领导下担任。

4. 电气设备倒闸操作的原则

1）操作隔离开关时，断路器必须先断开。

2）设备送电前必须将有关继电保护设备投入，没有继电保护或不能自动跳闸的断路器不准送电。

3）高压断路器不允许带电压手动合闸，运行中的小车开关不允许打开机械闭锁手动分闸。

4）在操作过程中，发现误合隔离开关时，不允许将误合的隔离开关再拉开。发现误拉隔离开关时，不允许将误拉的隔离开关再合上。

5. 必须填入操作票的项目

1）应拉合的设备断路器（开关）、隔离开关（刀开关）、接地开关等，验电，装拆接地线，安装或拆除控制回路或电压互感器回路的熔断器，切换保护回路和自动化装置及检验是否确无电压等。

2）拉合设备断路器（开关）、隔离开关（刀开关）、接地开关等后检查设备的位置。

3）进行停、送电操作时，在拉、合隔离开关（刀开关）、手车式开关拉出、推入前，检查断路器（开关）确在分闸位置。

4）在进行倒负荷或解、并列操作前后，检查相关电源运行及负荷分配情况。

5）设备检修后合闸送电前，检查送电范围内接地开关已拉开，接地线已拆除。

5.3.2 倒闸操作的措施

1. 倒闸操作的组织措施

组织措施是指电气运行人员必须树立高度的责任感和牢固的安全思想，认真执行操作票制度、工作票制度、工作许可制度、工作监护制度以及工作间断、转移和终结制度等。在执行倒闸操作任务时，注意力必须集中，严格遵守操作规定，以免发生错误操作。

2. 倒闸操作的技术措施

技术措施就是采用防误操作装置，即达到五防的要求：防止误拉合断路器，防止带负荷拉合隔离开关，防止带地线合闸，防止带电挂接地线，防止误入带电间隔。常用的防误操作装置主要有以下几种。

（1）机械闭锁

机械闭锁是靠机械结构制约而达到预定目的的一种闭锁，即当一元件操作后另一元件就不能操作。

（2）电磁闭锁

它是利用断路器、隔离开关、设备网门等设备的辅助触头，接通或断开隔离开关、网门电磁锁的电源，从而达到闭锁目的的装置。

（3）电气闭锁

它是利用断路器、隔离开关的辅助触头接通或断开电气操作电源而达到闭锁目的的一种装置，普遍用于电动隔离开关和电动接地开关上。

（4）红绿牌闭锁

这种闭锁方式用在控制开关上，利用控制开关的分合两种位置和红、绿牌配合，进行定位闭锁，达到防止误拉、合断路器的目的。

（5）微机防误操作装置

微机防误操作装置又称计算机模拟盘，是专门为电力系统防止电气误操作事故而设计的，它由计算机模拟盘、计算机钥匙、电编码开锁、机械编码锁等部分组成。可以检验及打印操作票，同时能对所有的一次设备强制闭锁。具有功能强、使用方便、安全简单、维护方便等优点。该装置以计算机模拟盘为核心设备，在主机内预先储存了所有设备的操作原则，模拟盘上所有的模拟元件都有一对触头与主机相连。当运行人员接通电源在模拟盘上预演、操作时，微机就根据预先储存好的规则对每一项操作进行判断，如操作正确就发出正确的操作信号；如操作失误，则通过显示器闪烁显示错误操作项的设备编号，并发出持续的报警声，直至将错误项复位为止。预演结束后，可通过打印机打印出操作票，通过模拟盘上的传输插座，还可以将正确的操作内容输入到计算机钥匙中，然后运行人员就可以拿着计算机钥匙到现场进行操作。操作时，运行人员根据计算机钥匙上显示的设备编号，将计算机钥匙插入相应的编码锁内，通过其探头检测操作的对象是否正确，若正确则闪烁显示被操作的设备编号，同时开放其闭锁回路或机构就可以进行倒闸操作了。操作结束后，计算机钥匙自动显示下一项操作内容。若走错位置则不能开锁，同时计算机钥匙发出持续的报警声以提醒操作人员，从而达到强制闭锁的目的。

3. 保证安全的技术措施

在全部停电或部分停电的电气设备上工作，必须完成下列措施。

（1）停电

将检修设备停电，必须把有关的电源完全断开，即断开断路器，打开两侧的隔离开关，形成明显的断开点，并锁住操作把手。

（2）验电

停电后，必须检验已停电设备有无电压，以防出现带电装设接地线或带电合接地开关等恶性事故。

（3）装设接地线

当验明设备确实已无电压后，应立即将检修设备接地并做三相短路。这样可以释放具有大电容的检修设备的残余电荷。消除残余电压；消除因线路平行、交叉等引起的感应电压或大气过电压造成的危害；且当设备突然来电时，能使继电保护装置迅速动作于跳闸，切除电源，消除危害。

对于可能送电至停电设备的各方面或可能产生感应过电压的停电设备，都要装设接地线，即做到对来电侧而言，始终保证工作人员在接地线的后侧。

装设时应先接接地端，后接导体端，其好处是在停电设备若还有剩余电荷或感应电荷时，因接地而将电荷放尽，不会危及人身安全；另外，万一因疏忽接错设备或出现意外突然来电时，因接地而使保护动作于跳闸，保护人身安全。同理，拆除接地线的顺序与装设接地线的顺序相反。

接地线必须用专用的线夹固定在导体上，严禁用缠绕的方法进行接地和短路。

（4）悬挂标示牌和装设遮栏

工作人员在验电和装设接地线后，应在一经合闸即可送电到工作地点的开关和刀开关的操作把手上，悬挂“禁止合闸，有人工作!”的标示牌，或在线路开关和刀开关的操作把手上悬挂“禁止合闸，线路有人工作!”的标示牌。标示牌的悬挂和拆除，应按调度员的命令执行。

部分停电的工作，应设临时遮栏，用于隔离带电设备，并限制工作人员的活动范围，防止在工作中接近高压带电部分。

在室内、外高压设备工作时，应根据情况设置遮栏或围栏。各种安全遮栏、标示牌和接地线等都是为了保证检修工作人员的人身安全和设备安全运行而做的安全措施，任何工作人员在工作中都不能随意移动和拆除。

4. 对操作人员的要求

（1）明确操作职责

只有值班长或当值正值才能够接受调度命令和担任倒闸操作中的监护人；当值副值无权接受调度命令，只能担任倒闸操作申的操作人，实习人员一般不介入操作中的实质性工作。操作中由正值监护、副值操作；实习人员担任操作时，应有两人监护，严禁单人操作。

操作人不能依赖监护人，应对操作内容充分了解，核实操作项目。倒闸操作时，不进行交接班，不做与操作无关的事；如遇事故发生，应沉着冷静，分析判断清楚，正确地处理事故。

（2）电气设备运行值班人员应具备的基本知识

1）必须熟悉本所一次设备，如本所一次接线方式，一次设备配备情况，一次设备的作用、结构、原理、性能、特点、操作方法、使用注意事项以及设备的位置、名称、编号等。

2）必须熟悉本所的二次设备，如本所的继电保护及自动装置的配备情况，各装置的作用、原理、特点、操作方法及使用注意事项等。

3）必须熟悉本所正常的运行方式及非正常运行方式，了解系统的有关运行方式。

4）必须熟悉有关规程和有关规定，如安全规程、现场运行维护规程、调度规程、倒闸操作制度等。

（3）熟悉调度知识

各级调度部门是各级电网运行的统一指挥中心，调度员和值班员在运行值班时，是上下级命令和被命令的关系，凡属相应调度部门所管辖的一、二次设备的起停，均应按调度命令执行，遇有怀疑，可提出质疑，如确属危及人身、设备安全，可拒绝执行。相互联系操作时，应报清所名，互通姓名、内容和时间，并使用调度术语和设备的调度编号命名。

电气设备的调度编号与命名，统一由各级调度部门确定，现场不许自行改动。编号命名的方法，各地可有一定差异，但有一定规律，使其简洁明确，便于记忆。

为了便于值班员与调度员联系工作明确、简要、省时、避免错误，应使用DL/T 961—2005《电网调度规范用语》，它对设备名称、设备运行状态，以及联系工作内容的某种含义所定义的一种技术语言，包括设备名称、调度术语、操作命令术语三大部分。

（4）充分了解当时的运行方式

应充分了解当时的运行方式，如一次回路的运行接线、电源和负荷的分布、继电保护和自动装置的投运情况，并与调度核对无误。

（5）细致核查操作的设备

操作人不能凭记忆操作，应仔细核对设备的编号、名称，无误后方可进行操作。现场一、二次设备应有醒目的标示，如命名、编号、铭牌、转动方向、切换位置指示，相别颜色、一次系统模拟图板、二次保护配置图等。

（6）严格执行调度操作命令

应有明确的调度命令、合格的操作票或经有关领导准许的操作才能执行操作。

（7）使用合格的安全用具

验电笔、绝缘棒、绝缘靴、绝缘手套等的试验日期和外观检查应合格；操作中使用的仪表如钳形电流表、万用表、兆欧表等应保证其正确性和安全性。用绝缘棒拉合隔离开关或经传动机构拉合隔离开关时，均应戴绝缘手套；雨天操作室外高压设备，绝缘棒应有防雨罩，还应穿绝缘靴，当发现变电所的接地电阻不符合要求时，晴天操作应穿绝缘靴。110kV 及以上无专用验电器时，可用绝缘杆试验带电体有无声音来判断。

（8）严格执行检修转运前的倒闸操作规定

检修转运倒闸操作前，必须收回并检查有关工作票，拆除安全措施，如拉开接地开关，拆除接地线及标示牌等；设备的调整试验数据应合格，并由工作负责人在有关记录簿上写入“可以投入运行”的结论，检查被操作设备是否处于正常位置。

5. 倒闸操作现场必须具备的条件

所有电气一次、二次设备必须标明编号和名称，字迹清楚、醒目，设备有传动方向指示、切换指示，以及区别相位的颜色；设备应达到防误要求，如不能达到，需经上级部门批准；控制室内要有和实际电路相符的电气一次模拟图和二次回路的原理图和展开图；要有合格的操作工具、安全用具和设施等；要有统一的、确切的调度术语、操作术语；值班人员必须经过安全教育、技术培训，熟悉业务和有关规章、规程规范制度，经评议、考试合格、主管领导批准、公布值班资格（正、副值）名单后方可承担一般操作和复杂操作，接受调度命令，进行实际操作或监护工作。

【任务实施】

1）倒闸操作及倒闸操作票的要求。

2）停电拉闸操作的步骤。

习　题

1. 内桥式主接线与外桥式主接线有何区别？它们各适用于什么场合？

2. 工厂高压电力线路的接线方式主要有哪几种？试分析其优缺点和应用范围。

3. 车间低压电力线路主要有哪几种接线方式？通常哪种方式应用最普遍？为什么？

4. 列表比较双电源单母线（不分段）、分段单母线（用隔离开关及断路器分段）及双母线（不分段）三种接线方式在一路电源发生故障、一段母线发生故障及双母线检修时引出馈电线的停电范围及恢复供配电时间的长短。

项目6　供配电系统的保护

【教学目标】

1. 掌握电压互感器和电流互感器的二次回路图。
2. 掌握蓄电池直流系统的工作原理、绝缘监察和电压监察的工作原理。
3. 掌握断路器和隔离开关二次控制电路的读图及控制原理。
4. 理解中央信号系统的读图及工作原理。
5. 掌握自动重合闸装置和备用电源自动投入装置的结构工作原理。
6. 会二次接线展开图、安装图的识图及绘制。

供配电系统的保护主要包括：电气二次接线、继电保护、备用电源自动投入装置、自动重合闸装置、防雷装置和接地装置，这些保护线路及装置将对电气主接线进行全面的保护和监测。

任务6.1　认识电气二次接线

【任务引入】

对一次设备的工作状态进行监视、测量、控制和保护的辅助电气设备称为二次设备。变电所的二次设备包括测量仪表、控制与信号回路、继电保护装置以及远动装置等。它们相互连接的电路称为二次接线或二次回路。

二次接线按照功能可分为操作电源回路、控制回路、合闸回路、信号回路、测量回路、保护回路以及重动装置回路等；按照电路类别分为直流回路、交流回路和电压回路。图6-1所示为供配电系统的二次接线功能示意图。

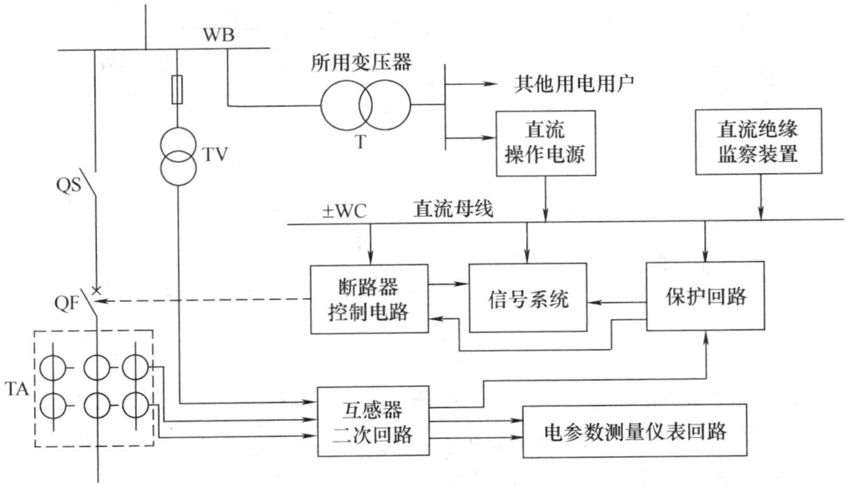

图6-1　供配电系统的二次接线功能示意图

【相关知识】

6.1.1 操作电源

操作电源是变电所中给各种控制、信号、保护、自动、远动装置等供配电的电源。操作电源主要有交流和直流两大类。直流操作电源主要有蓄电池直流电源和硅整流电源两种。对采用交流操作的断路器应采用交流操作电源。交流操作电源有电压互感器、电流互感器和所用变压器。操作电源供配电应十分可靠，它应保证在正常和故障情况下都不间断供配电。除一些小型变电所采用交流操作电源外，一般变电所均采用直流操作电源。

1. 蓄电池直流操作电源

蓄电池直流操作电源有铅酸蓄电池组和镉镍蓄电池组两种。铅酸蓄电池组由于投资大，寿命短，运行维护复杂，要求建筑面积大，在变电所中一般不采用。镉镍蓄电池组直流操作电源所有设备都装在屏上，该屏可与变电所控制屏、保护屏合并布置，不需设蓄电池室和充电机室。它与铅酸蓄电池组比较，具有维护方便、占地面积小、寿命长、放电倍率高、机械强度高、无腐蚀性、投资少等优点。所以，目前镉镍电池直流操作电源得到了广泛的应用。

2. 硅整流直流操作电源

硅整流直流操作电源在变电所应用较广，按断路器的操动机构的要求有电容器储能（电磁操作）和电动机储能（弹簧操作）等。这里主要介绍电容器储能硅整流直流操作电源，具有储能电容器的硅整流直流系统如图 6-2 所示。

硅整流装置的电源来自所用变电所低压母线，一般设一路电源进线，但为了保证直流操

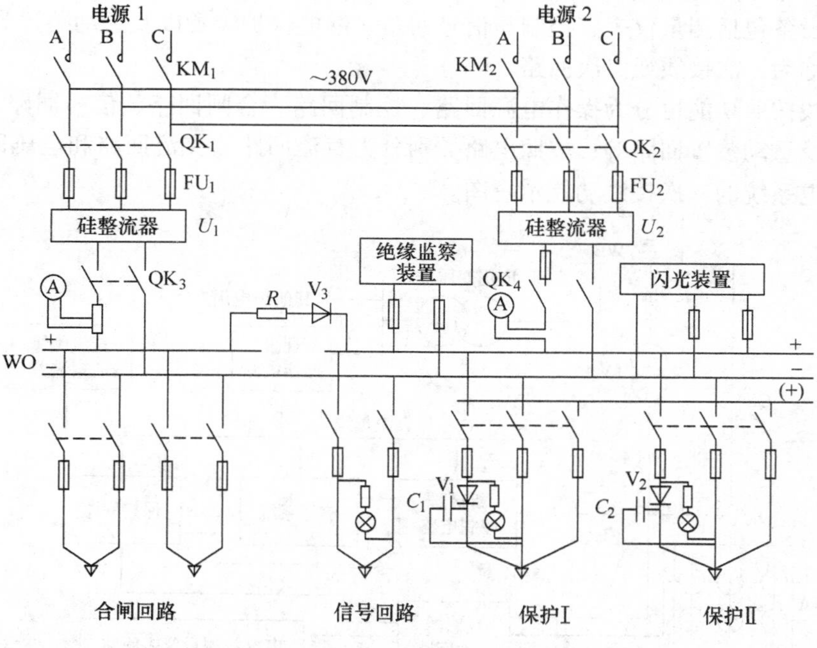

图 6-2 具有储能电容器的硅整流直流系统

WO—合闸小母线 WC—控制小母线 WF—闪光小母线 C_1、C_2—储能电容器

作电源的可靠性，可以采用两路电源和两台硅整流装置。整流装置 U_1 容量大（一般为三相桥式），用于合闸回路，作为断路器的合闸电源，也兼向控制和信号回路供配电。整流装置 U_2 容量较小（一般为单相桥式），只供给控制和信号回路电源。正常时两台硅整流装置同时工作，为了防止在合闸操作或合闸回路短路时，大电流使硅整流器 U_2 损坏，在合闸母线与控制母线之间装设了逆止二极管 V_3。电阻 R 用于限制控制回路短路时通过逆止二极管 V_3 的电流，起保护 V_3 的作用。限流电阻 R 的阻值不宜过小和过大，既保证在熔断器熔断前不烧坏 V_3，又不使在控制母线最大负荷时其上的压降超过额定电压的 15% 。一般 R 的阻值约为 5 ~10Ω，V_3 的额定电流不小于 20A。

在直流小母线上接有绝缘监察装置和闪光装置，绝缘监察装置采用电桥结构，用以监测正负小母线或直流回路的绝缘电阻。同时，还从直流操作电源母线上引出若干条线路，分别向各回路供配电，如合闸回路、信号回路、保护回路等。在保护供配电回路中，两组储能电容 C_1 和 R_2 所储能量用于在电力系统故障，直流系统电压下降时，向继电保护回路和断路器跳闸回路放电，C_2 给主变压器、电源进线保护和跳闸回路提供配电源。这样当 6(10)kV 配出线发生故障，保护装置拒绝动作时，C_2 所储能量可使上一级的后备保护动作。为了防止电容器向信号灯和其他回路放电，在电路中串入了逆止二极管 V_1 和 V_2，将电容器向直流母线的放电回路隔断。

3. 交流操作电源

交流操作电源是指直接用交流电作为操作和信号回路的电源。它不需要整流器和蓄电池，比较简单经济，便于维护，可加快变电所的建设安装速度。但交流继电器性能没有直流继电器完善，不能构成复杂的保护。因此，交流操作电源在小型变电所中应用较广泛，而对保护要求较高的变电所采用直流操作电源。

交流操作电源可有两种获得途径：一是取自厂用电变压器；二是当保护、控制、信号回路的容量不大时，交流操作电源可以取自电压互感器和电流互感器二次侧。

当交流操作电源取自电压互感器、电流互感器二次侧时，常在电压互感器二次侧安装一台 100V/200V 的隔离变压器，作为控制和信号回路中的交流操作电源。但应注意，只有在故障和不正常运行状态时母线电压无显著变化的情况下，保护装置的操作电源才可由电压互感器供给。对于短路保护装置的操作电源不能取自电压互感器，而应取自电流互感器，利用短路电流本身使断路器跳闸。

图 6-3 所示为采用直接动作式继电器的线路保护接线，它将断路器操动机构内的过电流脱扣器（跳闸线圈）YR 作为过电流继电器（起动元件），直接接入电流互感器回路，不需另外装设过电流继电器。由于正常运行时，流过 YR 的电流很小，因而 YR 不会动作。当线路发生故障时，流过 YR 的电流增大而超过 YR 的动作值，YR 动作，使断路器跳闸。

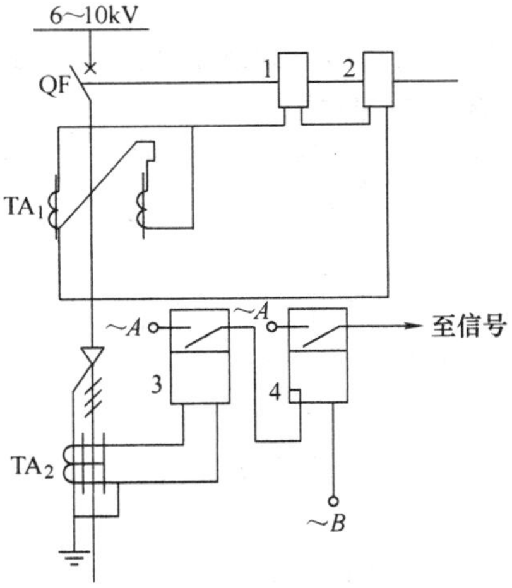

图 6-3 直接动作式继电器的线路保护接线图
1—直动式电流速断继电器
2—直动式反时限过电流继电器
3—电流继电器 4—信号继电器

6.1.2 高压断路器的控制与信号回路

高压断路器是变电所的主要开关设备，为了通、断电路和改变系统的运行方式，需要通过其操动机构对断路器进行分、合闸操作。控制断路器进行分、合闸的电气回路称为断路器的控制回路；反映断路器工作状态的电气回路称为断路器的信号回路。

高压断路器的控制方式可分为在断路器安装处就地控制和在变电所的控制室内远方集中控制两种方式。在小型工厂企业变电所中，断路器通常采用手动操动机构，此时断路器只能采用就地控制方式。在大、中型工厂企业变电所中，断路器多采用直流电磁操动机构，此时变电所中6(10)kV 配出线的断路器一般采用就地控制，35kV 及以上电压等级的断路器、6(10)kV 进线断路器和母线联络断路器采用远方集中控制。下面介绍采用直流电磁操动机构的断路器控制与信号回路。

1. 对断路器控制与信号回路的要求

高压断路器控制回路的直接控制对象是断路器的操动机构。操动机构主要有电磁操动机构（CD）、弹簧操动机构（CT）、液压操动机构（CY）等。

断路器的控制与信号回路应满足下列几项基本要求。

1）断路器除了能用控制开关进行分、合闸操作外，还应在继电保护与自动装置的作用下自动跳闸或合闸。

2）断路器的分、合闸操作完成后，应能立即自动断电，以防止断路器的跳、合闸线圈长时间通电而烧坏。

3）断路器操动机构中没有防止跳跃的“防跳”机械闭锁装置时，在控制回路中应有防止断路器多次出现跳、合闸现象的“防跳”电气闭锁装置。

4）信号回路应能正确指示断路器的合闸与分闸位置状态。

5）断路器自动跳闸或合闸后应有明显的信号指示。

6）能监视电源的工作状态及跳、合闸回路的完整性。

7）断路器事故跳闸回路，应按不对应原理接线。

2. 控制开关

控制开关是断路器控制与信号回路的主要控制元件，由运行人员操作使断路器合、跳闸，在变电所常用的是 LW2 型自动复位控制开关。

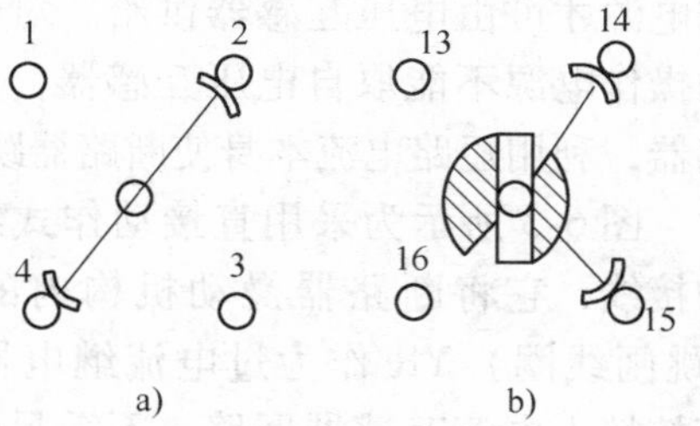

图 6-4 固定与自由行程触头示意图
a）固定触头 b）自由行程触头

LW2 型控制开关的手柄和面板安装在控制屏前面，与手柄固定连接的转轴上有数节触头盒，安装在控制屏的后面。触头盒的节数和形式可以根据控制回路的要求而进行组合。每个触头盒内有四个定触头和一个旋转的动触头，定触头分布在触头盒的四角，盒外有供接线的接线端子。动触头在触头盒的中央，有两种基本类型：一种是触头片固定在轴上，随着轴一起转动，如图 6-4a 所示。另一种是触头片与轴有一定角度的自由行程，如图 6-4b 所示，当手柄转动角度在其自由行程内时触头可保持在原来位置上不动，自由行程有 45°、90°和 135°三种。

3. 高压断路器控制与信号回路的工作原理

图6-5为具有灯光监视控制35kV主变压器断路器的控制与信号回路，它由断路器的跳、合闸控制回路，防止断路器多次跳、合闸的“防跳”闭锁回路，断路器的位置信号指示回路，启动事故音响回路，预告信号回路以及断路器合闸回路组成。

（1）断路器的手动跳、合闸操作

断路器的手动跳、合闸操作是通过LW2-Z型控制开关SA控制的，这种控制开关共有预备合闸（PC）、合闸（C）、合闸后（CD）、预备跳闸（PT）、跳闸（T）、跳闸后（TD）六个位置。旋转开关正面的操作手柄，可使开关置于不同的位置，完成预定的跳、合闸操作。LW2-Z型控制开关SA的触头图，如图6-6所示。

1）断路器的手动合闸操作。

设控制开关SA在“跳闸后（TD）”位置（其手柄在水平位置），断路器又处于分闸状态时，SA（⑩-⑪）接通，断路器辅助常开触头QF_4和QF_5断开，常闭触头QF_1和QF_2闭合，装于变压器控制开关柜和变压器控制屏上的绿色指示灯LD_1和LD_2发光。此时，指示灯发出平稳绿光，表示断路器处于分闸状态和断路器合闸回路完好。断路器合闸接触器KM_1虽然有电流通过，但由于指示灯LD_1的限流作用，使通过KM_1的电流较小不能吸合。

在合闸操作时，先将控制开关手柄顺时针旋转90°。置于“预备合闸（PC）”位置。此时控制开关SA（⑩-⑪）断开，SA（⑨-⑩）闭合，将LD_1和LD_2与闪光母线+WF接通，两个绿灯发出忽明忽暗的闪光，提醒操作人员确认操作是否正确。如果确认操作无误，再将开关手柄顺时针旋转45°置于“合闸（C）”位置。此时，SA（⑨-⑩）断开，SA（⑤-⑧）接通，合闸接触器KM_1通过SA（⑤-⑧）及防跳继电器与断路器的常闭触头TBJ_3和QF_1接在正、负控制母线上，使合闸接触器线圈电流增大而吸合，其常开触头$1KM_1$和$1KM_2$闭合，将合闸线圈YC与合闸母线接通，合闸线圈YC通电后，动作于操动机构，使断路器合闸。

断路器合闸后，其辅助常闭触头QF_1和QF_2断开，合闸接触器线圈KM_1断电，指示灯LD_2熄灭（LD_1在SA（⑤-⑧）接通时已熄灭）。此时将控制开关手柄松开，开关手柄在弹簧作用下自动逆时针旋转45°将开关置于“合闸后（C）”位置，控制开关触头SA（⑬-⑯）闭合。由于断路器的辅助常开触头QF_4闭合，使跳闸回路监视继电器KW有电吸合，其常开触头KW_1闭合，将红色指示灯HD_1和HD_2接在信号母线+WS和控制母线-WC之间，两灯发出平稳的红光，表明断路器已合闸，跳闸回路完好。

2）断路器的手动跳闸操作。

断路器的手动跳闸操作与合闸操作时的工作情况基本相似，只是在跳闸操作时，需将控制开关SA手柄逆时针旋转，首先将开关手柄从“合闸后（CD）”位置逆时针旋转90°至“预备跳闸（PT）”位置，这时HD_1和HD_2两个红色指示灯闪光，提醒确认操作是否正确；然后将开关手柄再逆时针旋转45°至“跳闸（T位）”位置，SA（⑥-⑦）闭合，断路器跳闸，红色指示灯熄灭；松开开关手柄后，开关自动顺时针旋转45°回到“跳闸后（TD）”位置，两绿灯亮表明断路器已跳闸。

（2）断路器的自动跳、合闸

1）断路器的自动跳闸。

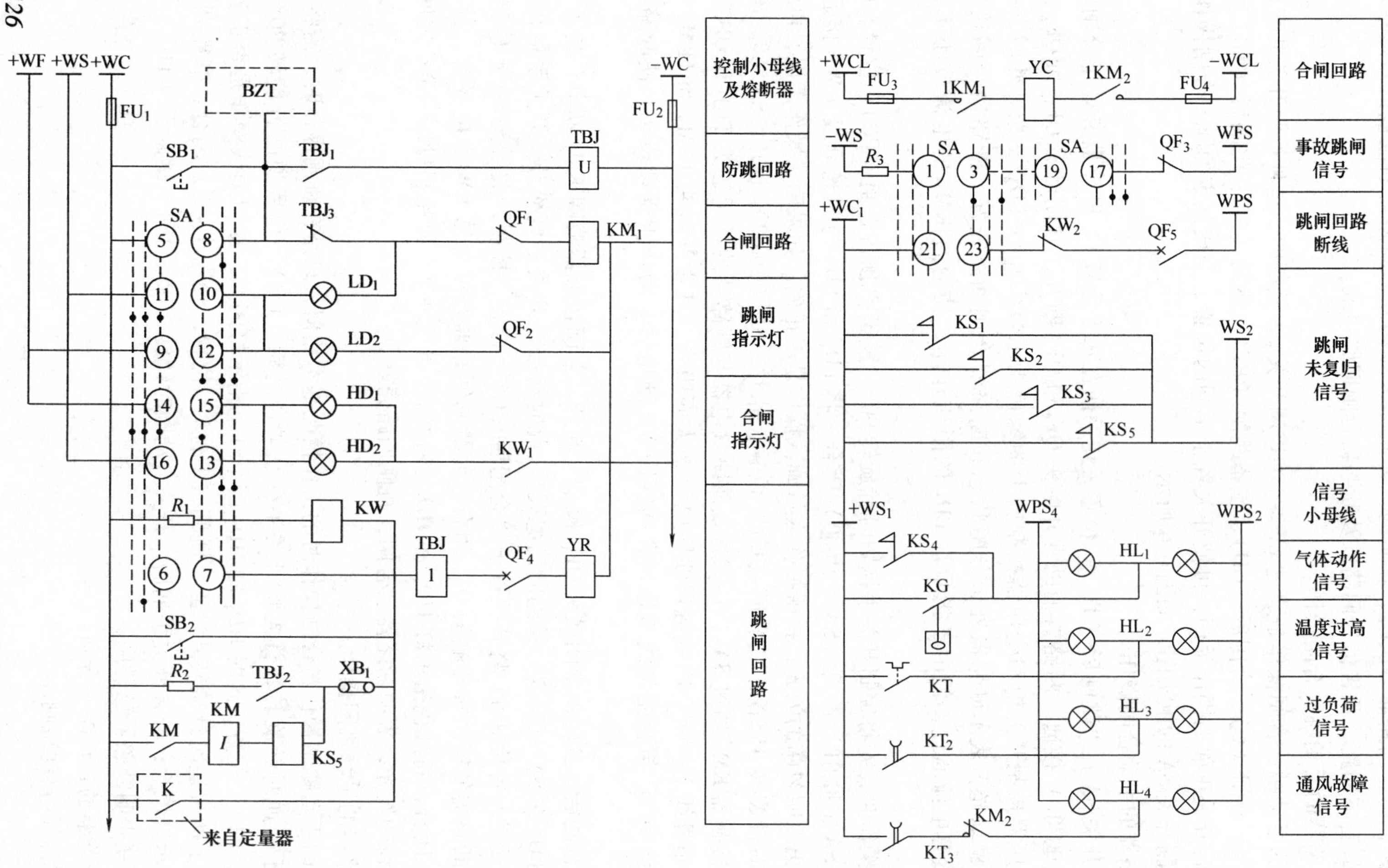

图 6-5　35kV 主变压器断路器的控制与信号回路

手柄和触头盒形式		F8	1a		4		6a			40			20			20/F8		
触头号			①-③	②-④	⑤-⑧	⑥-⑦	⑨-⑩	⑨-⑫	⑩-⑪	⑬-⑭	⑭-⑮	⑬-⑯	⑰-⑲	⑰-⑱	⑱-⑳	㉑-㉓	㉑-㉒	㉒-㉔
位置	跳闸后	←		×					×		×				×			×
	预备合闸	↑	×				×			×				×			×	
	合闸	↗			×			×				×	×			×		
	合闸后	↑	×				×					×	×			×		
	预备跳闸	←		×					×	×				×			×	
	跳闸	↙				×			×		×				×			×
注：“×”表示接通，空白表示断开。																		

图 6-6　LW2-Z-1a、4、6a、40、20、20/F8 型控制开关的触头图

当保护范围内发生故障时，保护装置动作使保护出口中间继电器 KM 动作，其位于跳闸线圈 YR 回路中的常开触头 KM 闭合，短接了电阻 R_1 和跳闸回路监视继电器 KW；YR 线圈电流经 KM 的常开触头、KM 的电流自保持线圈和信号继电器 KS_5 流通，YR 线圈电流增大，使断路器跳闸，红灯熄灭。

断路器事故跳闸后，必须发出事故信号，即蜂鸣器响、绿灯闪光与相应信号继电器掉牌。由于事故跳闸信号回路采用不对应接线，即断路器事故跳闸后控制开关仍在“合闸后”位置，断路器和控制开关的位置不对应。此时断路器的辅助常闭触头 QF_3 闭合，控制开关的触头 SA（⑨-⑩）、SA（①-③）和 SA（⑰-⑲）闭合，所以信号母线-WS 经电阻 R_3 与事故音响母线 WFS 接通。由于事故音响母线 WFS 引到了中央信号屏，故中央信号装置的事故音响信号启动，蜂鸣器鸣响。与此同时，绿色指示灯 LD_1 和 LD_2 被接于闪光母线 + WF 与控制母线-WC 之间而闪光。反应保护装置动作的信号继电器也已掉牌。

发出音响信号是告知发生了事故，闪光信号是告知哪一台断路器发生事故跳闸，信号继电器掉牌是告知故障跳闸的原因。

2）断路器的自动合闸。

断路器处于分闸状态，控制开关处于“跳闸后”位置时，如果备用电源自动投入装置 APD（BZT）动作，APD 装置串于合闸回路的继电器常开触头就会闭合，使合闸接触器 KM_1 经由该触头接于 APD 装置中的控制母线 + WC，其电流增大动作，合闸线圈 YC 有电，断路器合闸。由于控制开关仍在“跳闸后”位置，因此其触头 SA（⑭-⑮）和跳闸回路监视继电器的常开触头 KM_1 将红色指示灯接在闪光母线 WF 与控制母线-WC 之间，红灯闪光，发出断路器自动合闸信号。此时监视自投合闸的信号继电器掉牌，同时相应的光字牌发亮使中央信号装置发出预告音响信号（电铃响）。要停止指示灯闪光，只需将控制开关 SA 手柄转到与断路器的分、合闸状态对应的位置即可。

3）断路器的防跳跃闭锁。

图6-5中的TBJ为防跳闭锁继电器，防跳继电器TBJ有两个线圈，一个是电流启动线圈，串联在跳闸回路；另一个是电压自保持线圈，经自身的常开触头与合闸回路并联，其常闭触头则串入合闸回路。当断路器合闸于故障线路时，保护装置的出口继电器KM触头闭合，接通跳闸线圈YR回路使其电流增大，断路器跳闸。串在跳闸线圈YR回路中的防跳继电器TBJ的电流线圈也因电流增大而动作。TBJ动作后，串联在其电压线圈回路的常开触头TBJ1闭合，使其自保；常闭触头TBJ3则断开，使KM_1不能通电，避免了断路器再次合闸，防止了断路器“跳跃”现象的发生。只有将控制开关转回到“跳闸后”位置，断开防跳闭锁继电器电压线圈回路解除自保持，断路器合闸回路即可恢复正常。

6.1.3 中央信号装置

1. 中央信号装置概述

中央信号由事故信号和预告信号组成，相应的信号装置装在变电所主控制室内的中央信号屏上。当变电所任一配电装置的断路器事故跳闸时，启动事故信号；当出现不正常运行情况或操作电源故障时，启动预告信号。事故信号和预告信号都有音响和灯光两种信号装置，音响信号可唤起值班人员的注意。灯光信号有助于值班人员判断故障的性质和部位。为了从音响上区别事故信号和预告信号，事故信号用蜂鸣器，预告信号用电铃发出音响。

中央信号动作后，需将音响信号解除使其恢复到原来的状态，这种操作称为复归。中央信号装置的复归方法有就地复归和中央复归两种。就地复归是在发生故障的配电装置上将信号复归；中央复归是在中央信号屏上将信号复归。按照中央信号的动作性能不同，可分为重复动作与不重复动作两种。重复动作是指一个信号发出后，故障状态还未解除（音响信号已复归），如果又来一个信号，中央信号仍能发出；不重复动作是指信号发出后，故障状态未解除前，不能再发第二个信号。在大、中型企业变电所中，一般采用中央复归能重复动作的事故信号和预告信号装置。

2. 中央复归重复动作的事故信号装置

图6-7所示为中央复归能重复动作的事故音响信号装置的原理图，该信号装置采用信号冲击继电器KI，当通过它的电流突然增加时，它就动作，所以又称为信号脉冲继电器。它是使信号装置重复动作的核心元件，图6-7中点画线方框内的电路是ZC-23型冲击继电器的内部接线图。图中TA为脉冲变流器，KR是只有一个触头的干簧继电器，它为执行元件，KM是多触头的中间继电器，它为出口元件。

干簧继电器主要由线圈和干簧管组成。干簧管是一只密封的玻璃管，内装的舌簧触头具有弹性并有良好的导磁性能。当线圈通电后，舌簧触头被磁化，由于两舌簧片的磁极极性不同而相互吸引，使触头闭合；当线圈电流减小到一定值时，磁力减弱，舌簧片在弹力作用下返回，触头分断。

为了防止TA一次侧电流突然减小引起干簧继电器KR误动作，TA两侧并联了二极管V_1和V_2，将此时产生的感应电流过滤掉。并联于脉冲变流器TA一次侧的电容器C起抗干扰作用。

当QF_1、QF_2断路器合上时，其辅助常闭触头QF_1、QF_2均打开，各自对应回路的转换开关触头①-③、⑰-⑱均接通，当断路器QF_1事故跳闸后，辅助触头QF_1闭合，冲击继电器触头 KI（⑧-⑯）间的脉冲变压器一次绕组电流突增，在其二次侧绕组中产生感应电动势使干簧继电器 KR 动作，其常开触头 KR（①-⑨）闭合，使中间继电器 KM 动作，其常开触头 KM（⑦-⑮）闭合自锁，常开触头 KM（⑤-⑬）闭合，使蜂鸣器 HA 通电发出声响。同时，时间继电器 KT 动作，其常闭触头延时打开，使中间继电器 KM 失电，使声响解除。此时，另一台断路器 QF_2 又因事故跳闸时，同样会使 HA 发出声响，这样的装置就称为“重复动作”声响信号装置。

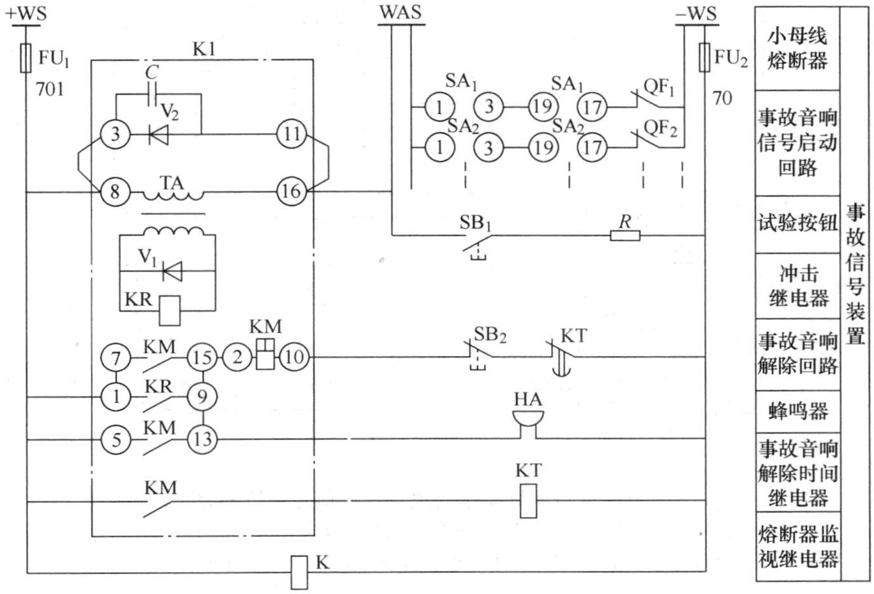

图 6-7　中央复归能重复动作的事故音响信号装置的原理图

3. 中央复归重复动作的预告音响信号装置

图 6-8 是使用 ZC-23 型冲击继电器 KI 的中央复归重复动作的预告音响信号回路的原理图，其电路结构与中央重复动作复归式的事故音响回路基本相似。转换开关 SA 有三个位置，中间位置为工作位置，左右（±45°）为试验位置。SA 在工作位置时，其触头 SA（⑬-⑭）、SA（⑮-⑯）导通，其他触头断开；在试验位置时正好相反，SA（⑬-⑭）、SA（⑮-⑯）不通，其他触头导通。当转换开关 SA 在工作位置时，若系统发生不正常工作状态，如过负荷动作，K_1 闭合，+WS 经 K_1、HL_1、SA（⑬-⑭）、KI 到-WS，使冲击继电器 KI 的脉冲变流器 TA 的一次绕组电流剧增，二次侧电流同步增大时干簧继电器 KR 线圈通电，其触头 KR（①-⑨）闭合，发出音响信号，同时光字牌 HL_1 亮。

为了检查光字牌中灯泡是否亮，而又不引起音响信号动作，将预告音响信号小母线分为 WFS_1 和 WFS_2。当 SA 在试验位置时，试验回路 +WS→⑫-⑪→⑨-⑩→⑧-⑦→WFS_2→HL（包含 HL_1 和 HL_2）→①-②→④-③→⑤-⑥→-WS，所有光字牌亮，如有不亮则更换灯泡。

预告信号音响部分的重复动作也是靠突然并入启动回路—电阻，使流过冲击继电器的电流发生突变来实现的，启动回路的电阻用光字牌中的灯泡替代。

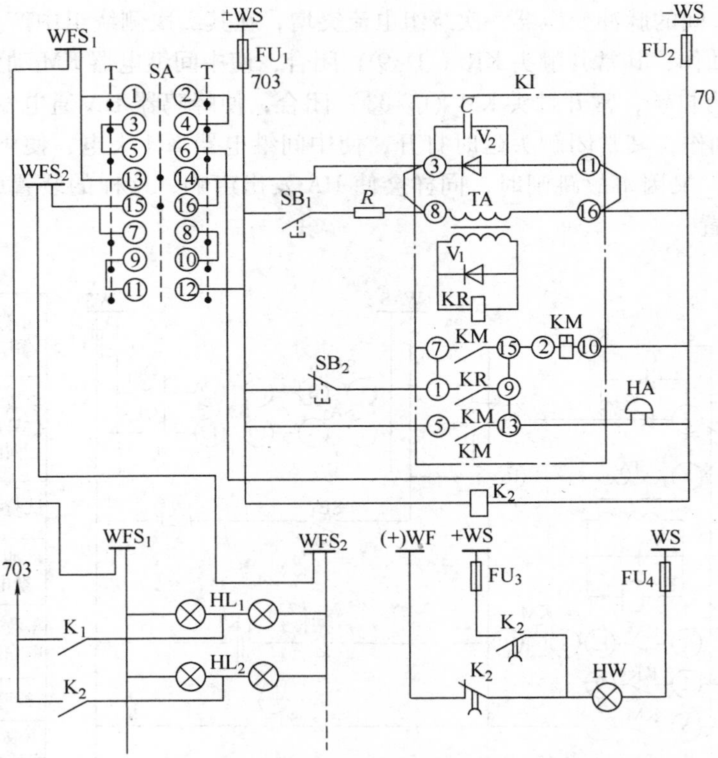

图 6-8　中央复归重复动作的预告音响信号装置的原理图

SA—转换开关　WFS_1、WFS_2—预告信号小母线　SB_1—试验按钮

SB_2—解除按钮　HL_1、HL_2—光字牌　HW—白色信号灯　KI—冲击继电器

6.1.4　二次回路的安装接线图

1. 二次回路的安装接线要求

1）按 GB 5071—2012《电气装置安装工程盘、柜及二次回路接线施工及验收规范》规定，二次回路的安装接线应符合下列要求。

① 按图施工，接线正确。

② 导线与电气元件间采用螺栓连接、插接、焊接或压接等，均应牢固可靠。

③ 盘、柜内的导线中间不应有接头，导线芯线应无损伤。

④ 多股导线与端子、设备连接应压终端附件。

⑤ 电缆芯线和所配导线的端部均应标明其回路编号，编号应正确，字迹应清楚，且不易脱色。

⑥ 配线应整齐、清晰、美观，导线绝缘应良好、无损伤。

⑦ 每个接线端子的每侧接线宜为一根，不得超过 2 根；对于插接式端子，不同截面的两根导线不得接在同一端子上；对于螺栓连接端子，当接两根导线时，中间应加平垫片。

⑧ 盘、柜内的二次回路配线：电流回路应采用电压不低于 500V 的铜芯绝缘导线，其截面积不应小于 2.5mm²；其他回路截面积不应小于 1.5mm²；对电子元件回路、弱电回路采用锡焊连接时，在满足载流量和电压降及有足够机械强度的情况下，可采用截面积不小于

0.5mm^2的铜芯绝缘导线。

2）用于连接盘、柜门上的电器及控制台板等可动部位的导线，还应符合下列要求。

① 应采用多股铜芯软导线，敷设长度应有适当裕度。

② 线束应有外套塑料缠绕管保护。

③ 与电器连接时，导线端部应压接终端附件。

④ 在可动部位两端的导线应用卡子固定牢固。

3）引入盘、柜门上的电缆及其芯线应符合下列要求。

① 电缆、导线不应有中间接头。必要时，接头应接触良好、牢固，不承受机械拉力，并应保证原有的绝缘水平；屏蔽电缆应保证其原有的屏蔽电气连接作用。

② 引入盘、柜的电缆应排列整齐，编号清晰，避免交叉，固定牢固，不得使所接的端子承受机械应力。

③ 铠装电缆在进入盘、柜后，应将钢带切断，切断处应扎紧，并应将钢带接地。

④ 屏蔽电缆的屏蔽层应接地良好。

⑤ 橡胶绝缘芯线应有外套绝缘管保护。

⑥ 盘、柜内的电缆芯线，接线应牢固，排列整齐，并应留有适当裕度；备用芯线应引至盘、柜顶部或线槽末端，并应标明备用标识，芯线导体不得外露。

⑦ 强电与弱电回路不能使用同一根电缆，并应分别成束分开排列。

⑧ 电缆芯线及其绝缘不应有损伤；单股芯线不应因弯曲半径过小而损坏其线芯及其绝缘；单股芯线弯圈接线时，其弯线方向应与螺栓紧固方向一致；多股软线与端子连接时，应压接相应规格的终端附件。

二次回路接线还应注意：在油污环境，二次回路应采用耐油的绝缘导线，如塑料绝缘导线。在日光直照环境中，橡胶或塑料绝缘导线均应采取保护措施，如穿金属管、蛇皮管保护。

2. 二次回路安装接线图的绘制要求与方法

二次回路安装接线图简称二次回路接线图，是用来表示成套装置或设备中二次回路的各元器件之间连接关系的一种简图。必须注意，这里的接线图与通常等同于电路图的接线图含义是不同的，其用途也有区别。

二次回路接线图主要用于二次回路的安装接线、线路检查维修和故障处理。在实际应用中，安装接线图通常与原理电路图配合使用。接线图有时也与接线表配合使用。接线表的功能与接线图相同，只是绘制形式不同。接线图和接线表一般都应表示出各个项目（指元件、器件、部件、组件和成套设备等）的相对位置、项目代号、端子号、导线号、导线类型和导线截面、根数等内容。

绘制二次回路接线图，必须遵循现行国家标准 GB/T 6988.1—2008《电气技术用文件的编制　第1部分：规则》的有关规定，其图形符号应符合 GB/T 4728《电气简图用图形符号》系列标准的有关规定，其文字符号包括项目代号应符合 GB/T 5094《工业系统、装置与设备以及工业产品结构原则与参照代号》系列标准和 09DX001《建筑电气工程设计常用图形和文字符号》等的有关规定。

下面分别介绍接线图中二次设备、接线端子及连接导线的表示方法。

（1）二次设备的表示方法

由于二次设备是从属于某一次设备或一次电路的，而一次设备或一次电路又从属于某一成套装置，因此为避免混淆，所有二次设备都必须按 GB/T 5094 系列标准规定标明其项目代号。项目是指接线图上用图形符号表示的元件、部件、组件、功能单元、设备和系统等，例如电阻器、继电器、发电机、放大器、电源装置和开关设备等。

项目代号是用来识别项目种类及其层次关系与位置的一种代号。一个完整的项目代号包括四个代号段，每一代号段之前还有一个前缀符号作为代号段的特征标记，见表 6-1。

表 6-1　项目代号的层次与符号

项目层次（段）	代号名称	前缀符号
第一段	高层代号	=
第二段	位置代号	+
第三段	种类代号	-
第四段	端子代号	:

（2）接线端子的表示方法

盘、柜外的导线或设备与盘、柜内的二次设备连接时，必须经过端子排。端子排由专门的接线端子板组合而成。

接线端子板分为普通端子板、连接端子板、试验端子板和终端端子板等形式。

普通端子板用来连接由盘外引至盘内或由盘内引至盘外的导线。

连接端子板有横向连接片，可与邻近端子板相连，用来连接有分支的二次回路导线。

试验端子板用来在不断开二次回路的情况下，对仪表、继电器等进行试验。图 6-9 所示的两个试验端子，将工作电流表 PA1 与电流互感器 TA 的二次侧相连。当需要换下工作电流表 PA1 进行试验时，可用另一备用电流表 PA2 分别接在两试验端子的接线螺钉 2 和 7 上，如图 6-9 中点画线所示。然后拧开螺钉 3 和 8，拆下工作电流表 PA1 进行试验。PA1 检校完毕，再将它接入，并拆下备用电流表 PA2，整个电路恢复原状运行。

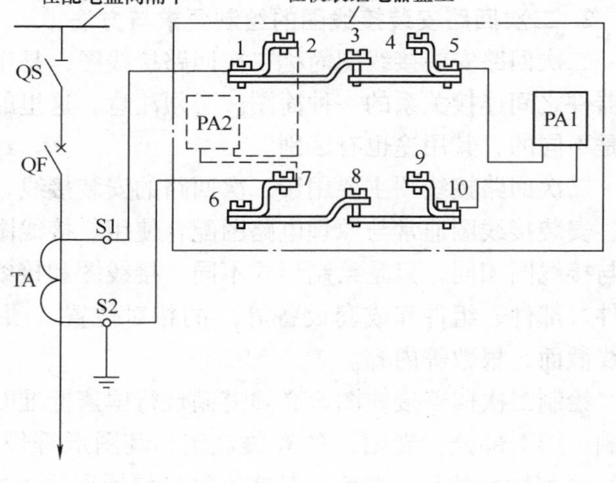

图 6-9　试验端子的结构及其应用

终端端子板是用来固定或分隔不同安装项目的端子排。

在二次回路接线图中，端子排中各种形式端子板的符号标志如图 6-10 所示。端子排的文字符号为 X，端子的前缀符号为“:”。

（3）连接导线的表示方法

二次回路接线图中端子之间的连接导线有以下两种表示方法：

1）连续线表示法。表示两端子之间连接导线的线条是连续的，如图 6-11a 所示。

2）中断线表示法。表示两端子之间连接导线的线条是中断的，如图 6-11b 所示。

【特别提示】

在线条中断处必须标明导线的去向，即在接线端子出线处标明对面端子的代号。因此这种标号法，又称为“相对标号法”或“对面标号法”。

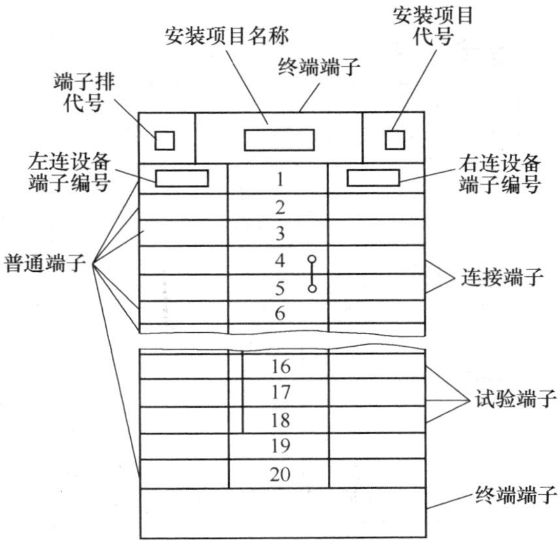

图 6-10　二次回路端子排标志图例

用连续线表示的连接导线如果全部画出，有时使整个接线图显得过于繁复，因此在不致引起误解的情况下，也可以将导线组和电缆等用加粗的线条来表示。不过现在的二次回路接线图上多采用中断线来表示连接导线，因为这使接线图显得简明清晰，安装接线和维护检修都很方便。

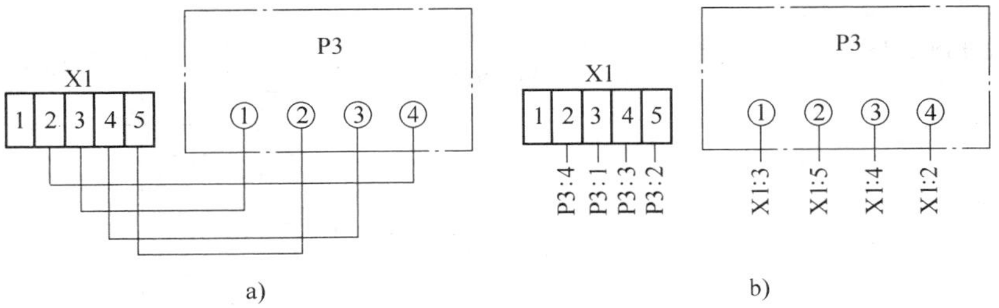

图 6-11　二次回路端子间连接导线的表示方法

a）连续线表示法　b）中断线表示法

图 6-12 是用中断线来表示二次回路连接导线的一条高压线路二次回路安装接线图。为阅读方便，另绘出该二次回路的展开式原理电路图，如图 6-13 所示，供对照参考。

【任务实施】

线路保护屏（JJ-12）的局部布线。

（1）所需材料

1）线路保护屏一面。

2）现场设备。

3）工具。

（2）实施要求

1）根据提供的线路保护屏局部设计图纸。

2）向实训老师领取所需的器具、元件、安装工具和安装材料。

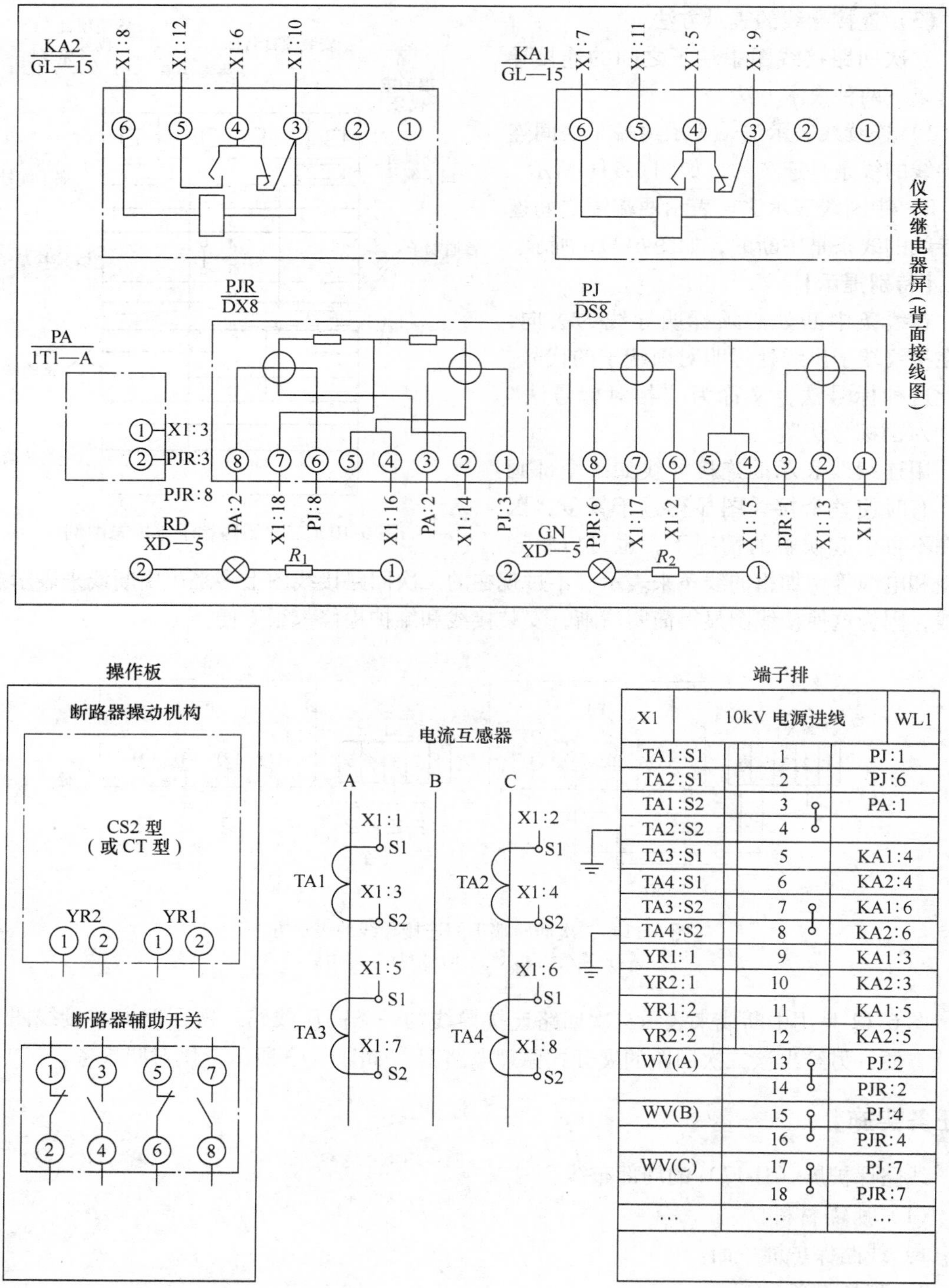

图 6-12　高压线路二次回路安装接线图

3）按图接线（只接交流部分）。

4）两人共同完成。

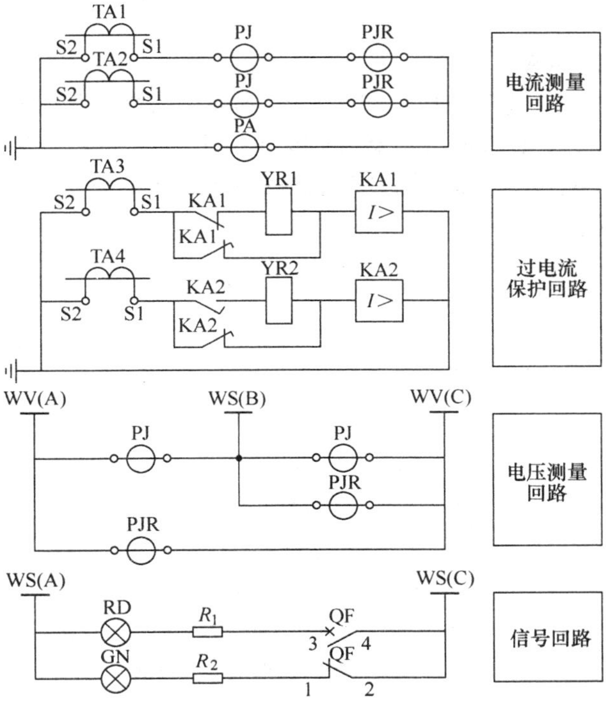

图 6-13　高压线路二次回路展开式原理电路图

任务 6.2　供配电系统的继电保护

【任务引入】

为了保证供配电的可靠性，在供配电系统发生故障时，必须有相应的保护装置将故障部分及时从系统中切除以保证非故障部分继续工作；或发出报警信号，以提醒值班人员检查并采取相应措施。

【相关知识】

6.2.1　继电保护装置概述

所谓继电保护装置是指能反映电力系统中电气设备或线路发生的故障和不正常运行状态，并能作用于断路器跳闸和发出信号的一种自动装置。

1. 继电保护装置的作用

（1）故障时跳闸

当被保护线路或设备发生故障时，继电保护装置能借助断路器，自动地、迅速地、有选择地将故障部分断开，保证非故障部分继续运行。

（2）异常状态发出报警信号

当被保护设备或线路出现不正常运行状态时，继电保护装置能够发出信号，提醒工作人员及时采取措施。

2. 继电保护装置的组成

继电保护装置由若干继电器组成，如图6-14所示。当线路发生短路故障时，起动用的电流继电器KA瞬时动作，使时间继电器KT起动，KT经整定的一定时限后，接通信号继电器KS和中间继电器KM，KM触头接通故障线路断路器QF的跳闸回路，使故障线路断路器QF跳闸，把故障从系统中切除。

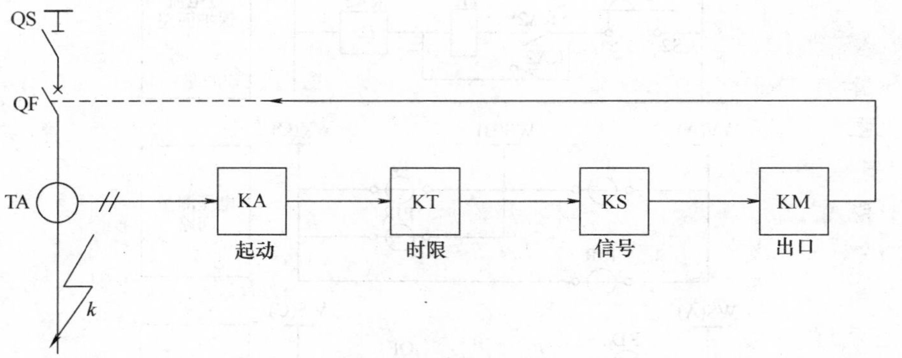

图6-14 继电保护装置的原理结构图

3. 对继电保护装置的基本要求

为了使继电保护装置能较好地发挥其作用，在选择和设计继电保护装置时，应满足以下几点要求。

（1）选择性

当供电系统发生故障时，只有离故障点最近的保护装置动作，切除故障，而供电系统的其他部分仍然正常运行。保护装置满足这一要求的动作，称为“选择性动作”。如果供电系统发生故障时，靠近故障点的保护装置不动作（保护装置完好，拒动），而离故障点远的前一级保护装置动作（越级动作），就称为“失去选择性”。如图6-15所示，在*k*-1点发生短路，首先应该是保护装置1动作，使断路器QF_1动作跳闸，而其他断路器都不应该动作，但由于某种原因，如QF_1触头焊接打不开等情况，保护装置1拒绝动作，而由其上一级线路的保护装置3动作，使断路QF_3跳闸切除故障，这种动作虽然停电范围有所扩大，仍认为是有选择性的动作。

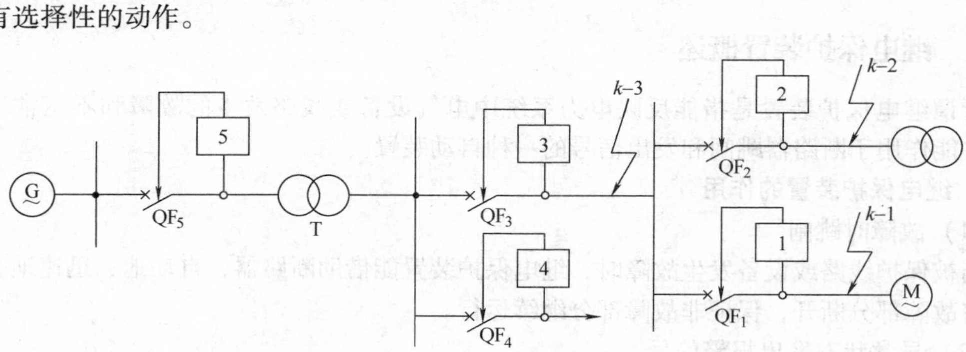

图6-15 保护装置选择性动作

（2）速动性

系统中发生短路故障时，必须快速切除故障，以减轻故障的危害程度，加速系统电压的恢复，减少对用电设备的影响，缩小故障影响的范围，提高电力系统运行的稳定性。

切除故障的时间是指从发生短路起至断路器跳闸、电弧熄灭为止所需要的时间，它等于保护装置的动作时间与断路器跳闸时间（包括灭弧时间）之和。因此，为了保证速动性，一般应采用快速动作的继电保护装置和快速动作的断路器。

（3）灵敏性

继电保护的灵敏性是指对保护范围内发生故障或不正常运行状态的反应能力。在保护范围内不论发生任何故障，不论故障位置如何，均应反应敏锐并保证动作。

（4）可靠性

可靠性是指当保护范围内发生故障和不正常运行状态时，保护装置能可靠动作，不应拒动或误动。

6.2.2 工厂高压线路的继电保护

按 GB/T 50062—2008《电力装置的继电保护和自动装置设计规范》规定：对 3 ~ 66kV 电力线路，应装设相间短路保护、单相接地保护和过负荷保护。

由于一般工厂的高压线路不很长，容量不很大，因此其继电保护装置通常比较简单。

作为线路的相间短路保护，主要采用带时限的过电流保护和瞬时动作的电流速断保护。

过电流保护动作时限不大于 0.5 ~ 0.7s 时，可不装设电流速断保护。相间短路保护应动作于断路器的跳闸机构，使断路器跳闸，切除短路故障部分。

作为线路的单相接地保护，有两种方式：

① 绝缘监视装置，装设在变配电所的高压母线上，动作于信号。

② 有选择性的单相接地保护（零序电流保护），也动作于信号，但是当单相接地故障危及人身和设备安全时，则应动作于跳闸。

对可能经常过负荷的电缆线路，按 GB/T 50062—2008 规定，应装设过负荷保护，动作于信号。

1. 带时限的过电流保护

带时限的过电流保护，按其动作时限特性分，有定时限过电流保护和反时限过电流保护两种。定时限就是保护装置的动作时限是按预先整定的动作时间固定不变的，与短路电流大小无关；而反时限就是保护装置的动作时限原先是按 10 倍动作电流来整定的，而实际的动作时间则与短路电流大小呈反比关系变化，短路电流越大，动作时间越短。

（1）定时限过电流保护装置的组成和工作原理

定时限过电流保护装置的原理电路如图 6-16 所示，其中图 6-16a 为集中表示的原理电路图，通常称为接线图，这种电路图中的所有电器的组成部件是各自归总在一起的，因此过去也称为归总式电路图。图 6-16b 为分开表示的原理电路图，通常称为展开图，这种电路图中的所有电器的组成部件按各部件所属回路分开绘制。从原理分析的角度来说，展开图简明清晰，在二次回路（包括继电保护、自动装置、控制、测量等回路）中应用最为普遍。

下面分析图 6-16 所示定时限过电流保护的工作原理。

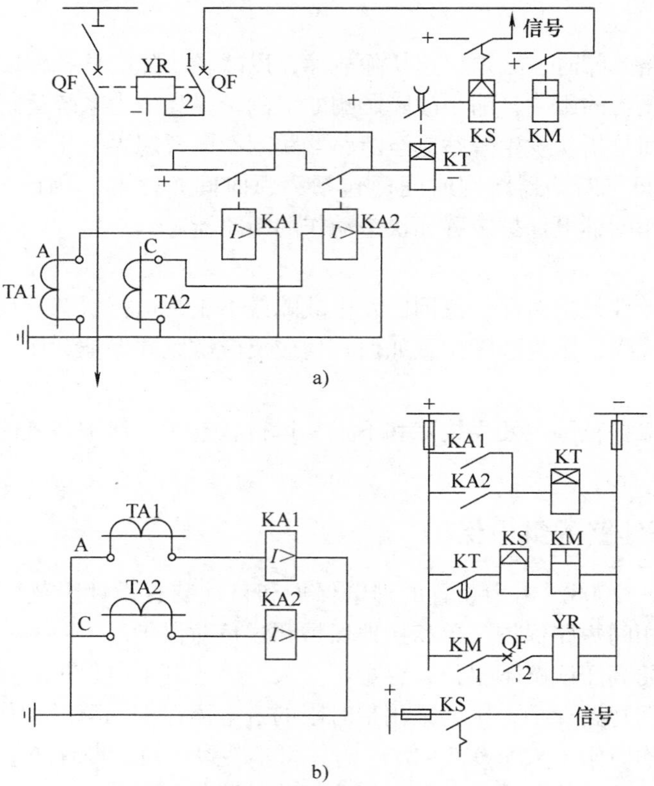

图 6-16 定时限过电流保护的原理电路图

a）接线图（按集中表示法绘制） b）展开图（按分开表示法绘制）

当一次电路发生相间短路时，电流继电器 KA 瞬时动作，闭合其触头，使时间继电器 KT 动作。KT 经过整定的时限后，其延时触头闭合，使串联的信号继电器（电流型）KS 和中间继电器 KM 动作。KS 动作后，其指示牌掉下，同时接通信号回路，给出灯光信号和音响信号。KM 动作后，接通跳闸线圈 YR 回路，使断路器 QF 跳闸，切除短路故障。QF 跳闸后，其辅助触头 QF1-2 随之切断保护装置除 KS 外的其他所有继电器均自动返回起始状态，而 KS 则可手动复位。

（2）反时限过电流保护装置的组成和工作原理

反时限过电流保护装置由 GL 型感应式电流继电器组成，其原理电路如图 6-17 所示。

当一次电路发生相间短路时，电流继电器 KA 动作，经过一定延时后（反时限特性），其常开触头闭合，紧接着其常闭触头断开，这时断路器 QF 因其跳闸线圈 YR 被“去分流”而跳闸，切除短路故障。在电流继电器 KA 去分流跳闸的同时，其信号牌掉下，指示保护装置已经动作。在短路故障被切除后，继电器返回，其信号牌可利用外壳上的旋钮手动复位。

2. 电流速断保护

上述带时限的过电流保护，有一个明显的缺点，就是越靠近电源的线路过电流保护，其动作时间越长，而短路电流则是越靠近电源越大，其危害也更加严重。因此 GB/T 50062—2008 规定，在过电流保护动作时间超过 0.5 ~ 0.7s 时，应该装设瞬时动作的电流速断保护装置。

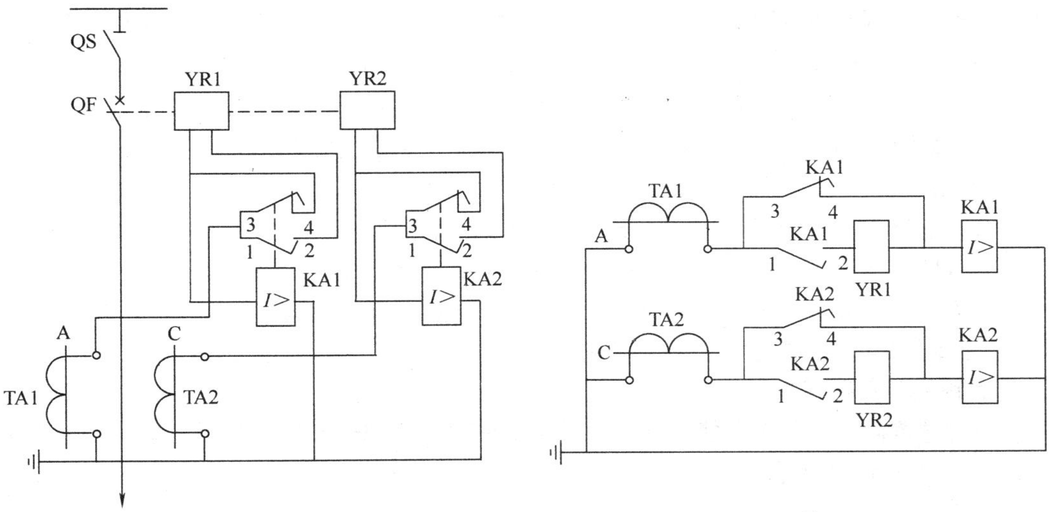

a)　　　　　　　　b)

图 6-17　反时限过电流保护的原理电路图

a）接线图（按集中表示法绘制）　b）展开图（按分开表示法绘制）

电流速断保护就是一种瞬时动作的过电流保护。对于采用 DL 系列电流继电器的速断保护来说，就相当于定时限过电流保护装置中抽去时间继电器，即在起动用的电流继电器之后，直接接信号继电器和中间继电器，最后由中间继电器触头接通断路器的跳闸回路。图 6-18是高压线路上同时装有定时限过电流保护和电流速断保护的电路图，其中 KA1、KA2、KT、KS1 和 KM 属定时限过电流保护，KA3、KA4、KS2 和 KM 属电流速断保护，其中 KM 是两种保护装置共用的。

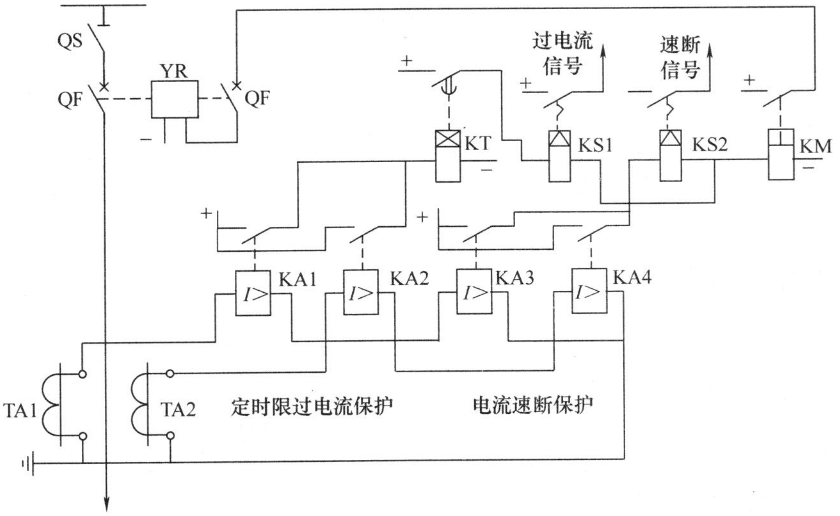

图 6-18　线路的定时限过电流保护和电流速断保护电路图

3. 有选择性的单相接地保护

在小接地电流的电力系统中，如果发生单相接地故障，则只有很小的接地电容电流，而相间电压不变，因此可暂时继续运行。但这毕竟是一种故障，而且由于非故障相的对地电压要升高为原来对地电压的$\sqrt{3}$倍，因此对线路绝缘是一种威胁，长此下去，可能导致非故障相的对地绝缘击穿而导致两相接地短路，这将引起开关跳闸，线路停电。因此，在系统发生单相接地故障时，必须通过有选择性的单相接地保护装置，发出报警信号，以便运行值班人员及时发现和处理。

单相接地保护又称为零序电流保护，它利用单相接地所产生的零序电流使保护装置动作，发出信号。当单相接地危及人身和设备安全时，则动作于跳闸。

单相接地保护必须通过零序电流互感器将一次电路发生单相接地时所产生的零序电流反映到它二次侧的电流继电器中去，如图6-19所示。

4. 线路的过负荷保护

线路的过负荷保护只对可能经常出现过负荷的电缆线路才予以装设，一般延时动作于信号，其接线如图6-20所示。

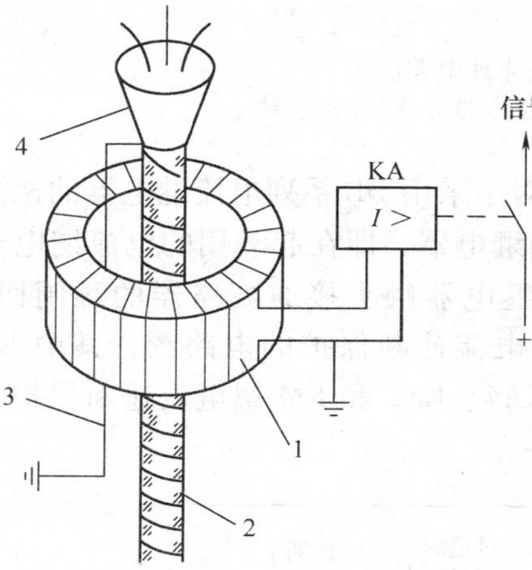

图6-19　单相接地保护的零序电流互感器的结构和接线
1—零序电流互感器　2—电缆　3—接地线　4—电缆头　KA—电流继电器

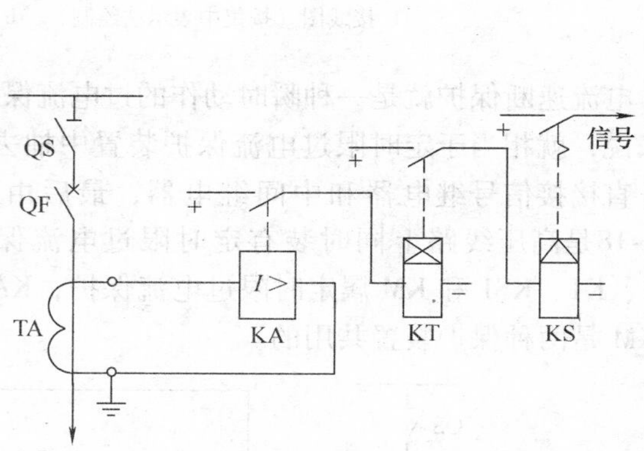

图6-20　线路过负荷保护电路

6.2.3　电力变压器的保护

GB/T 50062—2008 规定：对电压为3～110kV、容量为63MV·A及以下的电力变压器的下列故障及异常运行方式，应装设相应的保护装置：

① 绕组及其引出线的相间短路和在中性点直接接地或经小电阻接地侧的单相接地短路。

② 绕组的匝间短路。

③ 外部相间短路引起的过电流。

④ 中性点直接接地或经小电阻接地系统中外部接地短路引起的过电流及中性点过电压。

⑤ 过负荷。

⑥ 油面降低。

⑦ 变压器油温过高或油箱压力过高、产生气体或冷却系统故障。

对于高压侧为6～10kV的车间变电所主变压器来说，通常装设带时限的过电流保护；如果过电流保护动作时间大于0.5～0.7s，则还应装设电流速断保护。容量在800kV·A及以上的油浸式变压器和400kV·A及以上的车间内油浸式变压器，按规定还应装设气体继电保护。容量在400kV·A及以上的变压器，当数台并列运行或者单台运行并作为其他负荷的备用电源时，应根据可能过负荷的情况装设过负荷保护。过负荷保护和气体继电保护在轻微故障时（通常称为“轻气体”故障），只动作于信号；而其他保护包括气体继电保护在严重故障时（通常称为“重气体”故障），应动作于变压器各侧断路器的跳闸。

对于高压侧为35kV及以上的工厂总降压变电所主变压器来说，应装设过电流保护、电流速断保护和气体继电保护；在有可能过负荷时还应装设过负荷保护。如果单台运行的变压器容量在10MV·A及以上或者并列运行的变压器每台变压器容量在6.3MV·A及以上时，则应装设纵联差动保护来取代电流速断保护。

1. 电力变压器的过电流保护、电流速断保护和过负荷保护

电力变压器过电流保护、电流速断保护和过负荷保护的组成、原理与前面讲述的工厂高压线路的组成、原理完全相同。图6-21为电力变压器定时限过电流保护、电流速断保护和过负荷保护的综合电路图。

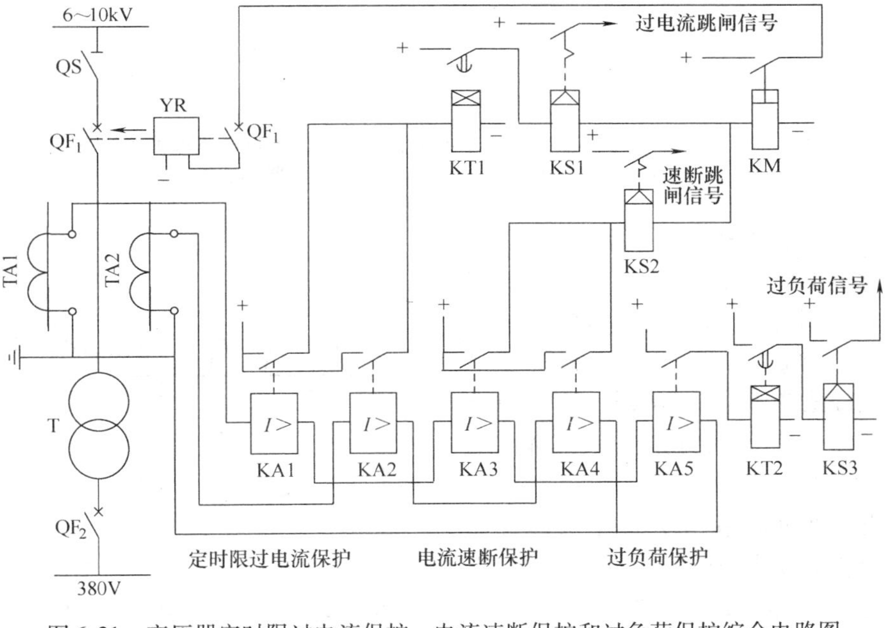

图6-21　变压器定时限过电流保护、电流速断保护和过负荷保护综合电路图

2. 电力变压器低压侧的单相短路保护

（1）电力变压器低压侧装设三相均带过电流脱扣器的低压断路器保护

这种低压断路器既作为低压侧的主开关，操作方便，且便于自动投入，供电可靠性高，又可用来保护变压器低压侧的相间短路和单相短路。这种保护方式在工厂和车间变电所中应用最为普遍。

（2）变压器低压侧三相均装设熔断器保护

变压器低压侧三相均装设熔断器，既可保护变压器低压侧的相间短路，又可保护其单相短路，简单经济。但熔断器熔断后，更换熔体需一定时间，从而影响连续供电，所以采用熔断器保护只适用于不重要负荷的小容量变压器的供电。

（3）采用两相三继电器式接线或三相三继电器式接线的过电流保护

适于兼作变压器低压侧单相短路保护的两种过电流保护接线方式，如图 6-22 所示。这两种接线既能实现相间短路保护，又能实现低压侧的单相短路保护，且保护灵敏度较高。

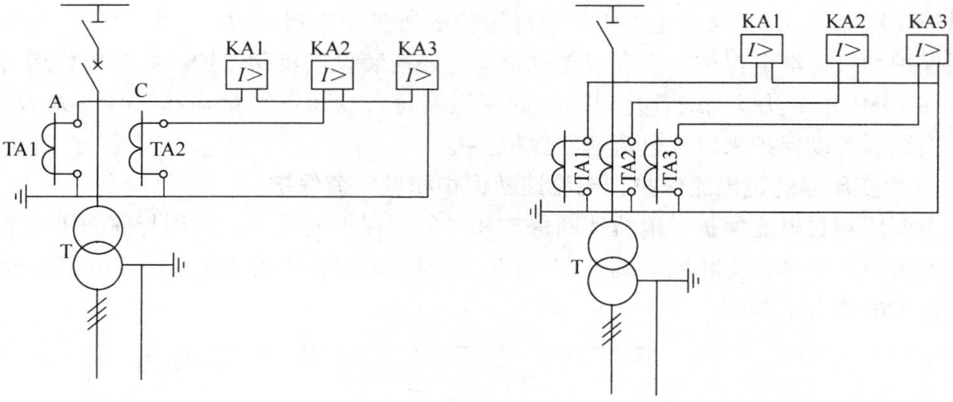

图 6-22　适于兼作变压器低压侧单相短路保护的两种过电流保护接线方式
a）两相三继电器式接线　b）三相三继电器式接线

3. 电力变压器的气体继电保护

气体继电保护是保护油浸式电力变压器内部故障的一种基本的相当灵敏的保护装置。按 GB/T 50062—2008 规定，800kV · A 及以上的油浸式变压器和 400kV · A 及以上的车间内油浸式变压器，均应装设气体继电保护。

气体继电保护的主要元件是气体继电器，它装设在油浸式变压器的油箱与储油柜之间的联通管中部，如图 6-23 所示。为了使油箱内部产生的气体能够顺畅地通过气体继电器排往储油柜，变压器在制造时，联通管对油箱顶盖也有 2% ~4% 的倾斜度。

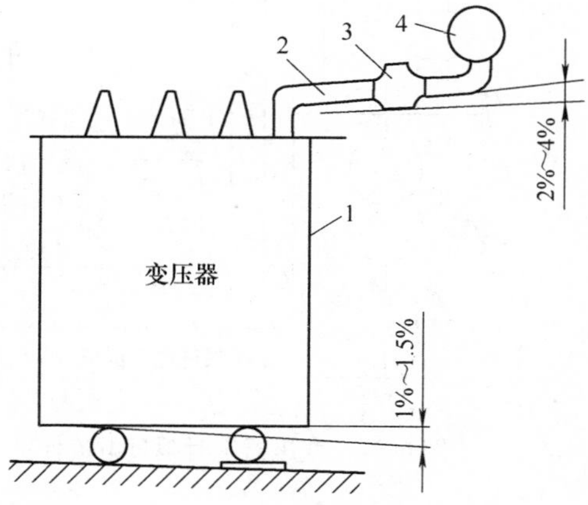

图 6-23　气体继电器在油浸式变压器上的安装
1—变压器油箱　2—联通管　3—气体继电器　4—储油柜

（1）气体继电器的结构和工作原理

气体继电器主要有浮筒式和开口杯式两种类型，现在广泛应用的是开口杯式。FJ1-80 型开口杯式气体继电器的结构示意图如图 6-24 所示。开口杯式与浮筒式相比，其抗振性较好，误动作的可能性大大减少，可靠性大大提高。

在变压器正常运行时，气体继电器的容器内包括其中的上、下开口油杯，都是充满油的；而上、下开口油杯因各自平衡锤的作用而升起，如图6-25a所示。此时上下两对触头都是断开的。

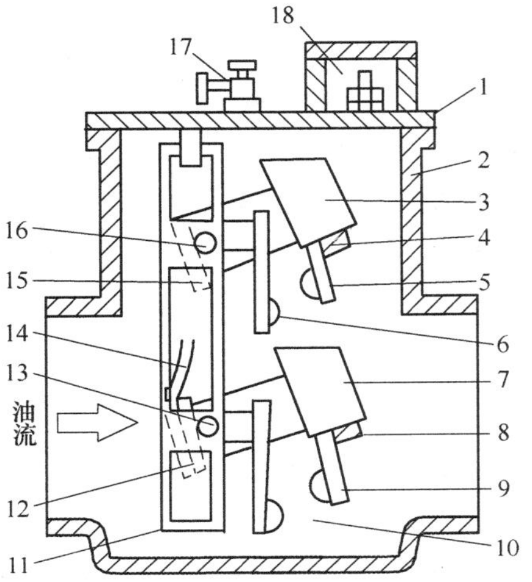

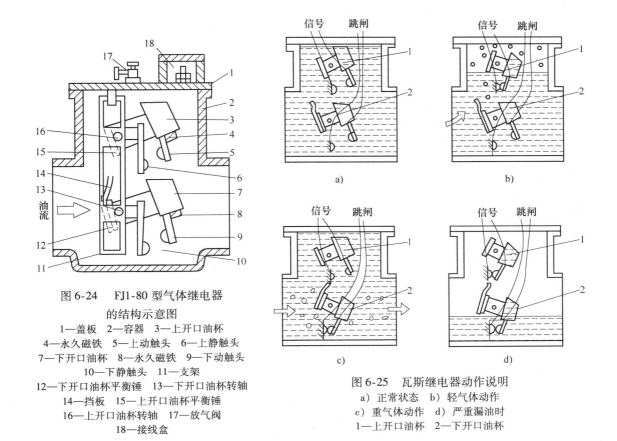

图6-24　FJ1-80型气体继电器的结构示意图

1—盖板　2—容器　3—上开口油杯
4—永久磁铁　5—上动触头　6—上静触头
7—下开口油杯　8—永久磁铁　9—下动触头
10—下静触头　11—支架
12—下开口油杯平衡锤　13—下开口油杯转轴
14—挡板　15—上开口油杯平衡锤
16—上开口油杯转轴　17—放气阀
18—接线盒

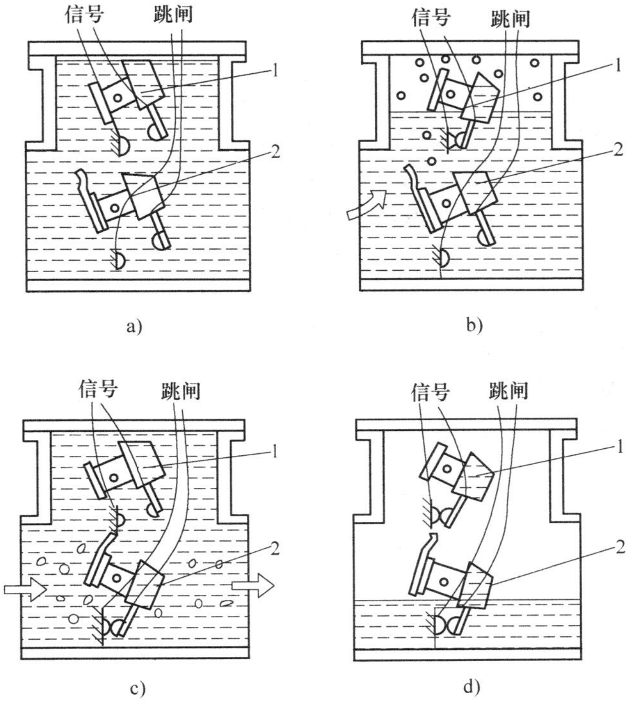

图6-25　瓦斯继电器动作说明

a）正常状态　b）轻气体动作
c）重气体动作　d）严重漏油时
1—上开口油杯　2—下开口油杯

当变压器油箱内部发生轻微故障时，由故障产生的少量气体慢慢升起，进入气体继电器的容器，并由上而下地排除其中的油，使油面下降，上开口油杯因其中盛有残余的油而使其力矩大于转轴的另一端平衡锤的力矩而降落，如图6-25b所示。这时上触头接通信号回路，发出音响和灯光信号，称为“轻气体动作”。

当变压器油箱内部发生严重故障时，如相间短路、铁心起火等，由故障产生的气体很多，带动油流迅猛地由变压器油箱通过联通管进入储油柜。大量的油气混合体在经过气体继电器时，冲击挡板，使下开口油杯下降，如图6-25c所示。这时下触头接通跳闸回路（通过中间继电器），使断路器跳闸，同时发出音响和灯光信号（通过信号继电器），称为“重气体动作”。

如果变压器油箱漏油，使得气体继电器内的油也慢慢流尽，如图6-25d所示。先是气体继电器的上开口油杯下降，上触头接通，发出报警信号；接着其下开口油杯下降，下触头接通，使断路器跳闸，同时发出跳闸信号。

（2）变压器气体继电保护的接线

图6-26是油浸式变压器气体继电保护的接线图。当变压器内部发生轻微故障（轻气体）时，气体继电器KG的上触头KG1-2闭合，动作于报警信号。当变压器内部发生严重故障（重气体）时，KG的下触头KG3-4闭合，通常是经过中间继电器KM动作于断路器QF的跳闸机构YR，同时通过信号继电器KS发出跳闸信号。但KG3-4闭合，也可以利用切换片XB切换，使KS的线圈串接限流电阻R，动作于报警信号。

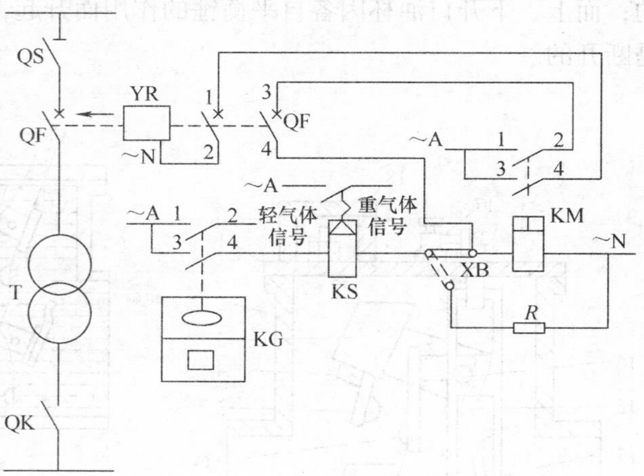

图6-26　变压器气体继电保护的接线

由于气体继电器下触头KG3-4在重气体时可能有“抖动”（接触不稳定）的情况，因此为了使跳闸回路稳定地接通，断路器能足够可靠地跳闸，这里使用中间继电器KM的上触头KM1-2做“自保持”触头。只要KG3-4因重瓦斯动作一闭合，就使KM动作，并借其上触头KM1-2的闭合而自保持动作状态，同时其下触头KM3-4也闭合，使断路器QF跳闸。断路器跳闸后，其辅助触头QF1-2断开跳闸回路，以减轻中间继电器的工作，而其另一对辅助触头QF3-4则切断中间继电器KM的自保持回路，使中间继电器返回。

（3）变压器气体继电保护动作后的故障分析

变压器气体继电保护动作后，可由蓄积在气体继电器内的气体性质来分析和判断故障的原因及处理要求，见表6-2。

表6-2　气体继电器动作后的气体分析和处理要求

气体性质	故障原因	处理要求
无色，无臭，不可燃	变压器内含有空气	允许继续运行
灰白色，有恶臭，可燃	纸质绝缘烧毁	应立即停电检修
黄色，难燃	木质绝缘烧毁	应停电检修
深灰色或黑色，易燃	油内闪络，油质炭化	应分析油样，必要时停电检修

【任务实施】

工厂高压线路三相三继电器式定时限过电流保护原理图的绘制及工作原理的分析。

任务6.3　供电系统APD装置与ARD装置的认识

【任务引入】

在对供配电可靠性要求较高的变电所中，当主电源线路发生故障而断电时，APD装置能够自动而且迅速将备用电源投入运行。同时，电力系统的运行经验证明：架空线路上的故障大多数是瞬时故障，故障消除后，故障点的绝缘一般能自行恢复，ARD 装置能够使断路器重新合闸，从而保证供配电的可靠性。

【相关知识】

6.3.1 备用电源自动投入装置

在对供配电可靠性要求较高的变电所中，通常采用两路及以上的电源进线。或互为备用，或一为主电源，另一为备用电源。备用电源自动投入装置就是当主电源线路发生故障而断电时，能自动而且迅速将备用电源投入运行，以确保供配电可靠性的装置，简称 APD 或 BZT。

当工作电源不论由于何种原因而失去电压时，备用电源自动投入装置（APD）能够将失去电压的电源切断，随即将另一备用电源自动投入以恢复供配电。

1. 对备用电源自动投入装置的基本要求

1）工作电源不论因何种原因消失时，APD 应动作。

2）工作电源继电保护动作（负载侧故障）跳闸或备用电源无电时，APD 均不应动作。

3）APD 只应动作一次，以免将备用电源合闸到永久性故障上去。

4）APD 的动作时间应尽量缩短。

5）电压互感器的熔丝熔断或其刀开关拉开时，APD 不应误动作。

6）主电源正常停电操作时 APD 不能动作，以防止备用电源投入。

2. 备用电源自动投入装置的接线

由于变电所电源进线及主接线的不同，因而对所采用的 APD 要求和接线也有所不同。如 APD 有采用直流操作电源的，也有采用交流操作电源的。电源进线运行方式有主（工作）电源和备用电源方式，也有互为备用电源方式。

（1）主电源与备用电源方式的 APD 接线

图 6-27 所示为采用直流操作电源的备用电源自动投入原理接线图。当主（工作）电源进线因故障断电时，失压保护动作，使 QF_1 跳闸，其辅助常闭触头 QF_1（1-2）恢复闭合，常开触头 QF_1（3-4）恢复断开，时间继电器 KT 线圈失电，由于 KT 触头延时断开，故在其断开前，合闸接触器 KM 得电，QF_2 的合闸线圈 YO_2 通电合闸，QF_2 两侧面的隔离开关预先闭合，备用电源被投入。应当注意，这个接线比较简单，有些未画出，如母线 WB 短路引起 QF_1 跳闸，也会引起备用电源自投入，这是不允许的。只有电源进线上方发生故障，而 QF_1 以下部分没有发生故障时，才能投入备用电源，只要是 QF_1 以下线路发生故障，就会引起 QF_1 跳闸，应加入备用电源闭锁装置，禁止 APD 投入。

（2）互为备用电源的 APD 接线

当双电源进线互为备用时，要求任一主工作电源消失时，另一路备用电源自动投入装置动作，接线图如图 6-28 所示。

正常时 QF_1 和 QF_2 合闸，QF_2 处于断开位置，两路电源 G_1 和 G_2 分别向母线段Ⅰ和Ⅱ供配电。QF_1 和 QF_2 常开触头闭合，闭锁继电器 KL 处于动作状态，其延时断开常开触头 KL（1-2）和 KL（3-4）闭合。电压继电器 KV_1 ~ KV_4 均处于动作状态，APD 处于准备动作状态。

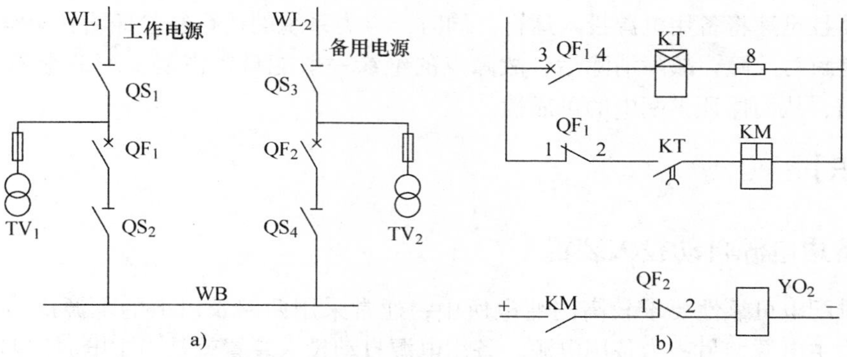

a)　　b)

图 6-27　备用电源自动投入原理接线图

a）一次电路　b）二次回路展开图

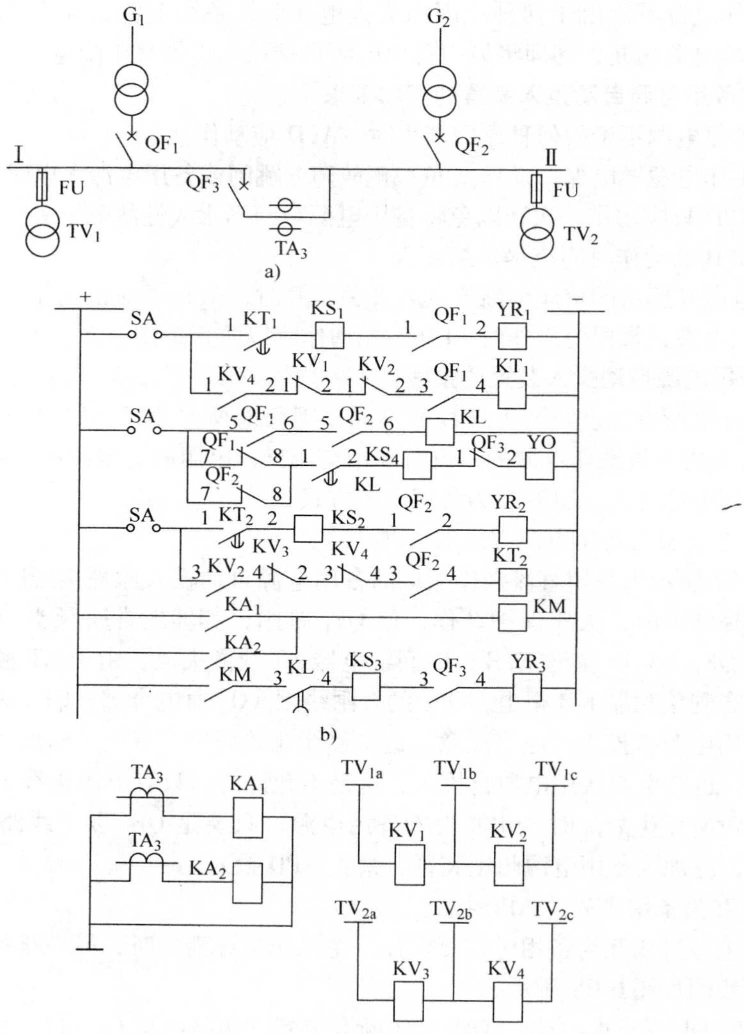

a)

b)

c)

图 6-28　双电源互为备用方式的 APD 接线

a）一次电路　b）二次回路展开图　c）电压互感器与电流互感器的接线

当某一电源（如 G_1）失电时母线工作电压降低，接于 TV_1 上的 KV_1、KV_2 失电释放，其常闭触头 KV_1（1-2）闭合。此时若 G_2 电源正常，常开触头 KV_4（1-2）是闭合的，时间继电器 KT_1 起动，经预定延时后延时闭合触头 KT_1（1-2）闭合，接通跳闸线圈 YR_1 使 QF_1 跳闸。QF_1 跳闸后，其常闭辅助触头 QF_1（7-8）闭合，使 QF_3 的合闸接触器 YO 经闭锁继电器的 KL（1-2）触头（延时断开）接通，QF_3 合闸，APD 动作完成。原来由 G_1 电源供配电的负载，现在全部切换至 G_2 电源继续供配电，待 G_1 电源恢复正常后，再切换回来。如果 QF_3 合闸到永久性故障上，则在过电流保护作用下 QF_3 立即跳闸，QF_3 跳闸后其合闸回路中的常闭触头 QF_3（1-2）重新闭合，但因闭锁继电器的 KL（1-2）触头此时已经断开，保证了 QF_3 不会重新合闸。

如果是 G_2 电源发生事故而失电，则通过 APD 操作将原来由 G_2 电源供配电的负载切换至 G_1 电源继续供配电，操作过程同上。

6.3.2 自动重合闸装置

电力系统的运行经验证明：架空线路上的故障大多数是瞬时故障，如雷电的放电等。这些故障虽然引起断路器跳闸，但故障消除后，故障点的绝缘一般能自行恢复。如果断路器再合闸，便可以立即恢复供配电，从而提高供配电的可靠性。自动重合闸装置就利用了这一特点。

能使断路器因保护动作跳闸后自动重新合闸的装置称为自动重合闸装置，简称 ARD。在 1kV 以上的架空线路和电缆线路与架空混合线路中，当装有断路器时，一般均应装设自动重合闸装置；对电力变压器和母线，必要时可以装设自动重合闸装置；电缆线路中一般不用 ARD，因为电缆线路中的大部分跳闸多因电缆、电缆头或中间接头绝缘破坏所致，这些故障一般不是瞬时的。

1. 自动重合闸装置的分类

1）按 ARD 的作用对象分，可分为线路、变压器和母线的重合闸，其中以线路的自动重合闸应用最广。

2）按 ARD 的动作方法分，可分为机械式重合闸和电气式重合闸。前者多用在断路器采用弹簧式或重锤式操动机构的变电所中，后者多用在断路器采用电磁式操动机构的变电所中。

3）按照 ARD 的使用条件分，可分为单侧或双侧电源的重合闸，在工厂和农村电网中前者应用最多。

4）按 ARD 和继电器保护配合的方式分，可分为 ARD 前加速、ARD 后加速和不加速三种，ARD 后加速一般应用较多。

5）按照 ARD 的动作次数分，可分为一次重合闸、二次重合闸或三次重合闸。

2. 对自动重合闸装置的基本要求

1）当值班人员手动操作或由遥控装置将断路器断开时，ARD 装置不应动作。当手动合上断路器时，由于线路上有故障随即由保护装置将其断开后，ARD 装置也不应动作。

2）除上述情况外，当断路器因继电保护或其他原因而跳闸时，ARD 均应动作，使断路器重新合闸。

3）为了能够满足前两个要求，应优先采用控制开关位置与断路器位置不对应原则来起动重合闸。

4）无特殊要求时对架空线路只重合闸一次，当重合于永久性故障而再次跳闸后，就不应再动作。

5）自动重合闸动作以后，应能自动复归准备好下一次再动作。

6）自动重合闸装置应能够在重合闸以前或重合闸以后加速继电保护动作，以便更好地和继电保护配合，减少故障切除时间。

7）起动重合闸装置动作应尽量快，以便减少工厂的停电时间。一般重合闸时间为0.7s左右。

3. 电气一次自动重合闸

自动重合闸原理图如图6-29所示。重合闸继电器采用DH-2型，SA1为断路器控制开关，SA2为自动重合闸装置选择开关（只有ON和OFF两个位置），用于投入和解除ARD。

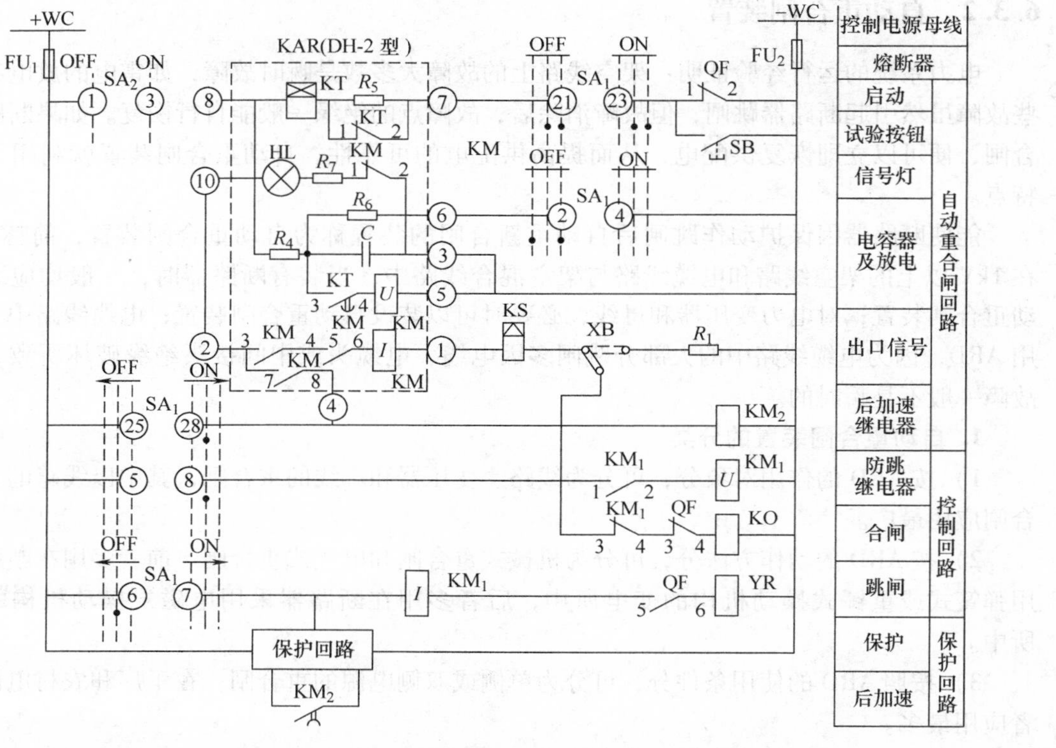

图6-29 用DH-2型继电器组成的电气一次ARD装置原理图

（1）故障跳闸后的自动重合闸过程

线路正常运行时，SA1和SA2都扳到合闸（ON）位置。重合闸继电器KAR中的电容器C经R_4充电，指示灯HL亮，表明母线电压正常，电容器已在充电状态。

一次线路发生故障时，保护装置发出跳闸信号，跳闸线圈YR得电，断路器跳闸。QF的辅助触头全部复位，而SA_1仍在合闸位置。QF（1-2）闭合，通过SA_1（㉑-㉓）触头给KAR发出重合闸信号。经KT延时，出口继电器KM给出重合闸信号，其常闭触头KM（1-2）断开，使HL熄灭，表示KAR已经动作，其出口回路已经接通；合闸接触器KO经

$+WC \rightarrow SA_2 \rightarrow$ KM（3-4）→KM（5-6）→KM 电流线圈→KS→XB→KM_1（3-4）→QF（3-4）接通负电源，从而使断路器重新合闸。触头 QF（1-2）断开，解除重合闸起动信号，触头 QF（3-4）断开合闸回路，亦使 KAR 的中间继电器 KM 复位，解除 KM 自锁；若线路故障是暂时的，此时故障应已消失，继电器保护不会再动作，则重合闸成功；若故障是永久性的，则继电保护又使断路器跳闸，QF（1-2）再次给出重合闸起动信号，但这段时间内 KAR 中正在充电的电容器 C 两端电压没有上升到 KM 的工作电压，KM 拒动，断路器就不会再次合闸，从而保证了一次重合闸。

在 KAR 的出口回路中串联信号继电器 KS，是为了记录 KAR 的动作，并为 KAR 动作发出灯光信号和音响信号。

（2）手动跳闸时，重合闸不应重合

人为操作断路器跳闸是运行的需要，无须重合闸。利用 SA_1（㉑-㉓）和 SA_1（②-④）来实现。控制开关跳闸时，SA_1（㉑-㉓）触头不通，跳闸后仍保持断开状态，从而可靠切断了重合闸的正电源，使重合闸不可能动作。此外，在“预备跳闸”和“跳闸”后，SA_1（②-④）的触头接通，使电容器与 R_6 并联，C 因充电电压达不到电源电压而不能重合闸。

（3）防跳功能

当 ARD 重合永久性故障时，断路器将再一次跳闸，为了防止 KAR 中的出口继电器 KM 的输出触头有粘连现象，设置了 KM（3-4）和 KM（5-6）串联输出，若有一对触头粘连，另一对也能正常工作。另外，KM_1 的电流线圈因跳闸而被起动并自锁，触头 KM_1（1-2）闭合，KM_1 电压线圈通电保持，KM_1（3-4）断开，切断合闸回路，防止跳跃现象。

（4）采用了后加速保护装置动作的方案

一般线路都装有带时限过电流保护和电流速断保护。如果故障发生在线路末端的“死区”，则速断保护不会动作，过电流保护将延时动作于断路器跳闸。如果一次重合闸后，故障仍未消除，过电流保护继续延时使断路器跳闸。这将使故障持续时间延长，危害加剧。本电路中，KAR 动作后，一次重合闸的同时，KM（7-8）闭合，接通加速继电器 KM_2，其延时断开的常开触头 KM_2 立即闭合，短接保护装置的延时部分为后加速保护装置动作做好准备。若一次重合闸后故障仍存在，保护装置将不经延时，由触头 KM_2 直接接通保护装置的出口元件，使断路器快速跳闸。ARD 与保护装置的这种配合方式称为 ARD 后加速。

ARD 与继电保护的配合还有一种前加速的配合方式。不管哪一段线路发生故障，均由装设于首端的保护装置动作，瞬时切断全部供配电线路，继而首端的 ARD 动作，使首端断路器立即重合闸，如为永久性故障，再由各级线路按其保护装置整定的动作时间有选择性地动作。ARD 后加速动作能快速地切除永久性故障，但每段线路都需装设 ARD；前加速保护使用 ARD 设备少，但重合闸不成功会扩大事故范围。

【任务实施】

如图 6-28 所示，若 G_2 电源进线出现故障，则 APD 装置是如何实现备用电源自动投入的？试分析其工作原理。

任务6.4　防雷装置的认识与维护

【任务引入】

在电力系统中，由于过电压使绝缘破坏是造成系统故障的主要原因之一，过电压包括内部过电压和外部过电压两种。

内部过电压是由于电力系统内部的开关操作出现故障或其他原因，使电力系统的工作状态突然改变，从而在其暂态过程中出现因电磁能在系统内部发生振荡而引起的过电压。内部过电压分为操作过电压、弧光接地过电压和铁磁谐振过电压。

外部过电压主要是由雷击引起的，所以又称为雷电过电压或大气过电压。它是由于电气设备或建筑物受到直接雷击或雷电感应而产生的过电压。雷电过电压产生的雷电冲击波，其电压幅值可达10^8V，电流幅值可达几千安培，危害相当大。雷电过电压的基本形式有二类，一类是直击雷电过电压，它是雷电直接击中而产生的过电压，二类是感应过电压，它是雷电对设备、线路或其他物体产生静电或电磁感应而引起的过电压。

【相关知识】

6.4.1　雷电的有关概念

1. 雷电流的幅值与陡度

雷电流的幅值I_m变化范围很大，一般为数十至数百千安。雷电流的幅值一般在第一次雷击时出现。雷电流的幅值和极性可以用磁钢记录器测量。

典型的雷电流波形如图6-30所示。雷电流一般在1～4μs内增长到幅值I_m，到幅值前的波形称为波前，从幅值起至雷电流衰减到$\frac{I_m}{2}$的这段波形称为波尾。

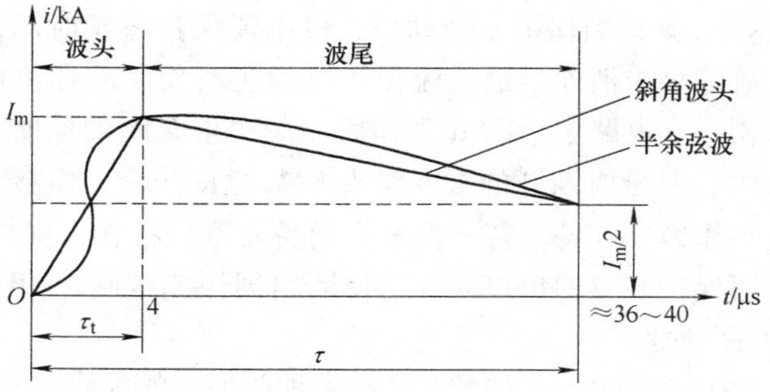

图6-30　雷电流波形示意图

雷电流的陡度α是指雷电波波前部分雷电流的变化速度，即$\alpha = di/dt$。因雷电流开始时数值很快增加，陡度也很快达到极限值，当雷电流达到最大值时，陡度降为零。陡度可以用电火花组成的陡度仪测量。

2. 年平均雷暴日数T_d

在一天中听到一声雷声或看到一次闪电，则该日称为一个雷暴日。年平均雷暴日数就是当地气象部门统计的多年雷暴日的年平均值。此值不大于15的称为少雷区，大于40的称为多雷区。

3. 年预计雷击次数

这是表征建筑物可能遭受雷击的一个频率参数。按GB 50057—94《建筑物防雷设计规范》规定，年预计雷击次数可以用下式进行计算：

$$N=0.024KT_{\mathrm{d}}^{1.3}A_{\mathrm{e}} \tag{6-1}$$

式中，N 为年预计雷击次数，（单位为次/年）；K 为校正系数；一般取 1，位于旷野孤立的建筑物取 2；A_{e} 为与建筑物遭受相同雷击次数的等效面积，单位为 km^2。

6.4.2 防雷设计

防雷设计应认真调查当地的地质、地貌、气象、环境等条件和当地的雷电活动规律以及被保护物的特点来确定防雷措施，做到安全可靠、技术先进、经济合理。

1. 防雷装置

防直击雷主要是把直击雷迅速流散到大地中去，往往采用避雷针、避雷线、避雷网等避雷装置。防感应雷主要是对建筑物所有的金属物进行可靠的接地，一般采用避雷器。避雷器一般装在输电线路进线处或 10kV 母线上，避雷器的接地线应与电缆金属外壳相连后直接接地，并连入公共地网。防雷装置是接闪器、引下线和接地装置等的综合。

接闪器是专门用来接受直击雷的金属物体。接闪的金属杆称为避雷针，接闪的金属线称为避雷线，接闪的金属带、金属网称为避雷带、避雷网。

（1）避雷针

一般采用镀锌圆钢、镀锌圆钢管制成。通常安装在电杆、构架或建筑物上，它的下端通过引下线与接地装置可靠连接，如图 6-31 所示。

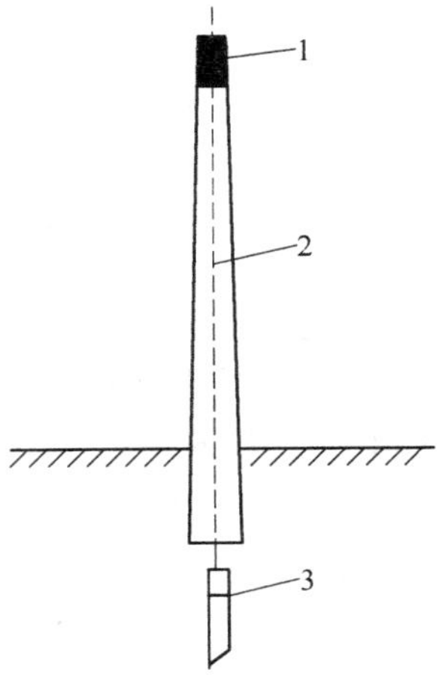

图 6-31 避雷针的结构示意图
1—避雷针 2—引下线 3—接地装置

避雷针的功能是引雷，它把雷电流引入地下，从而保护附近的线路、设备和建筑物。一定高度的避雷针（线）下面，有一个安全域，此区域内的物体基本上不受雷击。人们把这个安全域叫作避雷针的保护范围。避雷针的保护范围用“滚球法”来确定。

“滚球法”就是选择一个半径为 h_{r}（滚球半径）的滚球，沿着需要防护直击雷的部分滚动，如果球体只触及接闪器或接闪器和地面，而不触及需要保护的部位时，则该部位就在这个接闪器的保护范围之内。滚球半径是按建筑物防雷类别确定的，见表 6-3。

表 6-3 各类防雷建筑物的滚球半径和避雷网格尺寸

建筑物防雷类别	滚球半径	避雷网格尺寸/m
第一类防雷建筑物	30	≤5×5 或≤6×4
第二类防雷建筑物	45	≤10×10 或≤12×8
第三类防雷建筑物	60	≤20×20 或≤24×16

避雷针的保护范围如图 6-32 所示，按下面方法确定。

当避雷针高度为斜线时，如 $h \leqslant h_{\mathrm{r}}$ 时，有：

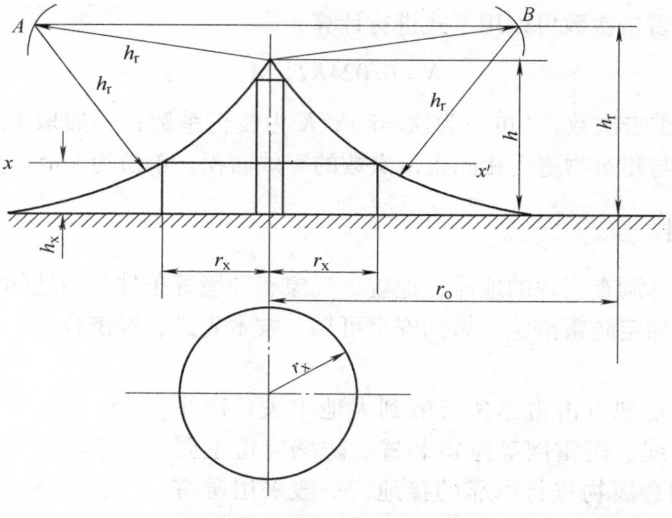

图 6-32　按“滚球法”确定单根避雷针保护范围的示意图

① 距地面 h_r 处做一平行于地面的平行线。

② 以避雷器的针尖为圆心，h_r 为半径，做弧线交平行线于 A、B 两点。

③ 以 A、B 为圆心、h_r 为半径做弧线，该弧线与针尖相交，并与地面相切。

由此弧线起到地面为止的整个锥形空间，就是避雷针的保护范围。地面上的保护半径 r_0 为

$$r_0 = \sqrt{h(2h_r - h)} \tag{6-2}$$

在高度为 h_x 的平面 xx' 上的保护半径 r_x 为

$$r_x = r_0 - \sqrt{h_x(2h_r - h_x)} \tag{6-3}$$

（2）避雷线

避雷线是用来保护架空电力线路和露天配电装置免受直击雷的装置。它由悬挂在空中的接地导线、接地引下线和接地体等组成，因而也称为“架空地线”。它的作用和避雷针一样，将雷电引向自身，并安全导入大地，使其保护范围内的导线或设备免遭直击雷。

当单根避雷线高度 $h \geqslant 2h_r$ 时，无保护范围。

当避雷线的高度 $h < 2h_r$ 时，保护范围如图 6-33 所示，保护范围应按如下方法确定。

1）距地面 h_r 处作一平行地面的平行线。

2）以避雷线为圆心，h_r 为半径作弧交平行线于 A、B 两点。

3）以 A、B 为圆心，h_r 为半径作圆弧，这两条弧线相交或相切，并与地面相切。这两条弧线与地面所围成的空间就是避雷线的保护范围。

当 $h_r < h < 2h_r$ 时，保护范围最高点的高度 h_0 按下式计算：

$$h_0 = 2h_r - h \tag{6-4}$$

避雷线在 h_x 高度的 xx' 平面上的保护宽度 b_x。按下式计算：

$$b_x = \sqrt{h(2h_r - h)} - \sqrt{h_x(2h_r - h_x)} \tag{6-5}$$

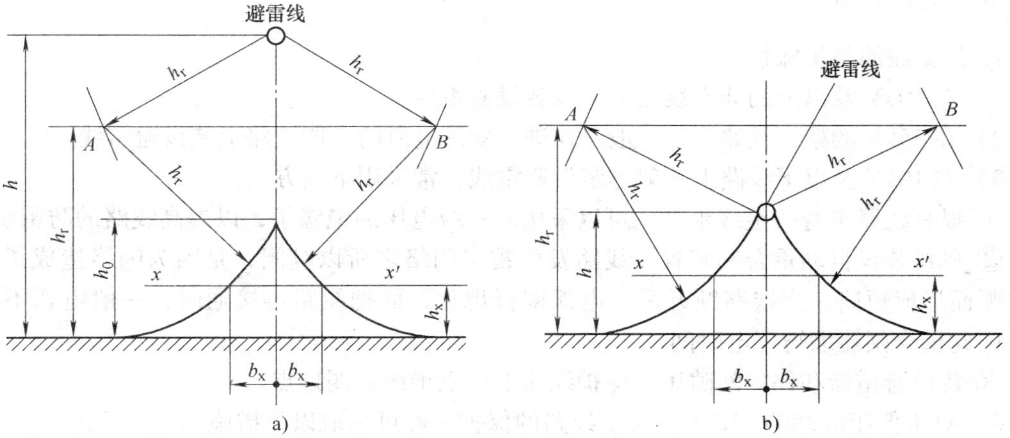

图 6-33　单根避雷线的保护范围

a）当 $h_r < h < 2h_r$ 时　b）当 $h < 2h_r$ 时

式中，h_x 为保护物的高度；h 为避雷线的高度。

【特别提示】

确定架空避雷线的高度时，应考虑弧垂。在无法确定弧垂的情况下，等高支柱间的挡距小于 120m 时，其避雷线中点的弧垂宜选 2m；挡距为 120 ~ 150m 时，选 3m。

（3）避雷带和避雷网

避雷带和避雷网加装在建筑物的边缘及凸出部分上，通引下线和接地装置很好地连接，对建筑物进行保护。为了达到保护的目的，避雷网的网格尺寸具体要求见表 6-3。

（4）避雷器

避雷器是用来防止线路上的感应雷及沿线路侵入的过电压波对变电所内的电气设备造成损害。它一般接于各段母线与架空线的进出口处，装在被保护设备的电源侧，与被保护设备并联，如图 6-34所示。

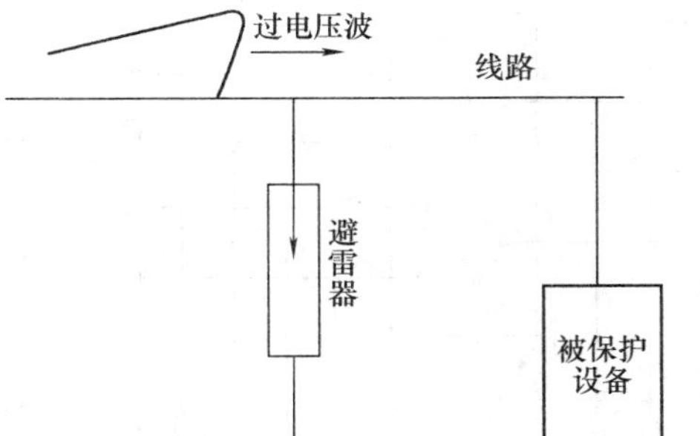

图 6-34　避雷器安装示意图

2. 防雷装置接地的要求

防雷装置接地的要求具体如下。

1）避雷针接地必须良好，接地电阻不宜超过 10Ω。

2）35kV 及以下变配电所的避雷针应单独装设支架，避雷针与被保护设备之间的空间距离不小于 5m。

3）独立避雷针应有自己专用的接地装置，接地装置与变配电所接地网间的距离不应小于 3m。

4）避雷针及接地装置与道路入口等的距离应不小于 3m。

6.4.3 防雷保护

1. 架空线的防雷保护

1）在 60kV 及以上的架空线路上全线装设避雷线。

2）在 35kV 的架空线路上，一般只在进出变配电所的一段线路上装设避雷线。

3）在 10kV 及以下线路上一般不装设避雷线，常采用下列方法。

① 提高线路本身的绝缘水平。可以采用高一级电压的绝缘子，以提高线路的防雷水平。

② 尽量装设自动重合闸装置。线路发生雷击闪络之所以跳闸，是因为闪络造成了稳定的电弧而形成短路。当线路断开后，电弧即行熄灭，而把线路再接通时，一般电弧不会重燃，因此重合闸能缩短停电时间。

③ 装设避雷器和保护间隙用来保护线路上个别绝缘薄弱地点。

4）对于低压（380V/220V）架空线路的保护一般可采取以下措施。

① 在多类雷地区，当变压器采用 Yyn0 接线时，宜在低压侧装设阀式避雷器或保护间隙。当变压器低压侧中性点不接地时，应在其中性点装设击穿保险器。

② 对于重要用户，宜在低压线路进入室内前 50m 处安装低压避雷器，进入室内后再装低压避雷器。

③ 对于一般用户，可在低压进线第一支持处装设低压避雷器或击穿保险器。

2. 变配电所的防雷保护

1）装设避雷针用来防止直击雷。

2）装设避雷器用来保护主变压器，以免雷电冲击波沿高压线路侵入变电所，损坏变电所的这一关键的设备，如图 6-35 所示。

为了防止雷电波侵入变电所的 3～10kV 配电装置，应当在变电所的每组母线和每路进线上装设阀型避雷器，如图 6-36 所示。

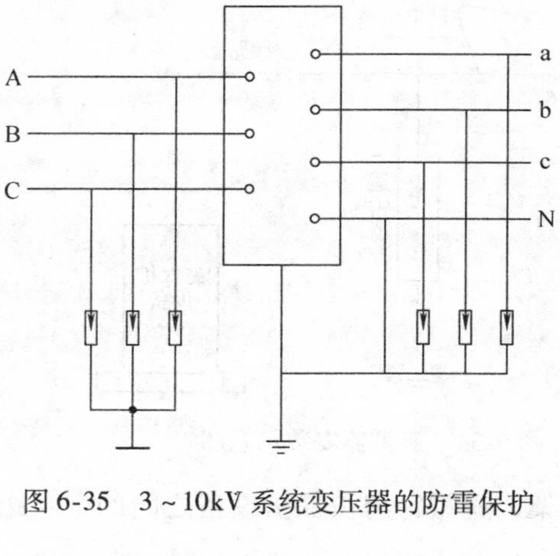

图 6-35　3～10kV 系统变压器的防雷保护

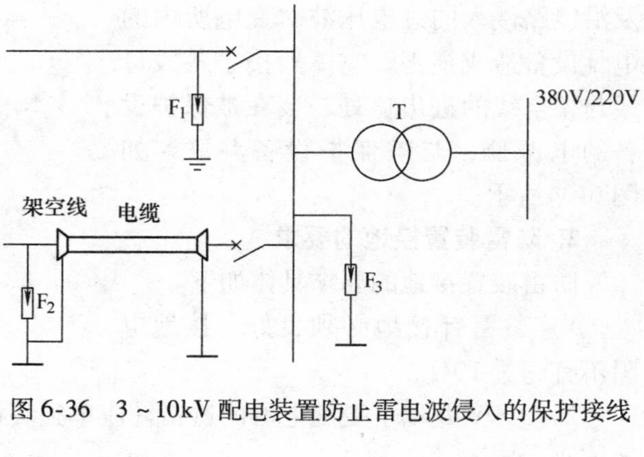

图 6-36　3～10kV 配电装置防止雷电波侵入的保护接线

3. 高压电动机的防雷保护

高压电动机对雷电波侵入的保护应采用 FCD 磁吹阀型避雷器或氧化锌避雷器。为了降低沿线路侵入的雷电波波头陡度，减轻其对电动机绕组绝缘的危害，可在电动机进线前面加一段 100～150m 的引入电缆，并在电缆前的电缆头处安装一组阀型避雷器，而在电动机电源端（母线上）安装一组并联有电容器的磁吹阀型避雷器，这样可以提高防雷效果，如图6-37所示。

4. 建筑物的防雷措施

根据发生雷电事故的可能性和后果，将建筑物分为三类。第一类防雷建筑物是制造、使用或储存爆炸物，因电火花会引起爆炸，造成巨大破坏和人身伤亡的建筑物；第二类防雷建筑物是制造、使用或储存爆炸物，电火花不易引起爆炸或不致造成巨大破坏和人身伤亡的建筑物；第三类防雷建筑物是除第一、第二类建筑物以外的爆炸、火灾危险的场所。第一类防雷建筑物和第二类防雷建筑物中有爆炸危险的场所，应有防直击雷、防感应雷的措施。第二类防雷建筑物（除有爆炸危险者外）及第三类防雷建筑物，应有防直击雷的措施。

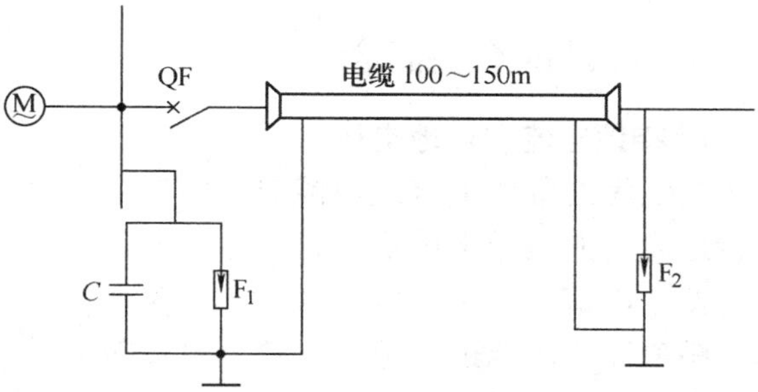

图6-37　高压电动机的防雷保护接线

【任务实施】

观察防雷装置的结构，说出各部件名称，将其填写在表6-4中。

表6-4　防雷装置结构

防雷装置类型	避　雷　针	避　雷　线	避　雷　器
主要部件			

任务6.5　接地装置的认识与维护

【任务引入】

电气系统的任何部分与大地间做良好的电气连接，叫作接地。埋入地中用来直接与土壤接触并存在一定流散电阻的一个或多个金属导体组，称为接地体或接地极。电气设备接地部分与接地体连接用的金属导体，称为接地线。接地线在设备正常运行情况下是不载流的，但在故障情况下要通过接地故障电流。接地体与接地线，称为接地装置。由若干接地体在大地中用接地线相互连接起来的一个整体，称为接地网。其中接地线分为接地干线和接地支线，如图6-38所示。

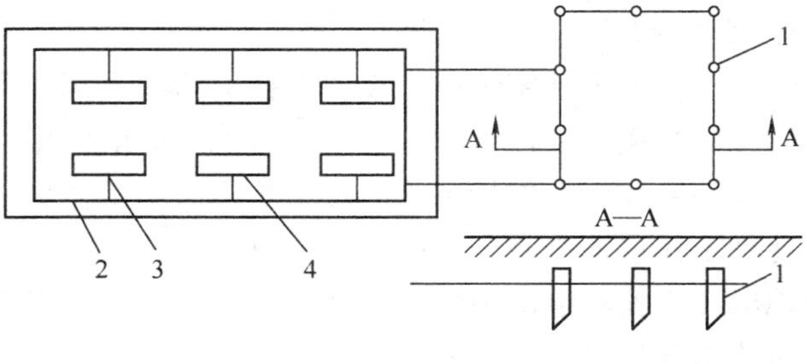

图6-38　接地网示意图

1—接地体　2—接地干线　3—接地支线　4—设备

【相关知识】

6.5.1 接地的有关概念

1. 接地电流和对地电压

当电气设备发生接地故障时，电流通过接地体向大地做半球形散开，这一电流称为接地电流，用 I_E 表示，如图 6-39 所示。距离接地体越远的地方，散流电流越小，实验表明，在距离接地点约 20m 远处，实际散流电流基本为零。电气设备的接地部分与零电位的电位差为对地电压，用 U_E 表示。

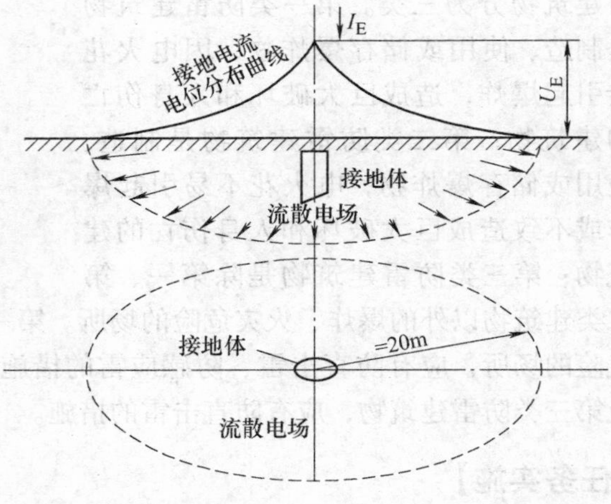

图 6-39　接地电流、对地电压及接地电位分布曲线

2. 接触电压和跨步电压

接触电压是指电气设备绝缘损坏时，人体在地面上接触该电气设备，人体所承受的电位差，用 U_{tou} 表示，如图 6-40 所示。跨步电压是指在接地故障点附近行走，由于人的双脚位置不同而使人的双脚之间所呈现的电位差，用 U_{step} 表示，如图 6-40 所示。跨步电压的大小与离接地地点的距离及跨步的长短有关，离接地点越近，跨步越长，跨步电压就越大。当离接地点约 20m 时，跨步电压通常为零。接触电压和跨步电压均不能高于安全电压。

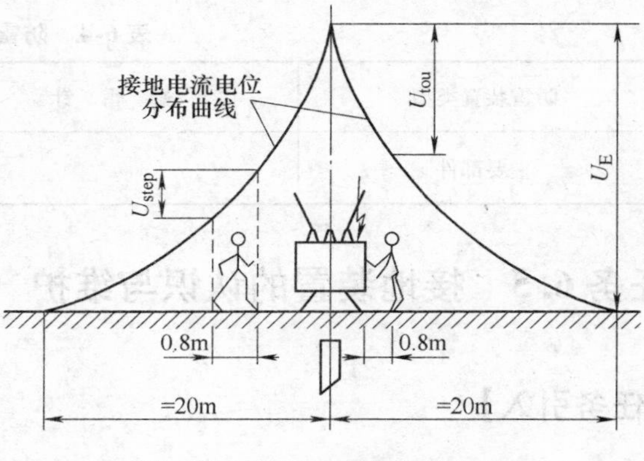

图 6-40　接触电压与跨步电压

6.5.2 接地的种类

接地按其目的和作用可分为：工作接地、保护接地、防雷接地、防静电接地和重复接地等。这里详细介绍工作接地、保护接地和重复接地。

1. 工作接地

为了确保电力系统中电气设备在任何情况下都能安全、可靠地运行，要求系统中某一点必须用导体与接地体连接，称为工作接地。如电源中性点的直接接地或经消弧线圈的接地、绝缘监视装置和漏电保护装置的接地等都属于工作接地。

各种工作接地都有各自的作用。例如，电源中性点的直接接地，能在运行中维持三相系统对地电压不变；电源中性点经消弧线圈的接地，能在单相接地时消除接地点的断续电弧，防止系统出现过电压。

2. 保护接地

为防止人触及电气设备因绝缘损坏而带电的外露金属部分造成人体触电事故，将电气设备中所有正常时不带电、绝缘损坏时可能带电的外露部分接地，称为保护接地。根据电源中性点对地绝缘状态不同，保护接地分为TT系统、IT系统和TN系统。

（1）TT系统

TT系统是在中性点直接接地系统中，将电气设备金属外壳通过与系统接线装置无关的独立接地体直接接地，如图6-41所示。

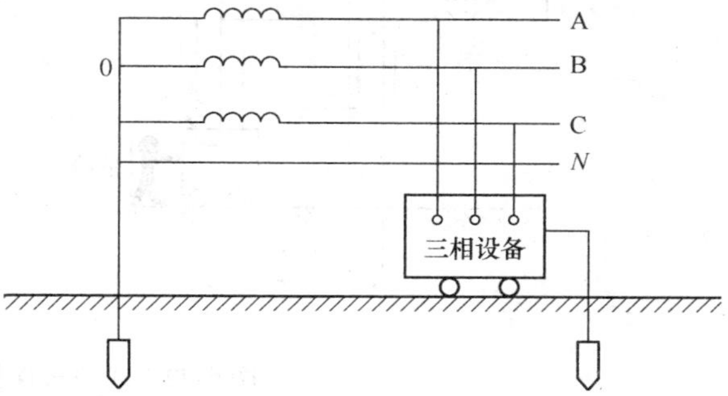

图6-41　TT方式保护接地系统

如果设备的外露可导电部分未接地，则当设备发生一相碰壳接地故障时，外露可导电部分就要带上危险的相电压。由于故障设备与大地接触不良，这一单相故障电流较小，通常不足以使电路中的过电流保护装置动作，因而也就不能切除故障电源。这样，当人体触及带电的设备外壳时，加在人体上的就是相电压，触电电流大大超过极限安全值，增大了触电的危险。

如果将设备的外露可导电部分直接接地，则当设备发生一相碰壳接地故障时，通过接地装置形成单相短路。这一短路电流通常可使故障设备电路中的过电流保护装置动作，迅速切除故障设备，从而大大减少了人体触电的危险。即使在故障未切除时人体触及故障设备的外露可导电部分，也由于人体电阻远大于保护接地电阻，因此通过人体的电流也比较小，对人体的危害相对也较小。

但在这种系统中，如果电气设备的容量较大，这一单相接地短路电流将不能使线路的保护装置动作，故障将一直存在下去，使电气设备的外壳带有一个危险的对地电压。例如，保护某一电气设备的熔体额定电流为30A，保护接地电阻和中性点工作接地电阻均为4Ω时，当该设备发生单相碰壳时，其短路电流仅为27.5A（设相电压为220V），不能熔断30A的熔体。这时电气设备外壳的对地电压为110V，远远超出了安全电压。所以TT系统只适用于功率不大的设备，或作为精密电子仪器设备的屏蔽接地。为了克服上述缺点，还应在线路上装设漏电保护装置。

（2）IT系统

IT系统是在中性点不接地或通过阻抗接地的系统中，将电气设备正常情况下不带电的外露金属部分直接接地。在矿井井下全部使用这种保护接地系统，系统中没有装设保护接地时，如图6-42a所示。当电气设备发生一相碰壳接地故障时，若人体触及带电外壳，则电流经过人体入地，再经其他两相对地绝缘电阻和对地分布电容流回电源。当线路对地绝缘电阻显著下降或电网对地分布电容较大时，通过人体的电流将远远超过安全极限值，对人的生命构成了极大的威胁。

当装设保护接地装置时，如图6-42b所示。当人触及碰壳接地的设备外壳时，接地电流将同时通过人体和接地装置流入大地，经另外两相对地绝缘电阻和对地分布电容流回电源。由于接地电阻比人体电阻小得多，所以接地装置有很强的分流作用，使通过人体的触电电流大大减小，从而降低了人体触电的危险。

由于接地电阻与人体电阻是并联关系，所以接地电阻 R_E 越小，流过人体的电流也就越小。为了将流过人身的电流限制在一定范围之内，必须将接地电阻限制在一定数值以下。

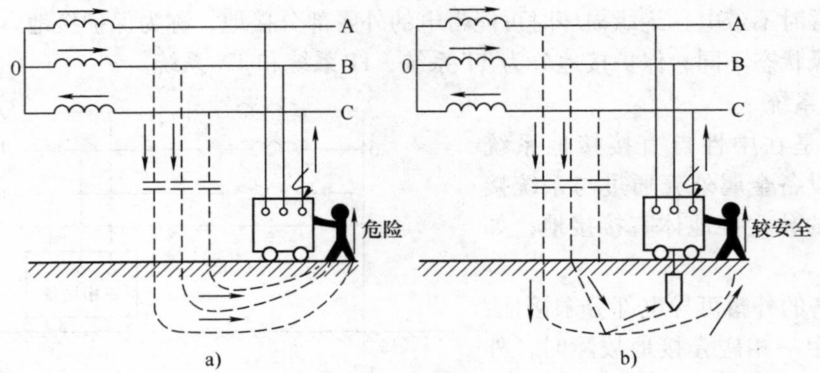

图 6-42　IT 方式保护接地系统

a）没有接地　b）有接地

（3）TN 系统

TN 系统分为三种，如图 6-43 所示。

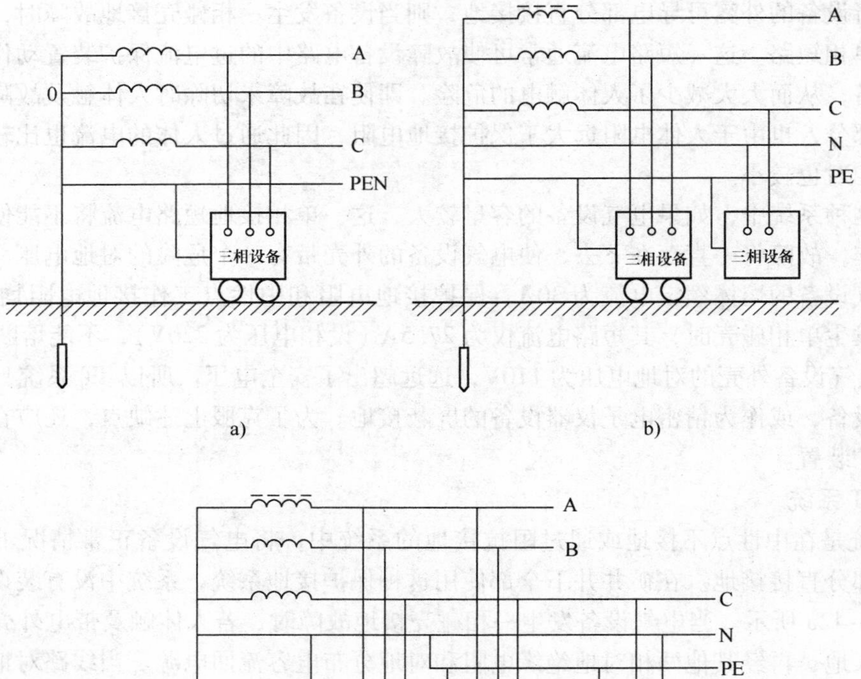

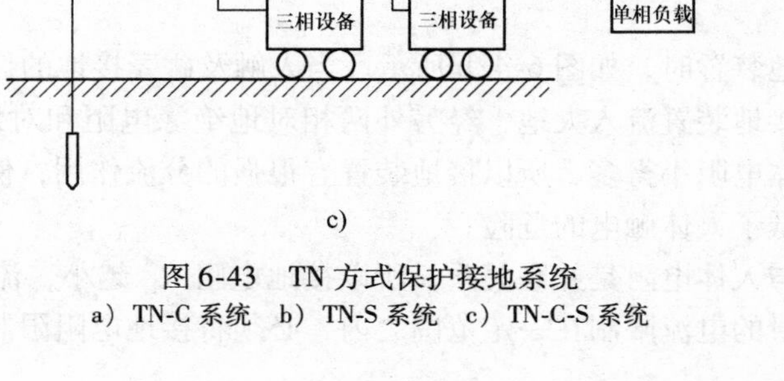

图 6-43　TN 方式保护接地系统

a）TN-C 系统　b）TN-S 系统　c）TN-C-S 系统

TN-C 系统。该系统的中性线 N 与保护线 PE 是合在一起的，电气设备不带电金属部分与之相连。

TN-S 系统。该系统的配电线路中性线 N 与保护线 PE 分开，电气设备的金属外壳接在保护线 PE 上。

TN-C-S 系统。该系统是 TN-C 和 TN-S 系统的综合，电气设备大部分采用 TN-C 系统接线，在设备有特殊要求的场合局部采用专设保护线接成 TN-S 形式。

这种 TN 系统的接地形式，我国电工界过去习惯称为“保护接零”，其中 PEN 线和 PE 线就称为“零线”。

3. 重复接地

在三相四线制供配电系统中，将零线上的一处或多处，通过接地装置与大地再次连接的措施称为重复接地，如图 6-44 所示。

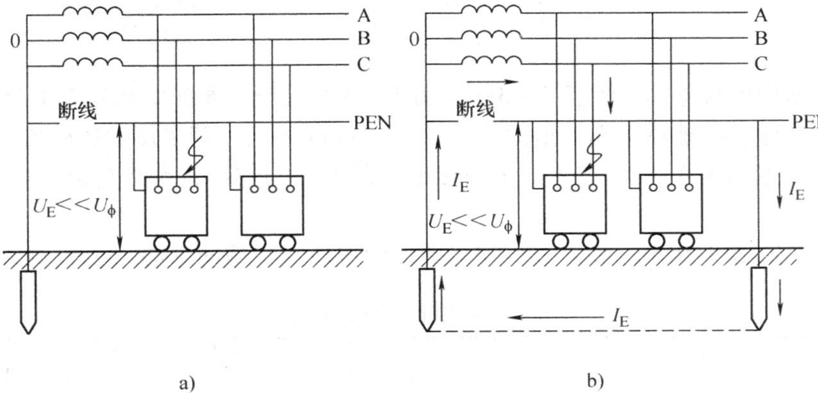

图 6-44　重复接地电气原理图
a）没有重复接地　b）有重复接地

6.5.3　接地装置的装设

接地体是接地装置的主要部分，其选择与装设是能否取得合格接地电阻的关键，接地体分为自然接地体和人工接地体。

1. 自然接地体的利用

利用自然接地体不但可以节约钢材，节省施工费用，还可以降低接地电阻，因此设计保护接地装置时，应首先考虑利用自然接地体，如地下金属管道（输送燃料管道除外）、建筑物金属结构和埋在土壤中的铠装电缆的金属外皮等。如果采用自然接地体接地电阻不满足要求或附近没有可使用的自然接地体时，应装设人工接地体。

利用自然接地体，必须保证良好的电气连接，在建筑物钢结构结合处凡是用螺栓连接的，只有在采取焊接与加跨接线等措施后才能利用。

2. 人工接地体的装设

自然接地体不能满足接地要求或无自然接地体时，应采用人工接地体。人工接地体通常采用垂直打入地中的钢管、圆钢或角钢，以及埋入土壤中的钢带制作。一般情况下，人工接地体都采取垂直敷设，特殊情况下（如多岩石地区），可采取水平敷设，如图 6-45 所示。

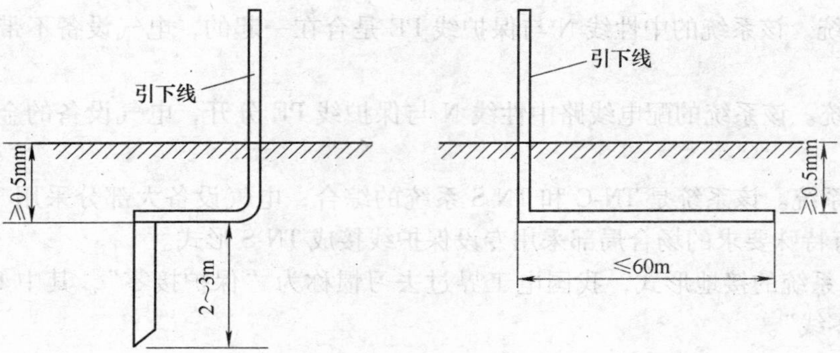

图 6-45　人工接地体的结构

a）垂直埋设的人工接地体　b）水平埋设的人工接地体

垂直埋入地中的接地体一般长 2 ~ 3m，为防止冬季土壤表面冻结和夏季水分的蒸发而引起接地电阻的变化，接地体上端与地面应有 0.5 ~ 1m 的距离。若采用扁钢作为主要接地体，其敷设深度一般不小于 0.8m。埋入地中的接地体的上端与连接钢带焊接起来，就构成了一个良好的接地系统。

按国标 GB 5016—2014 有关规定，钢接地体和接地线的截面不应小于表 6-5 的规定。

表 6-5　钢接地体的最小尺寸

种类、规格及单位		地上		地下	
		室内	室外	交流回路	直流回路
圆钢直径/mm		6	9	10	12
扁钢	截面/mm^2	60	100	100	100
	厚度/mm	3	4	4	6
角钢厚度/mm		2	2.5	4	6
钢管管壁厚度/mm		2.5	2.5	3.5	4.5

对于 110kV 及以上变电所或腐蚀性较强场所的接地装置，应采用热镀锌钢材，或适当加大截面。

由于单根接地体周围地面电位分布不均匀，并且可靠性也差。为了使地面电位分布尽量均匀，以降低接触电压和跨步电压及提高接地可靠性，接地网的布置可采用环路式接地网，如图 6-46 所示。

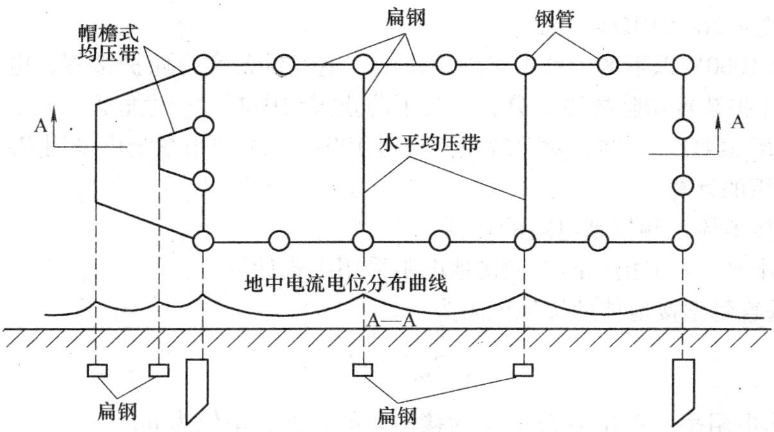

图 6-46　加装均压带的环路式接地网

6.5.4　接地电阻的计算

接地体与土壤接触时，二者之间的电阻及土壤的电阻，称为流散电阻，而接地线电阻、接地体电阻及流散电阻之和，称为接地电阻。其中，接地体、接地线电阻甚小，可忽略不计，故可以认为接地电阻等于流散电阻。

1. 接地电阻的要求

对接地装置的接地电阻进行限定，实际上就是限制接触电压和跨步电压，保证人身安全。电力装置的工作接地电阻应满足以下几个要求。

1）电压为 1000V 以上的中性点接地系统中，电气设备实行保护接地。由于系统中性点接地，故电气设备绝缘击穿而发生接地故障时，将形成单相短路，由继电保护装置将故障部分切除，为确保可靠动作，此时接地电阻 $R_E \leqslant 0.5\Omega$。

2）电压为 1000V 以上的中性点不接地系统中，由于系统中性点不接地，当电气设备绝缘击穿而发生接地故障时，一般不跳闸而是发出接地信号。此时，电气设备外壳对地电压为 $R_E I_E$，I_E 为接地电容电流，当这个接地装置单独用于 1000V 以上的电气设备时，为确保人身安全，取 $R_E I_E$ 为 250V，同时还应满足设备本身对接地电阻的要求，即

$$R_E \leqslant \frac{250}{I_E}$$

同时

$$R_E \leqslant 10\Omega \tag{6-6}$$

当这个接地装置与 1000V 以下的电气设备共用时，考虑到 1000V 以下设备分布广、安全要求高的特点，所以取

$$R_E \leqslant \frac{250}{I_E} \tag{6-7}$$

同时还应满足下述 1000V 以下设备本身对接地电阻的要求。

3）电压为 1000V 以下的中性点不接地系统中，考虑到其对地电容通常都很小，因此，规定 $R_E \leqslant 4\Omega$，即可保证安全。

对于总容量不超过 100kV · A 的变压器或发电机供配电的小型供配电系统，接地电容电

流更小，所以规定 $R_E \leq 10\Omega$。

4）电压为1000V以下的中性点接地系统中，电气设备实行保护接零，电气设备发生接地故障时，由保护装置切除故障部分，但为了防止零线中断时产生危害，仍要求有较小的接地电阻，规定 $R_E \leq 4\Omega$。同样，对总容量不超过100kV·A的小系统可采用 $R_E \leq 10\Omega$。

2. 接地电阻的计算

（1）人工接地体工频接地电阻的计算

在工程设计中，人工接地的工频接地电阻采用下式计算。

1）单根垂直管型接地体的接地电阻为

$$R_{E(1)} \approx \frac{\rho}{l} \tag{6-8}$$

式中，ρ 为土壤电阻率，单位为 Ωm；l 为接地体的长度，单位为 m。

2）多根垂直管型接地体的接地电阻。

n 根垂直接地体并联时，由于接地体间的屏蔽效应的影响，使得总的接地电阻 $R_E < R_{E(1)}/n$。实际总的接地电阻为

$$R_E = \frac{R_{E(1)}}{n\eta_E} \tag{6-9}$$

式中，η_E 为接地体的利用系数；可以查相应的表得出。

单根水平带形接地体的接地电阻为

$$R_{E(1)} \approx \frac{2\rho}{l} \tag{6-10}$$

n 根放射形水平接地带（$n \leq 12$，每根长度 $l \approx 60$m）的接地电阻为

$$R_E = \frac{0.062\rho}{n + 1.2} \tag{6-11}$$

环形接地带的接地电阻为

$$R_E = \frac{0.6\rho}{\sqrt{A}} \tag{6-12}$$

式中，A 为环形接地带所包围的面积，单位为 m。

（2）自然接地体工频接地电阻的计算

一些自然接地体工频接地电阻可用下式进行计算。

1）电缆金属外皮及水管等的接地电阻为

$$R_E \approx \frac{2\rho}{l} \tag{6-13}$$

式中，l 为电缆及水管等的埋地长度，单位为 m。

2）钢筋混凝土基础的接地电阻为

$$R_E = \frac{0.2\rho}{\sqrt{V}} \tag{6-14}$$

式中，V 为钢筋混凝土基础的体积，单位为 m^3。

3）冲击接地电阻的计算。

冲击接地电阻是指雷电流经接地装置泄放入地时的接地电阻，其一般小于工频接地电阻。冲击接地电阻可按下式进行计算。

$$R_{sh} = \frac{R_E}{\alpha} \tag{6-15}$$

式中，α 为换算系数。

（3）接地装置的设计计算

在已知接地电阻要求值的前提下，所需接地体根数的计算可按下列步骤进行。

1）按国标 GB 50057—2010 规定确定允许的接地电阻 R_E。

2）实测或估算可以利用的自然接地体的接地电阻 $R_{E(nat)}$。

3）计算需要补充的人工接地体的接地电阻 $R_{E(man)}$，即

$$R_{E(man)} = \frac{R_{E(nat)} R_E}{R_{E(nat)} - R_E} \tag{6-16}$$

若不考虑自然接地体，则 $R_{E(man)} = R_E$。

4）按经验初步确定接地体和连接导线长度及接地体的布置，并计算单根接地电阻 $R_{E(1)}$。

5）计算接地体的数量，即

$$n = \frac{R_{E(1)}}{\eta_E R_{E(man)}} \tag{6-17}$$

6）校验短路热稳定度。对于大接地电流系统的接地装置，应进行单相短路热稳定度校验。由于钢线的热稳定系数 $C=70$；因此接地钢线的最小允许截面（mm^2）为

$$A_{min} = I_K^{(1)} \frac{\sqrt{t_K}}{70} \tag{6-18}$$

式中，$I_K^{(1)}$ 为单相接地短路电流；t_K 为短路电流持续时间。

6.5.5 接地电阻的测量

接地装置施工完成后，使用前应测量接地电阻的实际值，以判断其是否符合设计要求。若不满足设计要求，则需要补打接地极。每年雷雨季节来临之前还需要重新检查测量。接地电阻的测量有电桥法、补偿法、电压-电流法和接地电阻测量仪法。

1. 测量接地电阻的一般原理

如图 6-47 所示，在两接地体上加一电压 u 后，就有电流 i 通过接地体 A 流入大地后经接地体 B 构成回路，形成图 6-47 所示的电位分布曲线，离接地体 A（或 B）20m 处电位等于零，即在 CD 区为电压降实际上等于零的零电位区。只要测得接地体 A（或 B）与大地零电位的电压 u_{AC}（或 u_{BD}）和电流 i，就可以方便地求出接地体的接地电阻。

2. 电压—电流法测量接地电阻

电压极和电流极为测量用辅助电极。电压极 2、电流极 3 与接地体 1（接地极）之间的布置方案有直线布置和等腰三角形布置两种，如图 6-48 所示。直线布置如图 6-48a 所示，取 $S_{13} \geqslant (2-3)D$，D 为被测接地网的对角线长度；而 $S_{12} \approx 0.6S_{13}$。等腰三角形布置如图 6-48b所示，取 $S_{12} \approx 0.6S_{13} \geqslant 2D$，夹角 $\alpha = 30°$。

在图 6-48 所示电路上加上电源后，同时读取电压、电流的值，即可由式 6-19 计算出接地装置的接地电阻：

$$R_E = \frac{U}{I} \tag{6-19}$$

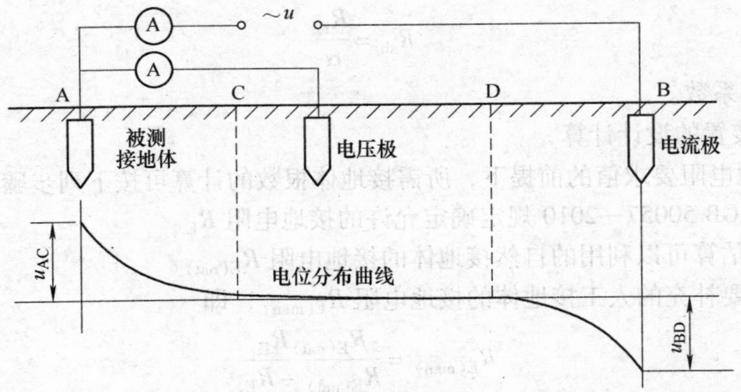

图 6-47　测量接地电阻的原理图

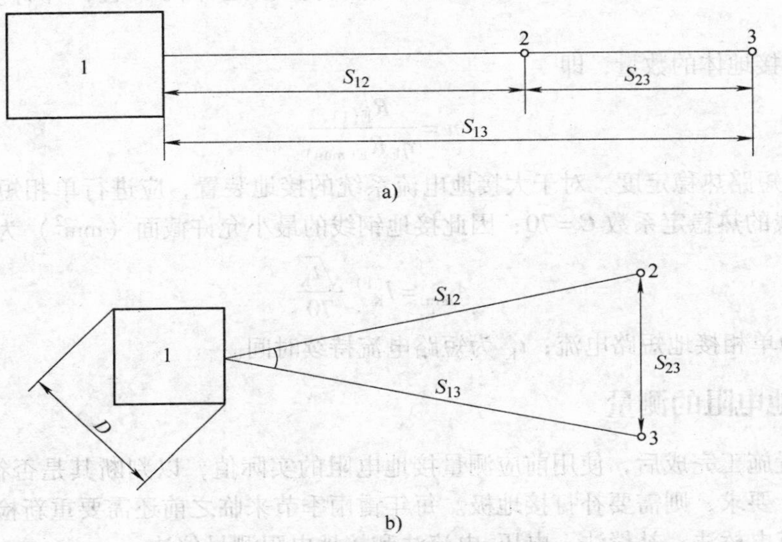

图 6-48　接地电阻测量的电极布置方案

a）直线布置　b）等腰三角形布置

3. 直接法测量接地电阻

采用接地电阻测量仪（俗称接地绝缘电阻表）可以直接测量接地电阻。

以常用的国产接地电阻测量仪 ZC-8 型为例，如图 6-49 所示。三个接线端子 E、P、C 分别接于被测接地体（E′）、电压极（P′）和电流极（C′）。以大约 120r/min 的转速转动手柄，绝缘电阻表内产生的交变电流将沿被测接地体和电流极形成回路，调节“粗调旋钮”和“细调拨盘”，使表针处于中间位置，便可以读出被测接地电阻。被保护电气设备具体操作过程如下：

1）拆开接地干线和接地体的连接点。

2）将两支测量接地钢棒分别插入离接地体 20m（接地棒 P′）与 40m（接地棒 C′）远的地中，深度约为 400mm。

3）把接地绝缘电阻表放置在接地体附近平整的地方，按图 6-49 所示接线。

4）根据被测接地体的估计电阻值，调节好“粗调旋钮”。

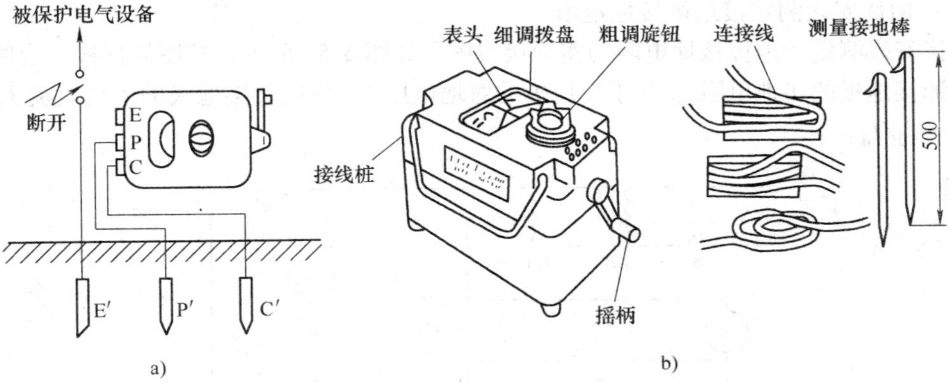

图 6-49　直接法测量接地电阻的电路

a）接线图　b）实物图

5）摇测时，首先慢慢转动摇柄，同时调整“粗调旋钮”，使指针指零（中线），然后加快转速（约为 120r/min），并同时调整“细调拨盘”，使指针指示到表盘中线即可。

6）“细调拨盘”所指示的数值乘以“粗调旋钮”的数值，即为接地装置的接地电阻值。

【任务实施】

接地极接地电阻的测定。

1. 所需材料

1）接地电阻测定仪。

2）电压表。

3）电流表。

2. 任务内容及步骤

（1）接地电阻测定仪测定接地极接地电阻

接地电阻测定仪测定接地极接地电阻的接线图，如图 6-50 所示，用导线将主接地极、探针、辅助接地极与测定仪 E、P、C 端子连接。再将探针和辅助接地极（钢棒）按要求插入潮湿的土中，校正测定仪的指针至零，调节合适的比率，均匀地摇动手柄（120r/min），同时调节刻度盘使指针重新回到零位，读取刻度盘上的读数，乘上相应的比率，即为主接地极的接地电阻值。再改变探针的位置，重复上述步骤，并做好记录。

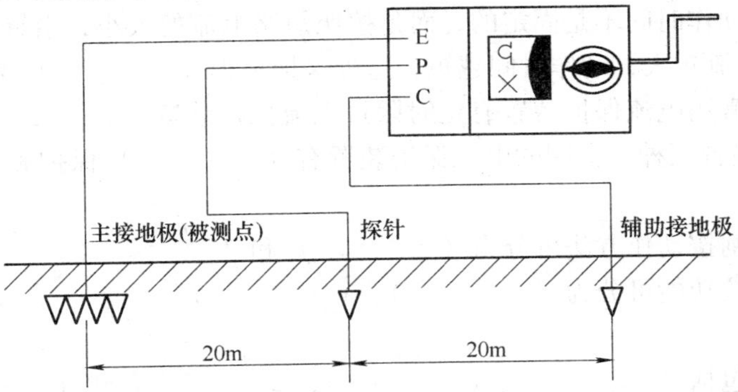

图 6-50　任务接线图

（2）用伏安表测定接地极接地电阻

用伏安表测定接地极接地电阻的实验接线图，如图6-51所示。按图接好线，合闸送电，此时被测接地极的接地电阻 r_d 等于接地极的对地电压 U_d 与通过接地极的入地电流 I_d 之比，即：$r_d = U_d/I_d$。

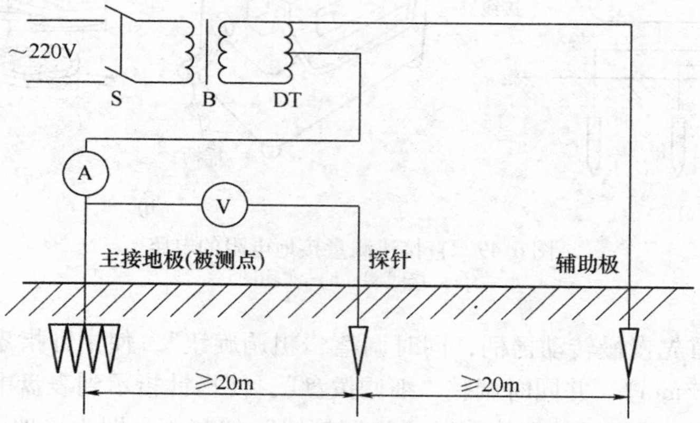

图6-51　实训接线图

为了使测量电流能够通过接地极，除被测接地极外，必须有另一个接地极，因此增设一个辅助接地极，使电源一个端子与被测接地极相连，另一个端子与辅助接地极相连，从而得到一个电流通路。电流表串接于此回路中，即可测得通过接地极的入地电流 I_d。同理，为了测得对地电压，也必须增设一个探针接地极。为了使测量准确，探针和辅助接地极应直线排列，间距应大于或等于20m。

习　　题

1. 填空题

1）根据保护装置对保护元件所起的作用，可分为（　　　）保护、（　　　）保护。

2）10kV线路的过电流保护是（　　　）的后备保护。

3）过电流保护的动作电流按躲过（　　　）来规定。

4）变压器的（　　　）保护是按循环电流原理设计的一种保护。

5）继电器的动作时间不是固定的，而是按照短路电流的大小，沿继电特性曲线做相反的变化，即短路电流越大，动作时间越短，这种保护称为（　　　）保护。

6）电力系统常用电流保护装置有定时限过电流保护装置，（　　　）过电流装置和（　　　）保护装置三种。常用的电压保护装置有（　　　）保护和（　　　）保护两种。

7）自动重合闸按动作方法可分为（　　　）和（　　　）。

8）二次回路按功能可分为（　　　）、（　　　）、（　　　）、（　　　）和（　　　）。

9）接地电阻包括（　　　）、（　　　）、（　　　）和（　　　）四部分。

10）防止雷电直击电气设备一般采用（　　　）及（　　　），防止感应雷击一般采用（　　　　）和（　　　　）。

11）当接地体采用角钢打入地下时，其厚度不小于（　　　　）mm。

2. 选择题

1）10kV 线路发生短路时，（　　）保护动作，断路器跳闸。

A. 过电流　　B. 速断　　C. 低频减载

2）下述变压器保护装置中，当变压器外部发生短路时，首先动作的是（　　），不应动作的是（　　）。

A. 过电流保护　　B. 过负荷保护　　C. 气体继电保护　　D. 差动保护

3）变压器发生内部故障时的主保护是（　　）动作。

A. 气体继电保护　　B. 差动　　C. 过电流

4）零序电流，只有在系统（　　）才会出现。

A. 相间故障　　B. 接地故障或非全相运行时　　C. 振荡时

5）二次回路标号范围规定，交流电流回路的标号范围是（　　）。

A. 600～799　　B. 400～599　　C. 701～999

6）在运行的配电盘上校验仪表，当断开电压回路时，必须（　　），防止电压互感器变换到高压侧。

A. 断开二次回路　　B. 取下二次回路的保护器　　C. 断开互感器两侧保险

7）《全国供用电规则》规定 10kV 以下电压波动范围为（　　）。

A. 5～8kV　　B. 3～7kV　　C. 9.3～10.7kV

8）当变电所发生事故使正常照明电源被切断时，事故照明应（　　）。

A. 有足够的照明度　　B. 能自动投入　　C. 临时电源

9）独立避雷针与配电装置的空间距离不小于（　　）。

A. 5m　　B. 8m　　C. 10m

10）35kV 架空电力线路一般不沿全线装设避雷线，而只要在首末端变电所进线段（　　）km 内装设。

A. 1～1.5　　B. 2～2.5　　C. 1.5～2

11）避雷器的带电部分低于（　　）时应设遮护栏。

A. 2m　　B. 2.5m　　C. 3m

3. 简答题

1）为什么有的配电线路只装过电流保护，不装速断保护?

2）简述定时限过电流保护的工作原理。

3）电力变压器的保护有哪几种?

4）单相接地有几种保护?

5）什么是二次回路? 什么是操作电源?

6）对自动重合闸基本要求有哪些?

7）某供电给高压并联电容器组的线路上，装有一只无功电能表和三只电流表，如图 6-52a所示。试按中断线表示法在图 6-52b 上标出图 6-52a 的仪表和端子排的端子标号。

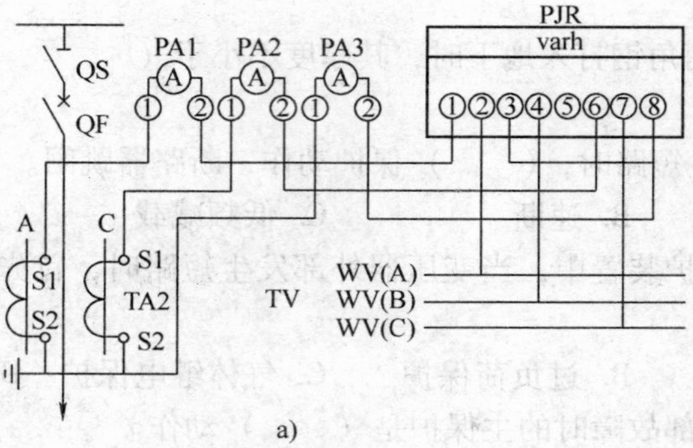

a)

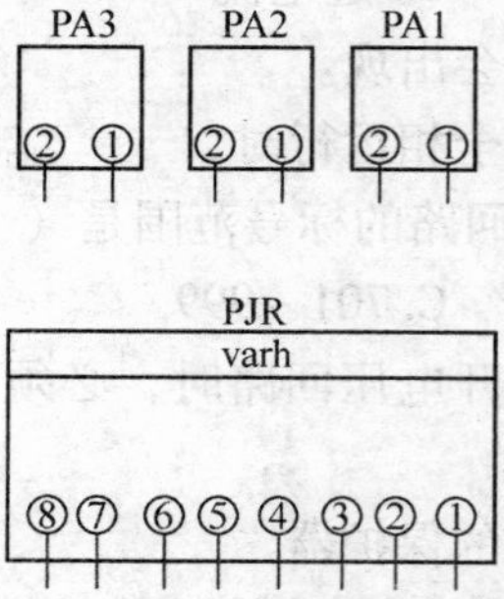

X	端子排
TA1:S1	1
TA2:S1	2
TA1:S2	3
TA2:S2	4
WV(A)	5
	6
WV(B)	7
	8
WV(C)	9
	10

b)

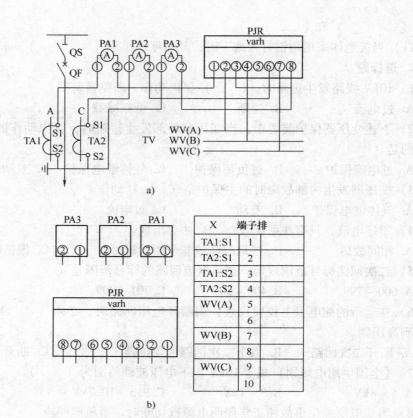

图 6-52　习题 3-7）的原理电路图和安装接线图

a）原理电路图　b）安装接线图（待标号）

项目7 电气照明

【教学目标】

1. 了解工业照明和民用照明。
2. 熟悉电光源的选择及灯具的选取与布置。
3. 掌握照度计算的方法。

照明对人们的生产活动有着极为重要的影响。人们通过视觉从生产对象获得必要的信息才能进行有效的生产活动，而电气照明则是在夜间或采光不足的情况下提供良好视觉条件的手段。实践证明，照明的好坏对生产安全、劳动生产率、产品质量和劳动卫生都有直接的影响。

任务7.1 工业照明

【任务引入】

在天然光缺乏或不足的情况下，为了创造一个明亮的工作环境，以保证生产、适应工作，就必须采用工业照明。合理的工业电气照明能改善劳动条件，提高工作效率，保障劳动者的视力健康，减少生产事故和工作差错，同时还能美化工作环境，有益于工作者的身心健康。所以，工业电气照明是在生产过程中一个不可缺少的组成部分。

【相关知识】

7.1.1 照明概述

1. 与照明技术有关的物理量

（1）光波

光波是能引起人肉眼视觉刺激的电磁波，波长为380～780nm，不同波长的光产生不同的颜色感觉。

（2）光谱光效应函数 $V(\lambda)$

人肉眼对各种光波感觉的相对灵敏度。在明视觉时，对555nm光波（黄绿色）的 $V(\lambda)=1$；在暗视觉时，对507nm光波（蓝绿色）的 $V(\lambda)=1$。

（3）光通量 Φ

对人肉眼有视觉作用的光源辐射能通量，即波长为380～780nm部分，简称光通。其单位是流明lm。

（4）光度 I

光源的发光强度，即在某一方向的单位立体角内的光通量，又称光强。即 $I=\frac{d\Phi}{d\omega}$，其单位是坎德拉（cd），也称烛光。

（5）照度 E

单位垂直面积上接受的光通量，即 $E=\frac{d\Phi}{dS}$。其单位是勒克斯（$lx=lm/m^2$）。

（6）面发光度 L

从一个由任何原因造成的发光表面所射出的光通量密度，又称光出射度，即 $L=\frac{d\Phi}{dS}$。L 与 E 方向相反，其单位是立勒克斯（$rlx=lm/m^2$）。

（7）亮度 B

发光面在人眼看过去那个方向的发光强度，与发光面在这个方向垂直平面上的投影面积之比，相当于发光面在观察方向上的光强面密度，即 $B=\frac{dI_\alpha}{dS_\alpha\cdot\cos\alpha}$。其单位不止一种，因面积的单位而异，常用的有尼特（$nt=\frac{cd}{m^2}$），熙提（$sb=\frac{cd}{cm^2}$），亚熙提（$asb=\frac{cd}{\pi\cdot m^2}=\frac{1}{\pi}nt$）。

（8）物体的光照性能

光投射到物体上时，可将光通量分为三部分，即反射光通量、透射光通量和吸收光通量。反射光通量、透射光通量和吸收光通量与光通量的比值分别为反射系数、透射系数与吸收系数，且之和为1。

（9）光源的颜色

光源的颜色，简称光色，它用色温和显色指数两个指标来度量。

1）色温。

当光源的发光颜色与把黑体（能全部吸收光能的物体）加热到某一温度所发出的光色相同（或相似）时，该温度称为光源的色温。色温用热力学温度来表示，单位是K（开尔文）。

光源的色温是灯光颜色给人直观感觉的度量，与光源的实际温度无关。不同的色温给人不同的冷暖感觉，高色温有凉爽的感觉，低色温有温暖的感觉。在低照度下采用低色温电光源会感到温馨愉快；在高照度下采用高色温的光源则感到清爽舒适。在比较热的地区宜采用高色温冷感电光源，在比较冷的地区宜采用低色温暖感的电光源。

2）显色指数。

不同光谱的光源照射同一物体时，该物体会显现不同的颜色。光源对被照物体颜色显现的性质，称为光源的显色性，并用显色指数表示光源显色性能和视觉上失真程度好坏的指标。将日光的显色指数定为100，其他光源的显色指数均小于100，符号是 R_a。R_a 越小，色差越大，显色性也越差，反之显色性越好。

（10）光源寿命

电光源的寿命通常用有效寿命和平均寿命两个指标来表示。有效寿命指灯开始点燃至灯的光通量衰减到额定光通量的某一百分比时所经历的点灯时数，一般这一百分比规定在70%～80%之间。平均寿命指一组试验样灯，从点燃到其中50%的灯失效时，所经历的点灯时数。

光源寿命是评价电光源可靠性和质量的主要技术参数，寿命长表明它的服务时间长，耐用度高，节电贡献大。

（11）光源起动性能

指灯的起动和再起动特性，它用起动和再起动所需要的时间来度量。

2. 照明的分类

1）工作照明：包括一切生产和生活正常活动所需的照明。

2）事故照明：包括事故时继续工作照明、安全通行照明和应急照明。

3）值班照明：包括非工作时间内由值班人员控制的照明及出入口照明。

4）警卫照明：用于警卫地区周界附近的照明。

5）障碍照明：装于建筑上作为障碍标志的特殊照明。

6）立面照明：包括使建筑物泛光、显示轮廓，如广告灯、招牌灯、节日灯等。

7）艺术照明：建筑物室内的一切装饰照明和厅堂照明、舞池照明及庭院照明等。

8）道路照明：包括广场照明以内的所有露天照明设备。

9）专用照明：如水下照明、舞台照明和手术无影灯等。

对不同的照明种类，都有着各自不同的照明设计要求。但无论是哪一种照明方式，作为一种合理的照明，均需在质量、安全、经济三方面达到基本要求。

3. 照明的质量及电气照明设计的一般要求

（1）照明的质量

1）合理的照度。

2）合格的均匀度。

3）要限制眩光和减弱阴影。

4）保持照明的稳定性。

5）光源有良好的显色性。

（2）对电气照明设计的一般要求

1）在照明设计时，应根据视觉要求、工作性质和环境条件，使工作面均获得良好的视觉效果、合理的照度和显色性，以及适宜的亮度分布。

2）在确定照明方案时，处理好电气照明与天然采光、资金及能源消耗与照明效果的关系。

3）照明设计应重视清晰度、清除阴影、限制眩光。

4）应合理选择照明方式和控制方式，以降低电能的消耗。

7.1.2 合理选择电光源

正确、合理地选择光源和灯具，对保证照明质量、节约用电及降低投资成本均起到重要的作用。将电能转换为光能的器具称为电光源，俗称“灯泡”。照明电光源的分类方式有多种，按电光转换机理分类有两种：一种是热辐射光源，另一种是气体放电光源。如白炽灯、卤钨灯等属热辐射光源；荧光灯、高压汞灯、高压钠灯属气体放电光源。其工作原理和特性如下。

1. 白炽灯和卤钨灯

普通白炽灯是利用最早最多的一种电光源。其优点是：显色性好、光谱连续、结构简单、易于制造、价格低廉、使用方便，是应用最广的灯种。缺点是：能量转换效率低，大部分能量转化为红外辐射损失，可见光不多，发光效率低，使用寿命短。

近年来经过改进而来的涂白白炽灯、氪气白炽灯和红外反射膜白炽灯，在提高发光效率和延长使用寿命方面有了进一步的改善。涂白白炽灯是在灯泡的玻璃壳上涂以白色的无机粉末，可提高5%的发光效率，比普通白炽灯发光柔和、感觉舒适。氪（Kr）气白炽灯是以导热率低的氪气替代普通白炽灯的氩（Ar）气和氮（N）气等惰性气体作为充填气，可减少灯丝的热损失和气化速率，发光效率可提高10%，使用寿命能延长一倍。红外线反射膜白炽灯是在灯泡玻璃表面镀上透光的红外线反射膜，把灯丝反射的红外线再反射回灯丝，借提高灯丝温度来提高发光效率，可节电1/3以上。这些新的白炽灯种，依靠在光效和寿命方面的优势，正在部分取代普通白炽灯。

2. 荧光灯

荧光灯是利用低压汞（Hg）蒸气放电产生的紫外线，去激发涂在灯管内壁上荧光灯而转化为可见光的电光源，又称日光灯。它的发光效率上是普通白炽灯的3倍以上，使用寿命差不多是普通白炽灯的4倍，而且灯壁温度很低，发光比较均匀柔和。它的缺点是在使用电感镇流器时的功率因数颇低，还有频闪效应。荧光灯的应用领域极为广泛，仅次于白炽灯，在住宅、办公、商场、宾馆、车间、医院、展示厅等很多场所得到了广泛应用，它也是替代低效白炽灯的主要灯种。

直管荧光灯有两种类型：一种是粗管灯，也就是普通直管灯，灯管标称直径38mm；另一种是细管灯，它是一种新型管灯，标称直径26mm的细管灯是应用最多的细管灯种。粗管灯的灯管内壁一般涂以卤磷酸盐荧光粉，细管灯的灯管内壁涂以三基色荧光粉，三基色荧光粉能把紫外线转换成更多的可见光，因而细管灯比粗管灯的发光效率高，在提供相同的光通量条件下，装灯效率减少10%。标称直径26mm的细管灯可直接使用标称直径38mm粗管灯的灯头插座，可以用电感镇流器，也可以用电子镇流器，用细管灯来替代粗管灯非常便利，是替代普通粗管灯进一步提高光效的直管灯种。

紧凑型荧光灯是镇流器和灯管一体化的新型电光源，由于灯管造型和结构紧凑而得名。它可以配电感镇流器，也可以配电子镇流器，我国常把配上电子镇流器的紧凑型荧光灯称为电子节能灯。这种灯使用三基色荧光粉，可获得很高的发光效率，再配上低功耗的电子镇流器，可获得明显的节电效果。它的显色性好，大幅度地改善了频闪效应，提高了起动性能，兼有白炽灯和荧光灯的主要优点。紧凑型荧光灯可直接安装在白炽灯的灯头上，在同样光通量下可节电70%～80%，是替代白炽灯最理想的电光源。

3. 高压汞灯

高压汞灯是利用汞放电时产生的高气压获得可见光的电光源，它在发光管的内部充有汞和氩气，有的在内壁上涂以荧光粉，有的则完全透明。它的发光效率与普通荧光灯差不多，但使用寿命却比较长。它的缺点是显色性差，发出蓝绿色的光，缺少红色部分，除照到绿色物体上外，其他多呈暗灰色，而且不能瞬时起动。

4. 高压钠灯

高压钠灯是利用高压钠蒸气放电发光的电光源。它在发光管内除充有适量的汞和氩气或氙气外，并且加入过量的钠，钠的激发电位比汞低，以钠的放电发光（呈现淡黄色）为主。高压钠灯由点亮到稳定工作需要大约4～8min。高压钠灯的起动应与镇流器配套使用。

高压钠灯发出的是金黄色的光，是电光源中发光效率很高的一种电光源，比高压汞灯要高出一倍左右，使用寿命也比高压汞灯要长些。它的主要特点是显色性差，但已有比普通型高压钠灯显色性好的改进型和高显色性钠灯问世。普通高压钠灯主要用于对光色要求较低的场所，已被广泛地应用在道路、隧道、港口、码头、车站、广场、大桥等地方，在某些工厂厂房、体育和康乐场馆等地方也多被采用，扩大了高压钠灯的适用范围。在许多场合，高压钠灯可替代高压汞灯来节约照明用电。

5. 金属卤化物灯

金属卤化物灯发光原理是通电后使金属汞蒸气和钠、铊、铟、钪、镝、铯、锂等金属卤化物不断向电弧提供相应的金属蒸气，金属原子在电弧中受电弧激发而辐射该金属的特征光谱线。不同种类的金属卤化物组合在一起并控制它们之间的比例，可制成不同光色的金属卤化物灯。它是在高压汞灯的基础上改进和改善光色而发展起来的新型电光源。金属卤化物灯比高压汞灯的发光效率高得多，显色性也比较好，使用寿命也比较长。

6. 管型氙灯

高压管型氙气放电时产生很强的白光近于连续光谱，和太阳光十分相似，适用于广场照明。管型氙灯在点燃前管内已具备很高的气压，因此点燃电压高，约为两三万伏，需配备专用触发器来产生脉冲高频高压。

7. LED 照明灯

LED 照明灯是利用环保光源 LED 做成的一种照明灯具，可以广泛应用于各种指示、显示、装饰、背光源、普通照明和城市夜景等领域。LED 照明灯为直流负载，功耗低，电光功率转换接近 100%，相同照明效果比传统光源节能 80% 以上。LED 照明灯具有以下优点。

1）使用寿命长：LED 光源为固体冷光源，环氧树脂封装，灯体内也没有松动的部分，不存在灯丝发光易烧、热沉积、光衰等缺点，使用寿命可达到 6 万到 10 万小时之间，比传统光源寿命长 10 倍以上。

2）光色组合能力强：LED 光源利用三基色原理，形成不同光色的组合，能实现丰富多彩的动态变化效果及各种图像。

3）对环境无污染：LED 光源发出的光谱中没有紫外线和红外线，既没有热量，也没有辐射，眩光小，而且废弃物可回收，没有污染，不含汞元素，冷光源，可以安全触摸，属于典型的环保照明光源。

常用电光源的使用场所列于表 7-1 中。

表 7-1　常用电光源的使用场所

光源名称	适用场所
白炽灯	1. 要求不高的生产厂房 2. 局部照明和事故照明 3. 要求频闪效应小的场所，开、关频繁的地方 4. 需要避免气体放电灯对无线电设备或测试设备产生干扰的场所 5. 需要调光的场所
卤钨灯	1. 照度要求较高，显色性要求较好，且无震动的场所 2. 要求频闪效应小的场所 3. 需要调光的场所
荧光灯	1. 悬挂高度较低而需要较高的照度 2. 需要正确识别色彩的场合

（续）

光源名称	适用场所
管型氙灯	宜用于要求照明条件较好的大面积场所，或在短时间需要强光照明的地方。一般悬挂高度在20m以上
金属卤化物灯	厂房高，要求照度较高、色彩较好的场所
高压钠灯	1. 需要照度高，但对光色无特殊要求的地方 2. 多烟尘的车间 3. 潮湿多雾的场所

一般而言，热辐射电光源的起动性能最好，能瞬时起动，也不受再起动时间的限制；气体放电光源的起动特性不如热辐射电光源，不能瞬时起动。除荧光灯能快速起动外，其他气体放电灯的起动时间最少在4min以上，再起动时间最少也需要3min以上。

工业电气照明则大多利用的是气体放电灯。

7.1.3 灯具的选择与布置

灯具（主要指灯罩）的作用主要是固定光源（将光源的光线按照需要的方向进行分布）和保护光源（使光源不受外力损伤）。

照明器分为光源和灯具两部分，应根据使用环境条件、光强分布、房间用途、限制眩光等进行选择照明器的类型。在满足上述技术条件的前提下，应尽可能选择效率较高、维护检修较为方便的照明器。

1. 照明器的基本特征参数

（1）配光曲线

光源所发出的光线是射向四周的，为了减小光能损耗，充分地使光能利用率最大化，加装灯罩后可使光线重新分配，称为配光。为了表示光源加装灯罩后，光强在各个方向的分布情况而绘制在对称轴平面上的曲线，称为配光曲线，如图7-1所示。

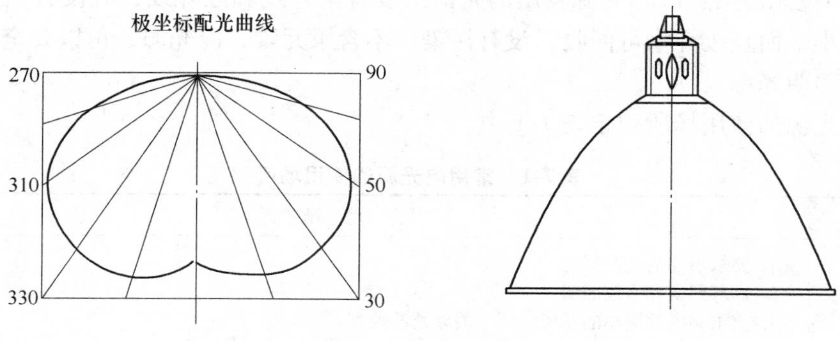

图7-1　极坐标配光曲线

（2）保护角

保护角是衡量灯罩保护人眼不受光源（灯丝）耀眼，即避免直射眩光的一个指标。一般照明器的保护角为灯丝的水平线与灯丝炽热体最外点和灯罩边界线的连线之间的夹角，如图7-2所示。

（3）照明器效率

灯具辐射的光通量与光源辐射出的光通量之比，称为灯具的效率，照明器效果优劣指标决定于灯具的材料、形状和灯丝位置等，一般为0.5～0.9。

2. 照明器分类及选用

（1）照明器分类

照明器通常以照明器辐射的光通量在空间分布的特性和照明器的结构特点进行分类。

1）按照明器的光通量在空间分布的特性分类。

均照型（慢射型）：光强在各个角度基本相等，例如乳白色玻璃球灯。

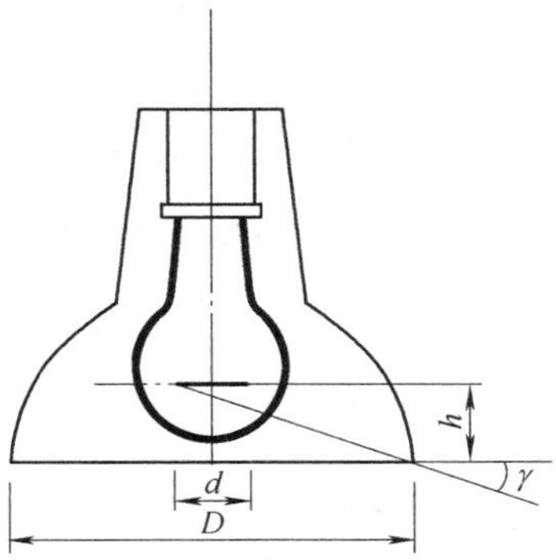

图 7-2　灯具的保护角

广照型：最大光强分布在较大角度上，可在较广的面积上形成均匀的照度。

配照型：光强是角度的余弦函数，在零度角处光强最大，也称余弦配光。

深照型：最大光强集中在40°以内的狭小立体内。

正弦配光型：光强是角度的正弦函数，在90°处光强最大。

2）按照明器结构特点分类。

开启型：无罩光源与外界空间直接接触。

闭合型：灯罩将光源包合起来，但内外空气仍能自由流通。

封闭型：灯罩固定处加以一般封闭，内外空气仍可有限流通。

密闭型：灯罩固定处加以严密封闭，内外空气不能流通，适合多水多尘的车间等操作场所的照明。

防爆型：灯罩及其固定处均能承受要求的压力，符合《防爆电气设备制造检验规程》的相关规定，能安全使用在有爆炸危险性介质的场所。

（2）照明器的选用

1）按使用环境条件选择照明器的形式时，需要注意温度、湿度、震动、污秽、腐蚀等情况，具体见表7-2。

表 7-2　按环境条件选取照明器具

使用环境条件	选取照明器类型
正常温度下	开启式照明器
潮湿或特别潮湿的场所	密闭型防水防尘照明器或配有防水灯头的开启式照明器
含有大量尘埃，但无爆炸危险和火灾危险的场所	防尘式照明器
有爆炸和火灾危险的场所	按危险场所的等级选择相应的照明器
震动较大的场所	防震型照明器或普通照明器加装防震措施
酸碱腐蚀性场所	耐酸碱型照明器
有受到机械撞伤可能、照明器安装高度较低的场所	具有安全保护措施的照明器

2）按光强特性分布选取，见表7-3。

表 7-3　按光强特性分布选取照明器具

光强特性	选取照明器类型
安装高度在 6 ~ 15m	集中配光的直射照明器
安装高度在 15 ~ 30m	高纯铝探照灯或其他高光照强灯具
安装高度在 6m 以下	宽配光深照型或余弦配光照明器具
照明器上方有需要观察的对象	上半球有光通分布的漫射型照明器
屋外大面积工作场所	投光灯、长弧氙灯及其他高光强照明器

7.1.4　照度计算

1. 工业照度标准

根据安全、经济、有利于保护视力和提高劳动生产率等项要求，规定了《工业企业照明标准》，见表 7-4。进行照度计算时，一般不大于照度标准的 20% 或不小于照度标准的 10% 。

表 7-4　主要生产车间工作面上的照度最低值（参考值）

车间名称及工作场所	工作面上的最低照度/lx		
	混合照明	混合照明中的一般照明	单独使用一般照明
金属机械加工车间			
一般	500	30	
精度	1000	75	
机电装配车间			
大件装配	500	50	
精密小件配装	1000	75	
机电设备试车			
地面			20
试车台	500	50	
焊接车间			
弧焊			50
接触焊	500	50	
划线			75
钣金车间			50
冲压剪切车间	300	30	
锻工车间			30
热处理车间			30
铸工车间			
熔化、浇铸			50

（续）

车间名称及工作场所		工作面上的最低照度/lx		
		混合照明	混合照明中的一般照明	单独使用一般照明
铸工车间				
型砂处理、清理				50
造型		500	30	
木工车间				
机床区		300	30	
木模工作台、检验		300	30	
表面处理车间				
电镀槽区				50
酸洗				30
抛光		300	20	
电源室				50
喷漆车间				
油漆、喷漆				50
调漆配置				50
喷砂车间		200	20	
电修车间				
一般		300	30	50
精密		500	50	
配、变电所				
高、低压开关室				30
变压器室				20
控制室				75
实验室				
理化、天平、计量				100
光学计量				50
动力站房				20
办公室、会议室				50
设计室				100
露天工作				3～20
道路	主要道路			0.5
	一般道路			0.3

照明器布置形式有均匀布置和选择性布置两种方式。均匀布置是指照明器有规律地按行、列等距离设置，并使平面上具有基本均匀的照度；选择性布置是指照明器多集中于某些

工作面设置，以使工作面上照度最强。在实际应用中，局部照明及需要加强照度或消除阴影时，一般采用选择性布置，其余场所采用均匀布置。

(1) 照明器的悬挂高度

照明器的悬挂高度（H），以不发生眩光为宜。照明器悬挂过高，不仅要因为保证工作面一定照度而需要加大电源功率，而且也不便于维修；过低则不安全。故照明器的悬挂高度要适中。表7-5给出了悬挂高度最小值。

表7-5　室内一般照明灯具距地面的最低悬挂高度

光源种类	灯具形式	灯泡功率/W	最低离地悬挂高度/m
白炽灯	带反射罩	100及以下 150~200 300~500 500以上	2.5 3.0 3.5 4.0
	乳白玻璃漫射罩	100及以下 150~200 300~500	2.0 2.5 3.0
荧光灯	无罩	40及以下	2.0
荧光高压汞灯	带反射罩	250及以下 400及以上	5.0 6.0
高压钠灯	带反射罩	250 400	6.0 7.0
卤钨灯	带反射罩	500 1000~2000	6.0 7.0
金属卤素灯	带反射罩	400 1000及以下	6.0 14.0以上

注：1000W的金属卤素灯有紫外线防护措施时，悬挂高度可适当降低。

(2) 照明器间的距离

在均匀布置照明器时，照明器之间的距离（L）与其计算高度（H）之间的比值（$L:H$），称为距高比。表7-6为距高比的推荐值，表中第一个数字为最适宜值，第二个数字为允许值。

表7-6　各种照明器布置的距高比值

照明器类型	L/H值	照明器类型	L/H值
配照型	0.88~1.41	圆球灯	1.45~1.75
深照型	1.23~1.50	筒式荧光灯	1.28~1.33
高纯铝深照型	0.85~1.02	嵌入式格栅荧光灯	1.05~1.12
搪瓷传斜照型	1.28~1.38	隔爆型防爆灯	1.46~1.71
搪瓷罩卤钨灯	1.25~1.40	广照型防水防尘灯	0.77~0.88

当L/H值小时，照度的均匀度好，但照明器数量增多，当L/H过大时，照度均匀度差。

2. 照度的计算

当光源、灯具类型、功率、布置方式等确定后，需要计算各工作面的照度，并检验是否满足该照明场所的照度标准。

这里仅对利用系数法的照度计算进行介绍。

利用系数指投射到计算工作面的光通量与房间内光源发出的总光通量之比，并用 u 表示，即

$$u = \frac{\Phi_j}{N \cdot \Phi} \tag{7-1}$$

式中，Φ_j 为投射到计算工作面上的光通量；N 为照明器数量；Φ 为每只照明器的光通量。

利用系数法考虑了墙、天棚、地面之间等各种因素光通量多次反射的影响，也就是投射到工作面的光通量，包括直射和反射到工作面的总光通量。利用系数法是由利用系数来计算工作面上平均照度的一种方法。它适用于均匀白炽灯、荧光灯、荧光发光带等场所的照度计算。下面介绍平均照度计算。

当房间面积（长、宽）、计算高度、灯型及光源光通量已知时，可按下式计算平均照度

$$E_{av} = \frac{u \cdot \Phi \cdot N}{K \cdot S} \tag{7-2}$$

$$Z = \frac{E_{av}}{E_{min}} \tag{7-3}$$

式中，E_{av} 为平均照度（lx）；Φ 为每个照明器中光源的总光通量（lm）；u 为利用系数，查有关照明器技术数据；E_{min} 为最低照度（lx）；S 为房间面积；N 为照明器数量；K 为照度补偿系数，照明器试用期间，由于光源光通量的衰减，照明器和房间表面的污染，会引起照度的降低，因此在照度计算时应考虑照度补偿系数 K，其数值见表 7-7。

Z 为最小照度系数，Z 值见表 7-8。如当工作面位于最低照度的部位（距墙边 0.5 ~ 1.0m）处时，可采用调整照明器的布线或增装壁灯的办法来提高工作面上的照度值。

表 7-7　照度补偿系数

环境污染特征	K 值	
	白炽灯、荧光灯、高强度放电灯	卤钨灯
清洁	1.3	1.2
一般	1.4	1.3
污染严重	1.5	1.4
室外	1.4	1.3

表 7-8　最小照度系数 Z

Z 值	适用场所
1.3	一般跨度的生产车间或工作场所中灯具的排数少于或等于 3 排
1.15 ~ 1.2	一般跨度的生产车间或工作场所中灯具的排数少于或等于 3 排 多跨度或大跨度的生产车间和工作场所 房间较矮，反射条件较好，但灯具的排数少于 3 排
1.1	房间较矮，反射条件较好，但灯具的排数多于 3 排 一般跨度的生产车间或工作场所中灯具的排数多于 4 排，且灯具的距离比较小

3. 最小照度计算

在规程上规定的最小照度，并非平均照度。最小照度与平均照度两者之间的关系，用最

小照度系数 Z 表示，即

$$Z=\frac{E_{av}}{E_{min}}$$

所以

$$E_{min}=\frac{u\cdot N\cdot \Phi}{K\cdot Z\cdot S} \tag{7-4}$$

当照明装置的 u、Z 等已知时，为保证工作面一定照度（不小于 E_{min} ）所需的光通量或每个灯泡的光通量为

$$\Phi=\frac{E_{min}\cdot K\cdot Z\cdot S}{u\cdot N} \tag{7-5}$$

式中，E_{min} 为标准照度最小值；Z 为最小照度系数，可查表 7-8。

【任务应用】

例 7-1 某厂房尺寸为 $7\times8m^2$，装有 4 个 150W 广照型照明器，每只光通量为 1800lm，利用系数 $u=0.6$，照明减光补偿系数 $K=1.3$，照明器装于 $5\times6m^2$ 的顶角处，悬挂高度 $H=3.8m$，试计算水平工作面上的平均照度。

解：（1）$N=4$，$\Phi=1800lm$

故工作面平均照度

$$E_{av}=\frac{u\cdot N\cdot \Phi}{K\cdot S}=\frac{0.6\times4\times1800}{1.3\times7\times8}lx=59.3lx$$

（2）查表 7-8 得 $Z=1.3$

工作面最小照度为

$$E_{min}=\frac{E_{av}}{Z}=\frac{59.3}{1.3}lx=45.6lx$$

【任务实施】

列出白炽灯、荧光灯、高压汞灯和钠灯的主要特点，并填入表 7-9 中。

表 7-9 各类灯具的主要特点

灯具种类	主要特点
白炽灯	
荧光灯	
高压汞灯	
钠灯	

任务 7.2 民用照明

【任务引入】

电气照明不仅在工业企业中起着举足轻重的作用，在人们生活过程及非工业领域应用中，也起到亮化、照明等方面的作用。民用照明包括办公室照明、学校照明、道路照明、住

宅照明等。

【相关知识】

7.2.1 民用照明与工业照明的区别

民用照明与工业照明都属于照明设施，并没有本质的区别，只是光源需求的服务群体不同，就造成了工业照明和民用照明的区分，但事实上，这两类服务群体的需求有时也会有交叉，而且照明的基础概念及相关照度计算也都大同小异，在这里就不多赘述。这里总结出几点民用照明与工业照明的区别，具体如下。

1）工业照明更侧重于光源的颜色，比如在商场的照明灯要还原商品真实的颜色或者渲染气氛，而民用照明更侧重照明的照度质量。

2）工业照明中灯具必须同时兼备功能性和装饰性，有时强化装饰性而弱化功能性，而民用照明绝大多数是首先是保证功能性。

3）绝大多数的工业照明灯具由于用电负荷较大，与民用照明相比，其供电回路有些许差异，主要是根据负荷的不同选择相应的电气设备。

7.2.2 民用照明的相关标准

办公楼照度标准、公共场所的照度标准及住宅建筑物照度标准分别见表7-10、表7-11和表7-12。

表7-10 公楼建筑照度标准

类别	参考平面及高度/m	照度标准值/lx		
		低	中	高
办公室、报告厅、会议室、接待室、营业厅	0.75水平面	100	150	200
有视觉显示屏的作业	工作台水平面	150	200	300
设计室、绘图室、打字室	实际水平面	200	300	500
装订、复印、晒图、档案室	0.75水平面	75	100	150
值班室	0.75水平面	50	75	100
门厅	地面	30	50	75

注：1. 有视觉显示屏的作业、屏幕上的垂直照度不应大于150lx。
2. 目前高档综合楼的办公室、报告厅、会议室推荐的照度为200lx（低）、300lx（中）、500lx（高）。

表7-11 公共场所照度标准

类别	参考平面及高度/m	照度标准值/lx		
		低	中	高
走廊、厕所	地面	15	20	30
楼梯间	地面	20	30	50
盥洗室	0.75水平面	20	30	50
储藏室	0.75水平面	20	30	50

（续）

类　　别	参考平面及高度/m	照度标准值/lx		
		低	中	高
电梯前室	地面	30	50	75
吸烟室	0.75 水平面	30	50	75
浴室	地面	20	30	50
开水房	地面	15	20	30

表 7-12　住宅建筑照度标准

类　　别		参考平面及高度/m	照度标准值/lx		
			低	中	高
起居室、卧室	一般活动区	0.75 水平面	20	30	50
	书写、阅读	0.75 水平面	150	200	300
	床头阅读	0.75 水平面	75	100	150
	精细作业	0.75 水平面	200	300	500
餐厅、方厅、厨房		0.75 水平面	20	30	50
卫生间		0.75 水平面	10	15	20
楼梯间		地面	5	10	15

【任务实施】

说明民用照明和工业照明的联系与区别，并填入表 7-13 中。

表 7-13　民用照明和工业照明的联系与区别

联　　系	区　　别

习　　题

1. 填空题

1）在工厂企业或变电所中，照明方式可分为（　　　　）、（　　　　）和(　　　　)。

2）照明按其用途可分为（　　　　）、（　　　　）、（　　　　）、（　　　　）和（　　　　）等。

3）照明灯具的平面布置主要采取两种布置方案，即（　　　　）和（　　　　）。

4）工业照明中，照明器的布置形式有（　　　　）或（　　　　）两种方式。

5）工业照明侧重于光源的（　　　　），而民用照明则更侧重于照明的（　　　　）。

2. 选择题

1）热辐射光源是（　　）。

A. 荧光灯　　　　B. 高压汞灯　　　　C. 高压钠灯

2）当灯具悬挂高度在 4m 及以下时，宜采用（　　）。

A. 荧光灯　　　　B. 高强气体放电灯　　　　C. 白炽灯

3）事故照明应采用（　　）。

A. 白炽灯　　　　B. 荧光高压汞灯　　　　C. 金属卤化物灯

3. 简答题

1）什么叫光通、光强和照度？

2）电光源按发光原理可分为哪两种类型？

3）在选择和布置灯具时，应注意哪些问题？

项目8　电 气 安 全

【教学目标】

1. 了解安全用电相关知识。
2. 熟悉引发触电现场的原因及主要措施。

随着科学技术的高速发展，现代工业规模正朝着日益大型化、自动化的方向发展，随之而来的工业生产的电气安全问题日益突出，引起了社会各界的关注和担忧。所谓电气安全，就是指电气设备在正常运行时以及在预期非正常状态下不会危害人体健康和周围的设备，当电气设备发生非预期的故障时，应能切断电源，将事故限制在允许的范围之内。

任务8.1　安全用电

【任务引入】

电能是日常生活中应用最广泛的能源，无论是家庭还是工矿企业，都有各种繁多的电气设备。在供配电工作中，必须特别注意安全用电，如稍有疏忽大意，就会酿成严重的人身触电事故，或引起火灾爆炸，给国家和人民带来巨大的损失。

【相关知识】

8.1.1　安全电压

安全电压，是指不致使人直接致死或致残的电压。

我国国家标准 GB 3805—1983《安全电压》规定的安全电压等级见表8-1。表8-1中所列空载上限值电压，主要是考虑到某些重载电气设备，其额定电压虽符合规定，但其空载电压往往很高，如超过规定的上限值，仍不能认为符合安全电压标准。

表8-1　安全电压（根据 GB 3805—1983）

安全电压（交流有效值）/V		选 用 举 例
额 定 值	空载上限值	
42	50	在有触电危险的场所使用的手持式电动工具等
36	43	在矿井、多导电粉尘等场所使用的行灯等
24	29	可供某些具有人体可能偶然触及的带电体设备选用
12	15	
6	8	

注：取代 GB 3805—1983《安全电压》的新标准 GB/T 3805—2008《特低电压（ELV）限值》中没有“安全电压”的简明规定，这里仍以老标准作为参考。

实际上，从电气安全的角度来说，安全电压与人体电阻有关。人体电阻由体内电阻和皮肤电阻两部分组成。体内电阻约为500Ω，与接触电压无关。皮肤电阻随皮肤表面的干湿洁污状态及接触电压有关。从人身安全的角度考虑，人体电阻一般取下限值1700Ω（平均值为2000Ω）。由于安全电流取30mA，而人体电阻取1700Ω，因此一般人体允许持续接触的安全电压为

$$U_{saf} = 30\text{mA} \times 1700\Omega \approx 50\text{V}$$

这50V（50Hz交流有效值）称为一般正常环境条件下允许持续接触的“安全特低电压”。从表8-1中可以看出，我国的安全电压系列是：42V、36V、24V、12V及6V。直流安全电压的上限值，通常为72V。

8.1.2 安全距离

为了保证电气工作人员在电气设备运行操作、维护检修时不致误碰带电体，规定了工作人员离带电体的安全距离；为了保证电气设备在正常运行时不会出现击穿短路事故，规定了带电体离附近接地物体和不同相带电体之间的最小距离。安全距离主要有以下几方面。

1）设备带电部分到接地部分和设备不同带电部分之间的距离，见表8-2。

表8-2 不同电压等级的安全距离 （单位：m）

设备额定电压/kV		1~3	6	10	35	60	110①	220①	330①	500①
带电部分到接地部分	屋内	0.075	0.1	0.1	0.3	0.55	0.85	1.8	2.6	3.8
	屋外	0.2	0.2	0.2	0.4	0.65	1	2	2.8	4.2
不同带电部分之间	屋内	0.07	0.1	0.1	0.3	0.55	0.9	—	—	—
	屋外	0.2	0.2	0.2	0.4	0.65	1	2	2.8	4.2

注：图中①表示中性点直接接地系统。

2）设备带电部分到各种遮栏间的安全距离，见表8-3。

表8-3 设备带电部分到各种遮拦间的安全距离 （单位：m）

设备额定电压/kV		1~3	6	10	35	60	110①	220①	330①	500①
带电部分到遮拦	屋内	0.825	0.85	0.9	1.05	1.3	1.6	—	—	—
	屋外	0.95	0.95	1	1.15	1.36	1.65	2.55	3.35	4.5
带电部分到网状遮拦	屋内	0.175	0.2	0.2	0.4	0.65	0.95	—	—	—
	屋外	0.3	0.3	0.3	0.5	0.7	1	1.9	2.7	5
带电部分到板状遮拦	屋内	0.105	0.13	0.2	0.33	0.58	0.88	—	—	—

注：图中①表示中性点直接接地系统。

3）无遮拦裸导体到地面间的安全距离，见表8-4。

表8-4 无遮拦裸导体到地面间的安全距离 （单位：m）

设备额定电压/kV		1~3	6	10	35	60	110①	220①	330①	500①
无遮拦裸导体到地面间的安全距离	屋内	2.375	2.4	2.4	2.6	2.85	3.15	—	—	—
	屋外	2.7	2.7	2.7	2.9	3.1	3.4	4.3	5.1	7.5

注：图中①表示中性点直接接地系统。

4）电气工作人员在设备维修时与设备带电部分间的安全距离，见表8-5。

表 8-5 工作人员与带电设备间的安全距离 （单位：m）

设备额定电压/kV	10 及以下	20～35	44	60	110	220	330
设备不停电时的安全距离	0.7	1	1.2	1.5	1.5	3	4
工作人员工作时正常活动范围与带电设备的安全距离	0.35	0.6	0.9	1.5	1.5	3	4
带电作业时人体与带电体间的安全距离	0.4	0.6	0.6	0.7	1	1.8	2.6

5）安全距离的其他规定。

① 电气设备的套管和绝缘子的最低绝缘部位对地距离，通常应不小于 2.5m。

② 围栏向上延伸，在屋内距地面 2.3m 处，在屋外距地面 2.5m 处，与围栏上方带电部分的距离，应不小于表 8-3 中规定的数值。

③ 设备在运输时外廓到无遮拦裸导体的距离，应不小于表 8-4 中规定的数值。

④ 不同时停电检修的无遮拦导体间的垂直交叉距离，应不小于表 8-4 中规定的数值。

⑤ 带电部分到建筑物和围墙顶部的距离，见表 8-6。

表 8-6 带电部分到建筑物和围墙顶部的安全距离 （单位：m）

设备额定电压/kV	10 及以下	35	60	110①	220①	330①
安全距离	2.2	2.4	2.6	3	3.8	4.6

注：图中①表示中性点直接接地系统。

⑥ 屋内出线套管到屋外通道路面的距离：35kV 及以下为 4m，60kV 为 4.5m，110kV～220kV 为 5m。

⑦ 海拔超过 1m 时，表 8-3 中规定的数值应按每升高 100m 增大 1% 进行修正。对 35kV 及以下而海拔低于 2000m 时，可不做修正。

8.1.3 绝缘安全用具

绝缘安全用具是保证作业人员安全操作带电体及人体与带电体安全距离不够所采取的绝缘防护工具。绝缘安全用具按使用功能可分为以下二类。

1. 绝缘操作用具

绝缘操作用具主要用来进行带电操作、测量和其他需要直接接触电气设备的特定工作。常用的绝缘操作用具，一般有绝缘操作杆、绝缘夹钳等，如图 8-1、图 8-2 所示。这些操作用具均由绝缘材料制成。正确使用绝缘操作用具，应注意以下两点。

1）绝缘操作用具本身必须具备合格的绝缘性能和机械强度。

2）只能在和其绝缘性能相适应的电气设备上使用。

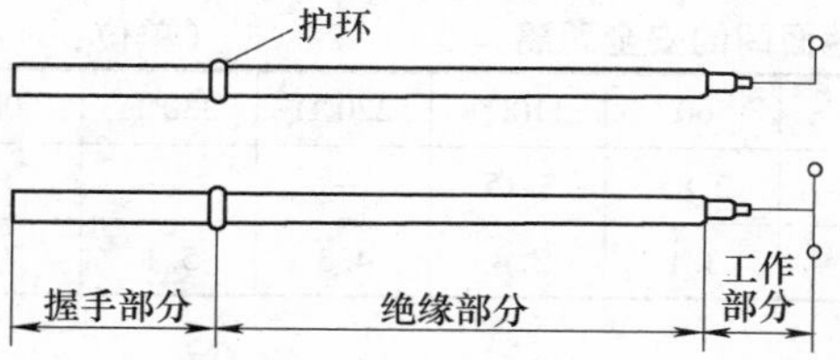

图 8-1 绝缘操作杆

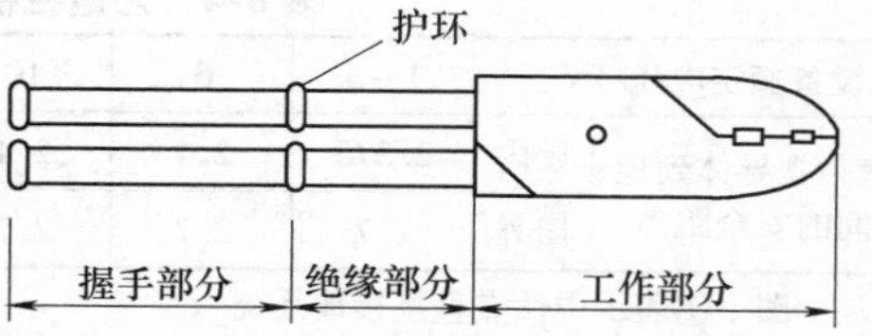

图 8-2 绝缘夹钳

2. 绝缘防护用具

绝缘防护用具对可能发生的有关电气伤害起到防护作用。主要用于对泄漏电流、接触电压、跨步电压和其他接近电气设备存在的危险等进行防护。常用的绝缘防护用具有绝缘手套、绝缘靴、绝缘隔板、绝缘垫、绝缘站台等，如图8-3所示。当绝缘防护用具的绝缘强度足以承受设备的运行电压时，才可以用来直接接触运行的电气设备，一般不直接触及带电设备。使用绝缘防护用具时，必须做到使用合格的绝缘用具，并掌握正确的使用方法。

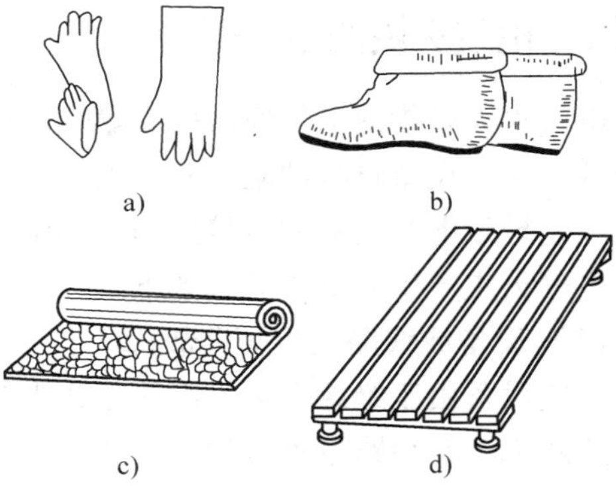

图8-3　绝缘防护用具
a）绝缘手套　b）绝缘靴
c）绝缘垫　d）绝缘站台

【任务实施】

交流系统和直流系统的安全电压不同，试确定交流、直流安全电压。

【拓展阅读】

电工安全操作知识。

1）在进行电工安装与维修操作时，必须严格遵守各种安全操作规程，不得玩忽失职。

2）进行电工操作时，要严格遵守停、送电操作规定，确实做好突然送电的各项安全措施，不准进行约时送电。

3）在邻近带电部分进行电工操作时，一定要保持可靠的安全距离。

4）严禁采用一线一地、两线一地、三线一地（指大地）安装用电设备和器具。

5）在一个插座或灯座上不可引接功率过大的用电器具。

6）不可用潮湿的手触及开关、插座和灯座等用电装置，更不可用湿抹布揩抹电气装置和用电器具。

7）操作工具的绝缘手柄、绝缘鞋和手套的绝缘性能必须良好，并做定期检查。登高工具必须牢固可靠，也应做定期检查。

8）在潮湿环境中使用移动电器时，一定要采用36V安全低压电源。在金属容器内（如锅炉、蒸发器或管道等）使用移动电器时，必须采用12V安全电源，并应有人在容器外监护。

9）发现有人触电，应立即断开电源，采取正确的抢救措施抢救触电者。

任务8.2　触电现场急救

【任务引入】

触电者的现场急救是抢救过程中关键的一步。如果处理及时和正确，则因触电而呈假死状的人就有可能获救；反之则会带来不可弥补的后果。

【相关知识】

8.2.1 电气火灾的主要原因

电气火灾是指由电气原因引发燃烧而造成的灾害。短路、过载、漏电等电气事故都有可能导致火灾。设备自身缺陷、施工安装不当、电气接触不良、雷击静电引起的高温、电弧和电火花是导致电气火灾的直接原因。周围存放易燃易爆物是电气火灾的环境条件。

电气火灾产生的直接原因如下。

（1）设备或线路发生短路故障

电气设备由于绝缘损坏、电路年久失修、疏忽大意、操作失误及设备安装不合格等将造成短路故障，其短路电流可达正常电流的几十倍甚至上百倍，产生的热量（正比于电流的平方）使温度上升超过自身和周围可燃物的燃点引起燃烧，从而导致火灾。

（2）过载引起电气设备过热

选用线路或设备不合理，线路的负载电流量超过了导线额定的安全载流量，电气设备长期超载（超过额定负载能力），引起线路或设备过热而导致火灾。

（3）接触不良引起过热

如接头连接不牢或不紧密、动触头压力过小等使接触电阻过大，在接触部位发生过热而引起火灾。

（4）通风散热不良

大功率设备缺少通风散热设施或通风散热设施损坏造成过热而引发火灾。

（5）电器使用不当

如电炉、电熨斗、电烙铁等未按要求使用，或用后忘记断开电源，引起过热而导致火灾。

（6）电火花和电弧

有些电气设备正常运行时就能产生电火花、电弧，如大容量开关、接触器触头的分、合操作，都会产生电弧和电火花。电火花温度可达数千度，遇可燃物便可点燃，遇可燃气体便会发生爆炸。

8.2.2 电气火灾的防护措施

电气火灾的防护措施主要致力于消除隐患、提高用电安全，具体措施如下。

1. 正确选用保护装置，防止电气火灾发生

1）对正常运行条件下可能产生电热效应的设备采用隔热、散热、强迫冷却等结构，并注重耐热、防火材料的使用。

2）按规定要求设置包括短路、过载、漏电保护设备的自动断电保护。对电气设备和线路正确设置接地、接零保护，为防雷电安装避雷器及接地装置。

3）根据使用环境和条件正确设计选择电气设备。恶劣的自然环境和有导电尘埃的地方应选择有抗绝缘老化功能的产品，或增加相应的措施；对易燃易爆场所则必须使用防爆电气产品。

2. 正确安装电气设备，防止电气火灾发生

（1）合理选择安装位置

对于爆炸危险场所，应该考虑把电气设备安装在爆炸危险场所以外或爆炸危险性较小的部位。

开关、插座、熔断器、电热器具、电焊设备和电动机等应根据需要，尽量避开易燃物或易燃建筑构件。起重机滑触线下方，不应堆放易燃品。露天变、配电装置，不应设置在易沉积可燃性粉尘或纤维的地方等。

（2）保持必要的防火距离

对于在正常工作时能够产生电弧或电火花的电气设备，应使用耐弧材料将其全部隔离起来，或与可能引起火灾的物料之间保持足够的距离，以便安全灭弧。

安装和使用有局部热聚焦或热集中的电气设备时，在局部热聚焦或热集中的方向与易燃物品保持足够的距离，以防引燃。

电气设备周围的防护屏障材料，必须能承受电气设备产生的高温（包括故障情况下）。应根据具体情况选择不可燃、阻燃材料或在可燃性材料表面喷涂防火涂料。

3. 保持电气设备的正常运行，防止电气火灾发生

1）正确使用电气设备，是保证电气设备正常运行的前提，因此应按设备使用说明书的规定操作电气设备，严格执行操作规程。

2）保持电气设备的电压、电流、温升等不超过允许值，保持各导电部分连接可靠，接地良好。

3）保持电气设备的绝缘良好，保持电气设备的清洁，保持良好通风。

8.2.3 电气火灾的扑救

发生火灾，应立即拨打119火警电话报警，向公安消防部门求助。扑救电气火灾时注意触电危险，为此要及时切断电源，通知电力部门派人到现场指导和监护扑救工作。

1. 正确选择使用灭火器

在扑救尚未确定断电的电气火灾时，应选择适当的灭火器和灭火装置，否则，有可能造成触电事故和更大危害，如使用普通水枪射出的直流水柱和泡沫灭火器射出的导电泡沫会破坏绝缘。

使用四氯化碳灭火器灭火时，灭火人员应站在上风侧，以防中毒；灭火后的空间要注意通风。使用二氧化碳灭火时，当其浓度达85%时，人就会感到呼吸困难，要注意防止窒息。

2. 正确使用喷雾水枪

带电灭火时必须有人监护，使用喷雾水枪比较安全，因为这种水枪通过水柱的泄漏电流较小。用喷雾水枪灭电气火灾时水枪喷嘴与带电体的距离可参考以下数据。

10kV及以下者不小于0.7m。

35kV及以下者不小于1m。

110kV及以下者不小于3m。

220kV不应小于5m。

3. 灭火器的保管

灭火器在不使用时，应注意对它的保管与检查，保证随时可正常使用。

8.2.4 触电的预防与急救

人体是导电体，一旦有电流通过时，将会受到不同程度的伤害。由于触电的种类、方式及条件的不同，受伤害的后果也不一样。

1. 触电的种类

人体触电有电击和电伤两类。

1）电击是指电流通过人体时所造成的内伤。它可以使肌肉抽搐，内部组织损伤，造成发热发麻，神经麻痹等。严重时将引起昏迷、窒息，甚至心脏停止跳动而死亡。通常说的触电就是电击。触电死亡大部分由电击造成。

2）电伤是指电流的热效应、化学效应、机械效应以及电流本身作用下造成的人体外伤。常见的有灼伤、烙伤和皮肤金属化等现象。

2. 触电方式

（1）单相触电

单相触电是常见的触电方式。人体的某一部分接触带电体的同时，另一部分又与大地或中性线相接，电流从带电体流经人体到大地（或中性线）形成回路，如图 8-4 所示。

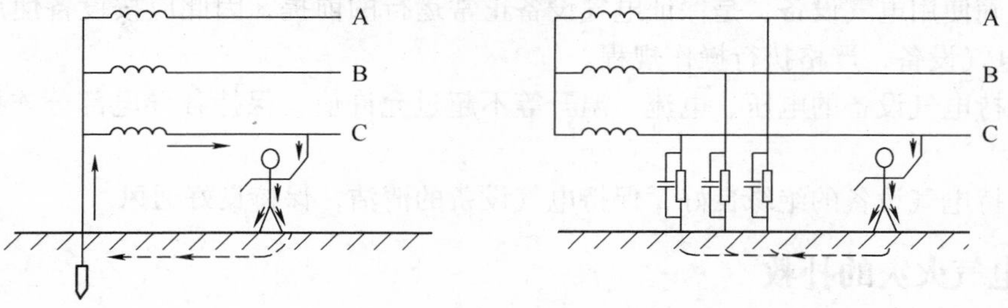

图 8-4 单相触电

（2）两相触电

人体的不同部分同时接触两相电源时造成的触电。对于这种情况，无论电网中性点是否接地，人体所承受的线电压将比单相触电时高，危险更大。

（3）感应电压触电

当人触及带有感应电压的设备和线路时所造成的触电事故。一些不带电的线路由于大气变化（如雷电活动），会产生感应电荷，停电后一些可能感应电压的设备和线路如果未及时接地，这些设备和线路对地均存在感应电压。

（4）剩余电荷触电

当人体触及带有剩余电荷的设备时，对人体放电造成的触电事故。带有剩余电荷的设备通常含有储能元件，如并联电容器、电力电缆、电力变压器及大容量电动机等，在退出运行和对其进行类似绝缘电阻表测量等检修后，会带上剩余电荷，因此要及时对其放电。

3. 触电急救

触电急救的要点是要动作迅速，救护得法，切不可惊慌失措、束手无策。

（1）触电者脱离电源的方法

人触电以后，可能由于痉挛或失去知觉等原因而紧抓带电体，不能自行摆脱电源。这时，使触电者尽快脱离电源是救活触电者的首要因素。

1）低压触电事故触电者脱离电源的方法。

① 触电地点附近有电源开关或插头，可立即断开开关或拔掉电源插头，切断电源。

② 电源开关远离触电地点，可用有绝缘柄的电工钳或干燥木柄的斧头分相切断电线，断开电源；或用干木板等绝缘物插入触电者身下，以隔断电流。

③ 电线搭落在触电者身上或被压在身下时，可用干燥的衣服、手套、绳索、木板、木棒等绝缘物作为工具，拉开触电者或挑开电线，使触电者脱离电源。

2）高压触电事故触电者脱离电源的方法。

① 立即通知有关部门停电。

② 戴上绝缘手套，穿上绝缘靴，用相应电压等级的绝缘工具断开开关。

③ 抛掷裸金属线使线路短路接地，迫使保护装置动作，断开电源。注意在抛掷金属线前，应将金属线的一端可靠地接地，然后抛掷另一端。

（2）脱离电源的注意事项

1）救护人员不可以直接用手或其他金属及潮湿的物件作为救护工具，而必须采用适当的绝缘工具且单手操作，以防止自身触电。

2）防止触电者脱离电源后，可能造成的摔伤。

3）如果触电事故发生在夜间，应当迅速解决临时照明问题，以利于抢救，并避免扩大事故。

（3）现场急救方法

1）对症进行救护。

当触电者脱离电源后，应当根据触电者的具体情况，迅速地对症进行救护。一般按照以下三种情况进行急救。

① 如果触电者伤势不重，神志清醒，但是有些心慌、四肢发麻、全身无力，或者触电者在触电的过程中一度昏迷，但已经恢复清醒，在上述情况下，应当使触电者安静休息，不要走动，严密观察，并请医生前来诊治或送往医院。

② 如果触电者伤势比较严重，已经失去知觉，但仍有心跳和呼吸，这时应当使触电者舒适、安静地平卧，保持空气流通，同时揭开他的衣服，以利于呼吸。如果天气寒冷，要注意保温，并要立即请医生诊治或送医院。

③ 如果触电者伤势严重，呼吸停止或心脏停止跳动或两者都已停止时，则应立即实行人工呼吸和胸外挤压，并迅速请医生诊治或送往医院。应当注意，急救要尽快地进行，不能等候医生的到来，在送往医院的途中，也不能终止急救。

2）口对口人工呼吸救护法。

在触电者呼吸停止后应用的急救方法，具体步骤如下。

① 触电者仰卧，迅速解开其衣领和腰带。

② 触电者头偏向一侧，清除口腔中的异物，使其呼吸畅通，必要时可用金属匙柄由口角伸入，使口张开。

③ 救护者站在触电者的一边，一只手捏紧触电者的鼻子，一只手托在触电者颈后，使触电者颈部上抬，头部后仰，然后深吸一口气，用嘴紧贴触电者嘴，大口吹气，接着放松触电者的鼻子，让气体从触电者肺部排出。每5s吹气一次，不断重复地进行，直到触电者苏

醒为止，如图 8-5 所示。

对儿童施行此法时，不必捏鼻。开口困难时，可以使其嘴唇紧闭，对准鼻孔吹气（即口对鼻人工呼吸），效果相似。

3）胸外心脏按压救护法。

触电者心脏跳动停止后采用的急救方法，具体操作步骤如图 8-6 所示。

① 触电者仰卧在结实的平地或木板上，松开衣领和腰带，其头部稍后仰（颈部可枕垫软物），抢救者跪跨在触电者腰部两侧。

② 抢救者将右手掌放在触电者胸骨处，中指指尖对准其颈部凹陷的下端，左手掌复压在右手背上（对儿童可用一只手），如图 8-6b 所示。

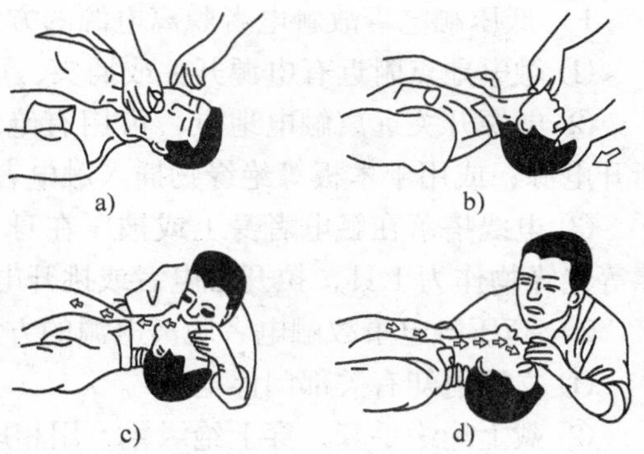

图 8-5　口对口人工呼吸法

a）清理口腔异物　b）让头后仰

c）贴嘴吹气　d）放开嘴鼻换气

③ 抢救者依靠身体重量向下用力按压，压下 3～4cm，突然松开，如图 8-6d 所示。按压和放松动作要有节奏，每秒进行一次，每分宜按压 60 次左右，不可中断，直至触电者苏醒为止。要求按压定位要准确，用力要适当，防止用力过猛给触电者造成内伤或用力过小按压无效，对儿童用力要适当小些。

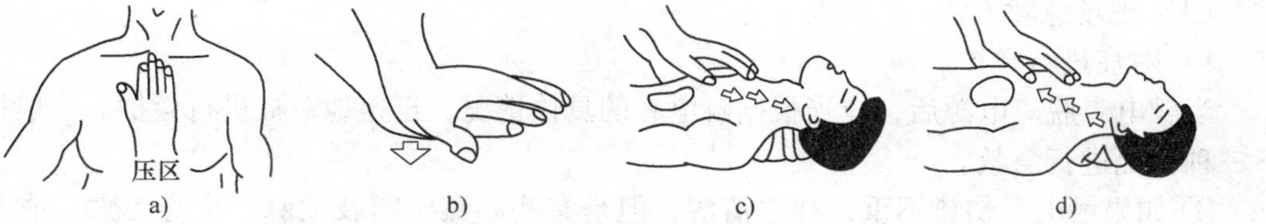

图 8-6　胸外心脏按压法

a）手掌位置　b）左手掌压在右手背上　c）掌根用力下压　d）突然松开

④ 触电者呼吸和心跳都停止时，允许同时采用“口对口人工呼吸法”和“胸外心脏按压法”。单人救护时，可先吹气 2～3 次，再按压 10～15 次，交替进行。双人救护时，每 5s 吹气一次，每秒按压一次，两人同时进行操作，如图 8-7 所示。抢救既要迅速又要有耐心，即使在送往医院途中也不能停止急救。此外，不能给触电者打强心针、泼冷水或压木板等。

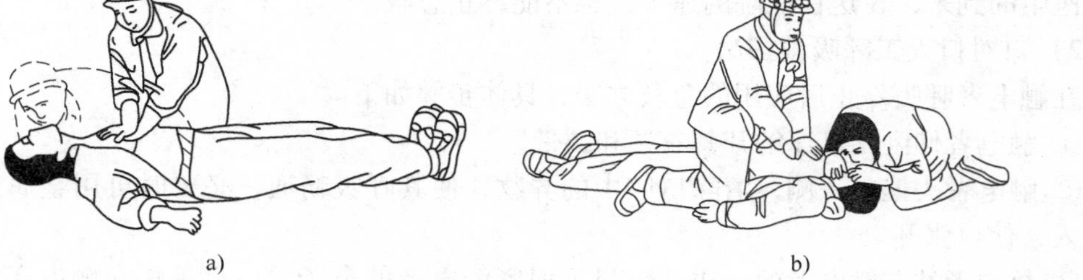

图 8-7　无心跳无呼吸触电者急救

a）单人操作　b）双人操作

【任务实施】

确定触电后急救的种类及特点，并填入表 8-7 中。

表 8-7　急救的种类及特点

急救的种类	特　点

【案例分析】

案例 1：2000 年安徽省某化肥厂维修人员被电弧灼伤的事故

情景：

11 月 4 日上午，磷化工段的氨水泵房 1 号碳化泵电击烧坏。工段维修工按照工段长安排，通知值班电工到工段切断电源，拆除电线，并把电机抬下基础运到电机维修班抢修。16 时 30 分，电机修好运回泵房。维修组长林某找来铁锤、扳手、垫铁，准备磨平基础，安放电机。当他正要在基础前蹲下时作业时，一道弧光将他击倒，同伴见状，急忙将他拖出现场，送往医院治疗。这次事故使林某左手臂、左大腿部皮肤被电弧烧伤，深及Ⅱ度。

事故原因：

1）电工断电拆线不彻底是发生事故的主要原因。电工断电后没有严格执行操作规程，将熔丝拔出，将线头包扎，并挂牌示警。

2）碳化工段当班操作工在开停碳化泵时，误将开关按钮按下，使线端带电，是本次事故的诱发因素。

3）电器车间管理混乱，对电气作业人员落实规程缺乏检查，使电工作业不规范，险些酿成大祸，这是事故发生的间接原因。

4）个别电工业务素质不高。

防范措施：

1）将事故处理意见通报全厂，掀起学规程、懂规程、严格执行规程的技术大练兵活动，提高职工的业务素质，为防范类似事故创造条件。

2）化肥厂安全部门加强检查，对电气作业中断电不彻底、不挂牌的违章行为，一经发现，予以 50～100 元的罚款，并到厂安全部门学习 1 周。

3）建议厂职教部门在职工教育中，注意维修工的“充电”问题，以加强他们的自我保护能力。

案例 2：操作工触电

情景：

一名工人正在操作 51mm 盐水管线的阀门，他穿着橡胶鞋，一只脚站在通电的制氯气的电解槽组上，另一只脚站在绝缘的工作台上。他为了站好位置，一只手扶在盐水管阀门上，另一只手伸出去抓架设在电解槽组上的金属栏杆支架。这时他遭到电击，刹那间不省人事，从 2. 6m 高的地方跌落到地面，右臂肘部骨折。

事故原因：

1）操作台上的栏杆不合格（操作工从台上掉下来是罕见的）。

2）操作工一手扶在接地的盐水管线上，一手伸去抓带电的电解槽组上的栏杆（操作工在干活时疏忽了）。

防范措施：

1）通过深入教育，提高工人对电的危险性认识和警惕。

2）在冷盐水工作台上架设辅助栏杆。

3）操作盐水阀时要戴橡皮手套。

4）设法使栏杆的支柱绝缘。

习　　题

1. 填空题

1）触电是指（　　　　）。

2）触电的形式有（　　　　）、（　　　　）和（　　　　）三种。

3）对电火灾的扑救，应使用（　　　　）、（　　　　）、（　　　　）、（　　　　）等灭火器具。

4）触电现场急救中，以（　　　　）和（　　　　）两种抢救方法为主。

2. 简答题

1）如何区分高压、低压和安全电压？具体规定如何？

2）人体的电阻一般为多少？

3）发现有人触电应如何抢救？在抢救的过程中应注意什么？

附　　录

附录 A　S9、SC9、S11-M · R 及 SBH15-M、SCBH15 等系列配电变压器的主要技术数据

表 A-1　S9 系列油浸式铜线配电变压器的主要技术数据

型　　号	额定容量/kV · A	额定电压/kV		联结组标号	损耗/W		空载电流（%）	阻抗电压（%）
		一次	二次		空载	负载		
S9-30/10（6）	30	11，10.5，10，6.3，6	0.4	Yyn0	130	600	2.1	4
S9-50/10（6）	50	11，10.5，10，6.3，6	0.4	Yyn0	170	870	2.0	4
				Dyn11	175	870	4.5	4
S9-63/10（6）	63	11，10.5，10，6.3，6	0.4	Yyn0	200	1040	1.9	4
				Dyn11	210	1030	4.5	4
S9-80/10（6）	80	11，10.5，10，6.3，6	0.4	Yyn0	240	1250	1.8	4
				Dyn11	250	1240	4.5	4
S9-100/10（6）	100	11，10.5，10，6.3，6	0.4	Yyn0	290	1500	1.6	4
				Dyn11	300	1470	4.0	4
S9-125/10（6）	125	11，10.5，10，6.3，6	0.4	Yyn0	340	1800	1.5	4
				Dyn11	360	1720	4.0	4
S9-160/10（6）	160	11，10.5，10，6.3，6	0.4	Yyn0	400	2200	1.4	4
				Dyn11	430	2100	3.5	4
S9-200/10（6）	200	11，10.5，10，6.3，6	0.4	Yyn0	480	2600	1.3	4
				Dyn11	500	2500	3.5	4
S9-250/10（6）	250	11，10.5，10，6.3，6	0.4	Yyn0	560	3050	1.2	4
				Dyn11	600	2900	3.0	4
S9-315/10（6）	315	11，10.5，10，6.3，6	0.4	Yyn0	670	3650	1.1	4
				Dyn11	720	3450	3.0	4
S9-400/10（6）	400	11，10.5，10，6.3，6	0.4	Yyn0	800	4300	1.0	4
				Dyn11	870	4200	3.0	4
S9-500/10（6）	500	11，10.5，10，6.3，6	0.4	Yyn0	960	5100	1.0	4
				Dyn11	1030	4950	3.0	4
		11，10.5，10	6.3	Yd11	1030	4950	1.5	4

（续）

型　　号	额定容量/kV·A	额定电压/kV		联结组标号	损耗/W		空载电流（%）	阻抗电压（%）
		一次	二次		空载	负载		
S9-630/10（6）	630	11，10.5，10，6.3，6	0.4	Yyn0	1200	6200	0.9	4
				Dyn11	1300	5800	3.0	4
		11，10.5，10	6.3	Yd11	1200	6200	1.5	4.5
S9-800/10（6）	800	11，10.5，10，6.3，6	0.4	Yyn0	1400	7500	0.8	4.5
				Dyn11	1400	7500	2.5	5
		11，10.5，10	6.3	Yd11	1400	7500	1.4	4.5
S9-1000/10（6）	1000	11，10.5，10，6.3，6	0.4	Yyn0	1700	10300	0.7	4.5
				Dyn11	1700	9200	1.7	5
		11，10.5，10	6.3	Yd11	1700	9200	1.4	5.5
S9-1250/10（6）	1250	11，10.5，10，6.3，6	0.4	Yyn0	1950	12000	0.6	4.5
				Dyn11	2000	11000	2.5	5
		11，10.5，10	6.3	Yd11	1950	12000	1.3	5.5
S9-1600/10（6）	1600	11，10.5，10，6.3，6	0.4	Yyn0	2400	14500	0.6	4.5
				Dyn11	2400	14000	2.5	6
		11，10.5，10	6.3	Yd11	2400	14500	1.3	5.5
S9-2000/10（6）	2000	11，10.5，10，6.3，6	0.4	Yyn0	3000	18000	0.8	6
				Dyn11	3000	18000	0.8	6
		11，10.5，10	6.3	Yd11	3000	18000	1.2	6
S9-2500/10（6）	2500	11，10.5，10，6.3，6	0.4	Yyn0	3500	25000	0.8	6
				Dyn11	3500	25000	0.8	6
		11，10.5，10	6.3	Yd11	3500	19000	1.2	5.5
S9-3150/10（6）	3150	11，10.5，10	6.3	Yyn0	4100	23000	1.0	5.5

表 A-2　SC9 系列树脂浇注干式铜线配电变压器的主要技术数据

型　　号	额定容量/kV·A	额定电压		联结组标号	损耗/W		空载电流（%）	阻抗电压（%）
		一次	二次		空载	负载		
SC9-200/10	200	10	0.4	Yyn0	480	2670	1.2	4
SC9-250/10	250				550	2910	1.2	4
SC9-315/10	315				650	3200	1.2	4
SC9-400/10	400				750	3690	1.0	4
SC9-500/10	500				900	4500	1.0	4
SC9-630/10	630				1100	5420	0.9	4
SC9-630/10	630				1050	5500	0.9	6
SC9-800/10	800				1200	6430	0.9	6

（续）

型　　号	额定容量/kV·A	额定电压		联结组标号	损耗/W		空载电流（%）	阻抗电压（%）
		一次	二次		空载	负载		
SC9-1000/10	1000	10	0.4	Yyn0	1400	7510	0.8	6
SC9-1250/10	1250				1650	8960	0.8	6
SC9-1600/10	1600				1980	10850	0.7	6
SC9-2000/10	2000				2380	13360	0.6	6
SC9-2500/10	2500				2850	15880	0.6	6

表 A-3　S11-M·R 系列卷铁心全密封铜线配电变压器的主要技术数据

型　　号	额定容量/kV·A	额定电压/kV		联结组标号	损耗/W		空载电流（%）	阻抗电压（%）
		高压	低压		空载	负载		
S11-M·R-100	100	11，10.5，10，6.3，6	0.4	Yyn0，Dyn11	200	1480	0.85	4
S11-M·R-125	125				235	1780	0.80	
S11-M·R-160	160				280	2190	0.76	
S11-M·R-200	200				335	2580	0.72	
S11-M·R-250	250				390	3030	0.70	
S11-M·R-315	315				470	3630	0.65	
S11-M·R-400	400				560	4280	0.60	
S11-M·R-500	500				670	5130	0.55	
S11-M·R-630	630				805	6180	0.52	4.5

表 A-4　SBH15-M 系列非晶合金油浸式配电变压器的主要技术数据

型　　号	额定容量/kV·A	额定电压/kV		联结组标号	损耗/W		空载电流（%）	阻抗电压（%）
		高压	低压		空载	负载		
SH15-M-50/10	50	6，6.3，6.6，10，10.5，11，（20）	0.4	Dyn11	43	670	1.3	4
SH15-M-100-10	100				75	1500	1.0	
SBH-M-160/10	160				100	2200	0.7	
SBH-M-200/10	200				120	2600	0.7	
SBH-M-250/10	250				140	3050	0.5	
SBH-M-315/10	315				170	3650	0.5	
SBH-M-400/10	400				200	4300	0.5	
SBH-M-500/10	500				240	5150	0.3	
SBH-M-630/10	630				320	6200	0.3	4.5
SBH-M-800/10	800				360	7500	0.3	
SBH-M-1000/10	1000				450	10300	0.3	
SBH-M-1250/10	1250				530	12000	0.2	
SBH-M-1600/10	1600				630	14500	0.2	
SBH-M-2000/10	2000				750	17400	0.2	5
SBH-M-2500/10	2500				900	20200	0.2	

注：型号含义　S—三相；B—箔绕线圈；H—非晶合金铁心；15—性能水平代号；M—密封式。

表 A-5　SCBH15 系列非晶合金干式配电变压器的主要技术数据

型　号	额定容量/kV · A	额定电压/kV 高压	额定电压/kV 低压	联结组标号	空载损耗/W	负载损耗/W 绝缘耐热等级 B 100℃	负载损耗/W 绝缘耐热等级 F 125℃	负载损耗/W 绝缘耐热等级 H 145℃	空载电流（%）	阻抗电压（%）
SCBH15-30	30				70	670	710	760	1.6	
SCBH15-50	50				90	940	1000	1070	1.4	
SCBH15-60	60				120	1290	1380	1480	1.3	
SCBH15-100	100				130	1480	1570	1690	1.2	
SCBH15-125	125				150	1740	1850	1980	1.1	
SCBH15-160	160				170	2000	2130	2280	1.1	
SCBH15-200	200				200	2370	2530	2760	1.0	
SCBH15-250	250				230	2590	2700	2960	1.0	
SCBH15-315	315				280	3270	3470	3730	0.9	
SCBH15-400	400	6，6.3，6.6，10，10.5，11	0.4	Dyn11	310	3750	3990	4280	0.8	4
SCBH15-500	500				360	4590	4880	5230	0.8	
SCBH15-630	630				420	5530	5880	6290	0.7	
SCBH15-630	630				410	5610	5960	6400	0.7	
SCBH15-800	800				480	6550	6960	7460	0.7	
SCBH15-1000	1000				550	7650	8130	8760	0.6	
SCBH15-1250	1250				650	9100	9690	10370	0.6	
SCBH15-1600	1600				760	11050	11730	12580	0.6	
SCBH15-2000	2000				1000	13600	14450	15560	0.5	
SCBH15-2500	2500				1200	16150	17170	18450	0.5	

注：型号含义　S—三相；C—成型固体（浇注式）；B—箔绕线圈；H—非晶合金铁心；15—损耗水平代号。

附录 B　LQJ-10 型电流互感器的主要技术数据

表 B-1　额定二次负荷

铁心代号	额定二次负荷 0.5 级 电阻/Ω	额定二次负荷 0.5 级 容量/V · A	额定二次负荷 1 级 电阻/Ω	额定二次负荷 1 级 容量/V · A	额定二次负荷 3 级 电阻/Ω	额定二次负荷 3 级 容量/V · A
0.5	0.4	10	0.6	15	—	—
3	—	—	—	—	1.2	30

表 B-2　热稳定度和动稳定度

额定一次负荷	1s 热稳定倍数	动稳定倍数
5、10、15、20、30、40、50、60、75、100	90	225
100（150）、200、315（300）、1400	75	160

注：括号内数据，仅限于老产品。

附录 C　部分常用高压断路器的主要技术数据

类别	型号	额定电压/kV	额定电流/A	开断电流/kA	断流容量/MV·A	动稳定电流峰值/kA	热稳定电流/kA	固有分闸时间/s≤	合闸时间/s≤	配用操作机构型号
少油户外	SW2-35/1000	35（40.5）	1000	16.5	1000	45	16.5（4s）	0.06	0.4	CT2-XG
	SW2-35/1500		1500	24.8	1500	63.4	24.8（4s）			
少油户内	SN10-35 Ⅰ	35（40.5）	1000	16	1000	45	16（4s）	0.06	0.2	CT10 CT10Ⅳ
	SN10-35 Ⅱ		1250	20	1250	50	20（4s）		0.25	
	SN10-10 Ⅰ	10（12）	630	16	300	40	16（4s）	0.06	0.15	CT7、8 CD10 Ⅰ
			1000	16	300	40	16（4s）		0.2	
	SN10-10 Ⅱ		1000	31.5	500	80	31.5（4s）	0.06	0.2	CD10 Ⅰ、Ⅱ
	SN10-10 Ⅲ		1250	40	750	125	40（4s）	0.07	0.2	CD10 Ⅲ
			2000	40	750	125	40（4s）			
			3000	40	750	125	40（4s）			
真空户内	ZN12-40.5	35（40.5）	1250、1600	25	—	63	25（4s）	0.07	0.1	CT12 等
			1600、1200	31.5	—	80	31.5（4s）			
	ZY12-35		1250-2000	31.5	—	80	31.5（4s）	0.075	0.1	
	ZN23-40.5		1600	25	—	63	25（4s）	0.06	0.075	
	ZN3-10 Ⅰ	10（12）	630	8	—	20	8（4s）	0.07	0.15	CD10 等
	ZN3-10 Ⅱ		1000	20	—	50	20（2s）	0.05	0.1	
	ZN4-10/1000		1000	17.3	—	44	17.3（4s）	0.05	0.2	
	ZN4-10/1250		1250	20	—	50	20（4s）			
	ZN5-10/630		630	20	—	50	20（4s）	0.05	0.1	CT8 等
	ZN5-10/1000		1000	20	—	50	20（2s）			
	ZN5-10/1250		1250	25	—	63	25（2s）	0.08	0.1	CT8 等
	ZN12-12/1250 1600 2000		1250 1600 2000	25	—	63	25（4s）	0.06	0.1	CT8 等

（续）

类别	型号	额定电压/kV	额定电流/A	开断电流/kA	断流容量/MV·A	动稳定电流峰值/kA	热稳定电流/kA	固有分闸时间/s≤	合闸时间/s≤	配用操作机构型号
真空户内	ZN24-12/1250-20		1250	20	—	50	20（4s）	0.06	0.1	CT8 等
	ZN24-12/1250、2000-31.5		1250、2000	31.5	—	80	31.5（4s）			
	ZN28-12/630～1600		630～1000	20		50	20（4s）			
六氟化硫户内	LN2-35 Ⅰ	35（40.5）	1250	16	—	40	16（4s）	0.06	0.15	CT12 Ⅱ
	LN2-35 Ⅱ		1250	25	—	63	25（4s）			
	LN2-35 Ⅲ		1250	25	—	63	25（4s）			
	LN2-10	10（12）	1250	25	—	63	25（4s）	0.06	0.15	CT12 Ⅰ、CT8 Ⅰ

附录 D　部分并联电容器主要技术数据

型　号	额定容量/kvar	额定电容/μF	型　号	额定容量/kvar	额定电容/μF
BCMJ0.4-4-3	4	80	BGMJ0.4-3.3-3	3.3	66
BCMJ0.4-5-3	5	100	BGMJ0.4-5-3	5	99
BCMJ0.4-8-3	8	160	BGMJ0.4-10-3	10	198
BCMJ0.4-10-3	10	200	BGMJ0.4-12-3	12	230
BCMJ0.4-15-3	15	300	BGMJ0.4-15-3	15	298
BCMJ0.4-20-3	20	400	BGMJ0.4-20-3	20	398
BCMJ0.4-25-3	25	500	BGMJ0.4-25-3	25	498
BCMJ0.4-30-3	30	600	BGMJ0.4-30-3	30	598
BCMJ0.4-40-3	40	800	BWF0.4-14-1/3	14	279
BCMJ0.4-50-3	50	1000	BWF0.4-16-3	16	318
BKMJ0.4-6-1/3	6	120	BWF0.4-20-1/3	20	398
BKMJ0.4-7.5-1/3	7.5	150	BWF0.4-25-1/3	25	498
BKMJ0.4-9-1/3	9	180	BWF0.4-75-1/3	75	1500
BKMJ0.4-12-1/3	12	240			
BKMJ0.4-15-1/3	15	300	BWF10.5-16-1	16	0.462
BKMJ0.4-20-1/3	20	400	BWF10.5-25-1	25	0.722
BKMJ0.4-25-1/3	25	500	BWF10.5-30-1	30	0.866
BKMJ0.4-30-1/3	30	600	BWF10.5-40-1	40	1.155
BKMJ0.4-90-1/3	40	800	BWF10.5-50-1	50	1.44
BGMJ0.4-2.5-3	2.5	55	BWF10.5-100-1	100	2.89

注：1. 额定频率：50Hz。

2. 型号中“1/3”表示有单相和三相两种。

附录E 三相线路导线和电缆单位长度每相阻抗值

类别			导线（线芯）截面积/mm²													
			2.5	4	6	10	16	25	35	50	70	95	120	150	185	240
导线类型		导线温度/℃	每相电阻/（Ω/km）													
LJ		50	—	—	—	—	2.07	1.33	0.96	0.66	0.48	0.36	0.28	0.23	0.18	0.14
LGJ		50	—	—	—	—	—	—	0.89	0.68	0.48	0.35	0.29	0.24	0.18	0.13
绝缘导线	铜芯	50	8.40	5.20	3.48	2.05	1.26	0.81	0.58	0.40	0.29	0.22	0.17	0.14	0.11	0.09
		60	8.70	5.38	3.61	2.12	1.30	0.84	0.60	0.41	0.30	0.23	0.18	0.14	0.12	0.09
		65	8.72	5.43	3.62	2.19	1.37	0.88	0.63	0.44	0.32	0.24	0.19	0.15	0.13	0.10
	铝芯	50	13.3	8.25	5.53	3.33	2.08	1.31	0.94	0.65	0.47	0.35	0.28	0.22	0.18	0.14
		60	13.8	8.55	5.73	3.45	2.16	1.36	0.97	0.67	0.49	0.36	0.29	0.23	0.19	0.14
		65	14.6	9.15	6.10	3.66	2.29	1.48	1.06	0.75	0.53	0.39	0.31	0.25	0.20	0.15
电力电缆	铜芯	55	—	—	—	—	1.31	0.84	0.60	0.42	0.30	0.22	0.17	0.14	0.12	0.09
		60	8.54	5.34	3.56	2.13	1.33	0.85	0.61	0.43	0.31	0.23	0.18	0.14	0.12	0.09
		75	8.98	5.61	3.75	3.25	1.40	0.90	0.64	0.45	0.32	0.24	0.19	0.15	0.12	0.10
		80	—	—	—	—	1.43	0.91	0.65	0.46	0.33	0.24	0.19	0.15	0.13	0.10
	铝芯	55	—	—	—	—	2.21	1.41	1.01	0.71	0.51	0.37	0.29	0.24	0.20	0.15
		60	14.38	8.99	6.00	3.60	2.25	1.44	1.03	0.72	0.51	0.38	0.30	0.24	0.20	0.16
		75	15.13	9.45	6.31	3.78	2.36	1.51	1.08	0.76	0.54	0.41	0.31	0.25	0.21	0.16
		80	—	—	—	—	2.40	1.54	1.10	0.77	0.56	0.41	0.32	0.26	0.21	0.17
导线类型		线距/mm	每相电抗/（Ω/km） （注：左边“线距”是指线间几何均距）													
LJ		600	—	—	—	—	0.36	0.35	0.34	0.33	0.32	0.31	0.30	0.29	0.28	0.28
		800	—	—	—	—	0.38	0.37	0.36	0.35	0.34	0.33	0.32	0.31	0.30	0.30
		1000	—	—	—	—	0.40	0.38	0.37	0.36	0.35	0.34	0.33	0.32	0.31	0.31
		1250	—	—	—	—	0.41	0.40	0.39	0.37	0.36	0.35	0.34	0.34	0.33	0.32
LGJ		1500	—	—	—	—	—	—	0.39	0.38	0.37	0.35	0.35	0.34	0.33	0.33
		2000	—	—	—	—	—	—	0.40	0.39	0.38	0.37	0.37	0.36	0.35	0.34
		2500	—	—	—	—	—	—	0.41	0.41	0.40	0.39	0.38	0.37	0.37	0.36
		3000	—	—	—	—	—	—	0.43	0.42	0.41	0.40	0.39	0.39	0.38	0.37

（续）

类别		导线（线芯）截面积/mm													
		2.5	4	6	10	16	25	35	50	70	95	120	150	185	240
导线类型	线距/mm	每相电抗/（Ω/mm²） （注：左边“线距”是指线间几何均距）													
绝缘线 明敷	100	0.327	0.312	0.300	0.280	0.265	0.251	0.241	0.229	0.219	0.206	0.199	0.191	0.184	0.178
	150	0.353	0.338	0.325	0.306	0.290	0.277	0.266	0.251	0.242	0.231	0.223	0.216	0.209	0.200
绝缘线 穿管敷设		0.127	0.119	0.112	0.108	0.102	0.099	0.095	0.091	0.087	0.085	0.083	0.082	0.081	0.080
纸绝缘电力电缆	1kV	0.098	0.091	0.087	0.081	0.077	0.067	0.065	0.063	0.062	0.062	0.062	0.062	0.062	0.062
	6kV	—	—	—	—	0.099	0.088	0.083	0.079	0.076	0.074	0.072	0.071	0.070	0.069
	10kV	—	—	—	—	0.110	0.098	0.092	0.087	0.083	0.080	0.078	0.077	0.075	0.075
塑料绝缘电力电缆	1kV	0.100	0.093	0.091	0.087	0.082	0.075	0.073	0.071	0.070	0.070	0.070	0.070	0.070	0.070
	6kV	—	—	—	—	0.124	0.111	0.105	0.099	0.093	0.089	0.087	0.083	0.082	0.080
	10kV	—	—	—	—	0.133	0.120	0.113	0.107	0.101	0.096	0.095	0.093	0.090	0.087

附录 F　绝缘导线明敷、穿钢管和穿硬塑料管时的允许载流量

表 F-1　绝缘导线明敷时的允许载流量

芯线截面积/mm²	橡皮绝缘线								塑料绝缘线							
	环境温度															
	25℃		30℃		35℃		40℃		25℃		30℃		35℃		40℃	
	铜芯	铝芯	铜芯	铝芯	铜芯	铝芯	铜芯	铝芯	铜芯	铝芯	铜芯	铝芯	铜芯	铝芯	铜芯	铝芯
2.5	35	27	32	25	30	23	27	21	32	25	30	23	27	21	25	19
4	45	35	41	32	39	30	35	27	41	32	37	29	35	27	32	25
6	58	45	54	42	49	38	45	35	54	42	50	39	46	36	41	33
10	84	65	77	60	72	56	66	51	76	59	71	55	66	51	59	46
16	110	85	102	79	94	73	86	67	103	80	95	74	89	69	81	63
25	142	110	132	102	123	95	112	87	135	105	126	98	116	90	107	83
35	178	138	166	129	154	119	141	109	168	130	156	121	144	112	132	102
50	226	175	210	163	195	151	178	138	213	165	199	154	183	142	168	130
70	284	220	266	206	245	190	224	174	264	205	246	191	228	177	209	162
95	342	265	319	247	295	229	270	209	323	250	301	233	289	216	254	197
120	400	310	361	280	346	268	316	243	365	283	343	266	317	246	290	225
150	646	360	433	336	401	311	366	284	419	325	391	303	362	281	332	257
185	540	420	506	392	468	363	428	332	490	380	458	355	423	328	387	300
240	600	510	615	476	570	441	520	403	—	—	—	—	—	—	—	—

注：型号表示　铜芯橡皮线—BX；铝芯橡皮线—BLX；铜芯塑料线—BV；铝芯塑料线—BLV。

表 F-2　橡皮绝缘导线穿钢管时的允许载流量

芯线截面积/mm²	芯线材质	2 根单芯线 环境温度				2 根穿管管径/mm		3 根单芯线 环境温度				3 根穿管管径/mm		4~5 根单芯线 环境温度				4 根穿管管径/mm		5 根穿管管径/mm	
		25℃	30℃	35℃	40℃	SC	MT	25℃	30℃	35℃	40℃	SC	MT	25℃	30℃	35℃	40℃	SC	MT	SC	MT
2.5	铜	27	25	23	21	15	20	25	22	21	19	15	20	21	18	17	15	20	25	20	25
	铝	21	19	18	16			19	17	16	15			16	14	13	12				
4	铜	36	34	31	28	20	25	32	30	27	25	20	25	30	27	25	23	20	25	20	25
	铝	28	26	24	22			25	23	21	19			23	21	19	18				
6	铜	48	44	41	37	20	25	44	40	37	34	20	25	39	36	32	30	25	25	25	32
	铝	37	34	32	29			34	31	29	26			30	28	25	23				
10	铜	67	62	57	53	25	32	59	55	50	46	25	32	52	48	4	40	25	32	32	40
	铝	52	48	44	41			46	43	39	36			40	37	34	31				
16	铜	85	79	74	67	25	32	76	71	66	59	32	32	67	62	57	53	32	40	40	(50)
	铝	66	61	57	52			59	55	51	46			52	48	44	41				
25	铜	111	103	95	88	32	40	98	92	84	77	32	40	88	81	75	68	40	(50)	40	—
	铝	86	80	74	68			76	71	65	60			68	63	58	53				
35	铜	137	128	117	107	32	40	121	112	104	95	32	(50)	107	99	92	84	40	(50)	50	—
	铝	106	99	91	83			94	87	83	74			83	77	71	65				
50	铜	172	160	148	135	40	(50)	152	142	132	120	50	(50)	135	126	116	107	50	—	70	—
	铝	133	124	115	105			118	110	102	93			105	98	90	83				
70	铜	212	199	183	168	50	(50)	194	181	166	152	50	(50)	172	160	148	135	70	—	70	—
	铝	164	154	142	130			150	140	129	118			133	124	113	105				
95	铜	258	241	223	204	70	—	232	217	200	183	70	—	206	192	178	163	70	—	70	—
	铝	200	187	173	158			180	168	155	142			160	149	138	126				
120	铜	297	277	255	233	70	—	271	253	233	214	70	—	245	228	216	194	70	—	80	—
	铝	230	215	198	181			210	196	181	166			190	177	164	150				
150	铜	335	313	289	264	70	—	310	289	267	244	70	—	284	266	245	224	80	—	100	—
	铝	260	243	224	205			240	224	207	180			220	205	190	174				
185	铜	381	355	329	301	80	—	348	325	301	275	80	—	323	310	279	254	80	—	100	—
	铝	295	275	255	233			270	252	233	213			250	233	216	197				

注：1. 穿线管符号：SC—焊接钢管，管径按内径计；MT—电线管，管径按外径计。

2. 4~5 根单芯线穿管的载流量，是指低压 TN-C 系统、TN-S 系统或 TN-C-S 系统中的相线载流量，其中 N 线或 PEN 线中可有不平衡电流通过。如果三相负荷平衡，则虽有 4 根或 5 根导线穿管，但导线的载流量仍按 3 根导线穿管考虑，而穿线管管径则按实际穿管导线数选择。

表 F-3　塑料绝缘导线穿钢管时的允许载流量

芯线截面积/mm²	芯线材质	2 根单芯线 环境温度				2 根穿管管径/mm		3 根单芯线 环境温度				3 根穿管管径/mm		4～5 根单芯线 环境温度				4 根穿管管径/mm		5 根穿管管径/mm	
		25℃	30℃	35℃	40℃	SC	MT	25℃	30℃	35℃	40℃	SC	MT	25℃	30℃	35℃	40℃	SC	MT	SC	MT
2.5	铜	26	23	21	19	15	15	23	21	19	18	15	15	19	18	16	14	15	15	15	20
	铝	20	18	17	15			19	16	15	14			15	14	12	11				
4	铜	35	32	30	27	15	15	31	28	20	18	15	15	28	26	23	21	15	20	20	20
	铝	27	25	23	21			24	22	20	18			22	20	19	17				
6	铜	45	41	39	35	15	20	41	37	35	32	15	20	36	34	31	28	20	25	25	25
	铝	35	32	30	27			32	29	27	25			28	26	24	22				
10	铜	63	58	54	49	20	25	57	53	49	44	20	25	49	45	41	39	25	25	25	32
	铝	49	45	42	38			44	41	38	34			38	35	32	30				
16	铜	81	75	70	63	25	25	72	67	62	57	25	32	65	59	55	50	25	32	32	40
	铝	63	58	54	49			56	52	48	44			50	46	43	39				
25	铜	103	95	89	81	25	32	90	84	77	71	32	32	84	77	72	66	32	40	32	(50)
	铝	80	74	69	63			70	65	60	55			65	60	56	51				
35	铜	129	120	111	102	32	40	116	108	99	92	32	40	103	95	89	81	40	(50)	40	—
	铝	100	93	86	79			90	84	77	71			80	74	69	63				
50	铜	161	150	139	126	40	50	142	132	123	112	40	(50)	129	120	111	102	50	(50)	50	—
	铝	125	116	108	98			110	102	95	87			100	93	86	79				
70	铜	200	186	173	157	50	50	184	172	159	146	50	(50)	164	150	141	129	50	—	70	—
	铝	155	144	134	122			143	133	123	113			127	118	109	100				
95	铜	245	228	212	194	50	(50)	219	204	190	173	50	—	196	183	169	155	70	—	70	—
	铝	190	177	164	150			170	158	147	134			152	142	131	120				
120	铜	284	264	245	224	50	(50)	252	235	217	199	50	—	222	206	191	173	70	—	80	—
	铝	220	205	190	174			195	182	168	154			172	160	148	136				
150	铜	323	301	279	254	70	—	290	271	250	228	70	—	258	241	223	204	70	—	80	—
	铝	250	233	216	197			225	210	194	177			200	187	173	158				
185	铜	368	343	317	290	70	—	329	307	284	259	70	—	297	277	255	233	80	—	80	—
	铝																				

注：同表 F-2 注。

表 F-4 橡皮绝缘导线穿硬塑料管时的允许载流量

芯线截面积/mm²	芯线材质	2 根单芯线 环境温度				2 根穿管管径/mm	3 根单芯线 环境温度				3 根穿管管径/mm	4~5 根单芯线 环境温度				4 根穿管管径/mm	5 根穿管管径/mm
		25℃	30℃	35℃	40℃		25℃	30℃	35℃	40℃		25℃	30℃	35℃	40℃		
2.5	铜	25	22	21	19	15	22	19	18	17	15	19	18	16	14	20	25
	铝	19	17	16	15		17	15	14	13		15	14	12	11		
4	铜	21	30	27	25	20	30	27	25	23	20	26	23	22	20	20	25
	铝	25	23	21	19		23	21	19	18		20	18	17	15		
6	铜	43	39	36	34	20	37	35	32	28	20	34	31	28	26	25	32
	铝	33	30	28	26		29	27	25	22		26	24	22	20		
10	铜	57	53	49	44	25	52	48	44	40	25	45	41	38	35	32	32
	铝	44	41	38	34		40	37	34	31		35	32	30	27		
16	铜	75	70	65	58	32	67	62	57	53	32	59	55	50	46	32	40
	铝	58	54	50	45		52	48	44	41		46	43	39	36		
25	铜	99	92	85	77	32	88	81	75	68	32	77	72	66	61	40	40
	铝	77	71	66	60		68	63	58	53		60	56	51	47		
35	铜	123	114	106	97	40	108	101	93	85	40	95	89	83	75	40	50
	铝	95	88	82	75		84	78	72	66		74	69	64	58		
50	铜	155	145	133	121	40	139	129	120	111	50	123	114	106	97	50	65
	铝	120	112	103	94		108	100	93	86		95	88	82	75		
70	铜	197	184	170	156	50	174	163	150	137	50	155	144	133	122	65	75
	铝	153	143	132	121		135	126	116	106		120	112	103	94		
95	铜	237	222	205	187	50	213	199	183	168	65	194	181	166	152	75	80
	铝	184	172	159	143		165	154	142	130		150	140	129	118		
120	铜	271	253	233	214	65	245	228	212	194	65	219	204	190	173	80	80
	铝	210	196	181	166		190	177	164	150		170	158	147	134		
150	铜	323	301	277	254	75	293	273	253	231	75	264	246	228	209	80	90
	铝	250	233	215	197		227	212	196	179		205	191	177	162		
185	铜	364	339	313	288	80	320	307	284	259	80	299	279	258	236	100	100
	铝	282	263	243	223		255	238	220	201		232	216	200	183		

注：如附表 F-2 的注 2 所述，如果三相负荷平衡，则虽有 4 根或 5 根导线穿管，但导线的载流量仍按 3 根导线穿管考虑，而穿线管管径则按实际穿管导线数选择。

表 F-5　塑料绝缘导线穿硬塑料管时的允许载流量

芯线截面积/mm²	芯线材质	2 根单芯线 环境温度 25℃	30℃	35℃	40℃	2 根穿管管径/mm	3 根单芯线 环境温度 25℃	30℃	35℃	40℃	3 根穿管管径/mm	4～5 根单芯线 环境温度 25℃	30℃	35℃	40℃	4 根穿管管径/mm	5 根穿管管径/mm
2．5	铜	21	19	18	18	15	21	18	17	15	15	18	17	15	14	20	25
	铝	18	16	15	14		16	14	13	12		14	13	12	11		
4	铜	31	28	16	12	20	18	26	24	22	20	25	22	20	19	20	25
	铝	24	22	20	18		22	20	19	17		19	17	16	15		
6	铜	40	36	34	31	20	35	32	30	27	20	32	30	27	25	25	32
	铝	31	28	26	24		27	25	23	21		25	23	21	19		
10	铜	54	50	46	43	25	49	45	42	39	25	43	39	36	34	32	32
	铝	42	39	36	33		38	35	32	30		33	30	28	26		
16	铜	71	66	61	51	32	63	58	54	49	32	57	53	49	44	32	40
	铝	55	51	49	43		49	45	42	38		44	41	38	34		
25	铜	94	88	81	74	32	84	77	72	66	40	74	68	63	58	40	50
	铝	73	68	63	57		65	60	56	51		57	53	49	45		
35	铜	116	108	99	92	40	103	95	89	81	40	90	84	77	71	50	65
	铝	90	84	77	71		80	74	69	63		70	65	60	55		
50	铜	147	137	126	116	50	132	123	114	103	50	116	108	99	92	65	65
	铝	114	106	98	90		102	95	89	80		90	84	77	71		
70	铜	187	174	161	147	50	168	156	144	132	50	148	138	128	116	65	75
	铝	145	135	125	114		130	121	112	102		115	107	98	90		
95	铜	226	210	195	178	65	204	190	175	160	65	181	168	156	142	75	75
	铝	175	163	151	138		158	147	136	124		140	130	121	110		
120	铜	266	241	223	205	65	232	217	200	183	65	206	192	178	163	75	80
	铝	206	187	173	158		180	168	155	142		160	149	138	126		
150	铜	297	277	255	233	75	267	249	231	210	75	230	222	206	188	80	90
	铝	230	215	198	181		207	193	179	163		185	172	160	146		
185	铜	342	319	295	270	75	303	283	262	239	80	273	255	236	215	90	100
	铝	265	247	220	209		235	219	203	185		212	198	13	167		

注：1. 同表 F-4 注。

2. 管径在工程中常用英寸（in）表示，管径的 SI 制（mm）与英制（in）近似对照如下：

SI 制（mm）	15	20	25	32	40	50	65	70	80	90	100
英制（in）	1/2	3/4	1	1（1/4）	1（1/2）	2	2（1/2）	2（3/4）	3	3（1/2）	4

附录G　架空裸导线的最小允许截面积

线路类别		导线最小截面积/mm²		
		铝及铝合金线	钢芯铝线	铜绞线
35kV 及以上线路		35	35	35
3～10kV 线路	居民区	35	25	25
	非居民区	25	16	16
低压线路	一般	16	16	16
	与铁路交叉跨越档	35	16	16

附录H　LJ 型铝绞线和 LGJ 型钢芯铝绞线的允许载流量

（单位：A）

导线截面积/mm²	LJ 型铝绞线				LGJ 型钢芯铝绞线			
	环境温度				环境温度			
	25℃	30℃	35℃	40℃	25℃	30℃	35℃	40℃
10	75	70	66	61	—	—	—	—
16	105	99	92	85	105	98	92	85
25	135	127	119	109	135	127	119	109
35	170	160	150	138	170	159	149	137
50	215	202	189	174	220	207	193	178
70	265	249	233	215	275	259	228	222
95	325	305	286	247	335	315	295	272
120	375	352	330	304	380	357	335	307
150	440	414	387	356	445	418	391	360
185	500	470	440	405	515	484	453	416
240	610	574	536	494	610	574	536	494
300	680	640	597	550	700	658	615	566

注：1. 导线正常工作温度按 70℃计。
　　2. 本表载流量按室外架设考虑，无日照，海拔 1000m 及以下。

参考文献

[1] 刘介才．工厂供电 [M]．2 版．北京：机械工业出版社，2012.
[2] 吴靓．电气设备运行与维护 [M]．北京：中国电力出版社，2012.
[3] 余健民，同向前，苏文成．供电技术 [M]．3 版．北京：机械工业出版社，1998.
[4] 陈小虎．工厂供电技术 [M]．3 版．北京：高等教育出版社，2010.
[5] 马桂荣．工厂供配电技术 [M]．北京：北京理工大学出版社，2010.
[6] 国家电网公司．国家电网公司电力安全工作规程 [M]．北京：中国电力出版社，2009.
[7] 王福忠．现代供电技术 [M]．北京：中国电力出版社，2011.
[8] 刘介才．工厂供电 [M]．5 版．北京：机械工业出版社，2011.
[9] 唐志平．供配电技术 [M]．3 版．北京：电子工业出版社，2013.
[10] 熊信银．电气工程概论 [M]．北京：中国电力出版社，2008.
[11] 杨岳．电气安全 [M]．北京：机械工业出版社，2010.
[12] 肖辉．电气照明技术 [M]．2 版．北京：机械工业出版社，2009.
[13] 邹有明，等．现代供电技术 [M]．北京：中国电力出版社，2008.
[14] 李俊．供用电网络及设备 [M]．北京：中国电力出版社，2005.